工业和信息化部"十四五"规划教材

U0181476

电工电子技术实践与应用教程

（第 2 版）

主 编　王　勤

副主编　胡光霞　王　芸

参 编　谷　嫚　罗　韬　竺　琼

中国教育出版传媒集团

高等教育出版社·北京

内容简介

本书是为高等学校工科非电类专业编写的实验实践教材,是工业和信息化部"十四五"规划教材。第 2 版在第 1 版的基础上,总结了南京航空航天大学多年的实验教学改革与实践经验,对其结构和内容进行了大幅度修订。

本书共分为六章。第一章为电工电子技术实验基础,主要介绍常用电子元器件的基础知识和常用电子仪器设备的使用。第二、三、四章分别为:电工技术实验、模拟电子技术实验、数字电子技术实验。每一主题合理安排了基础性实验、综合设计性实验以及探究性实验,实验内容包含基本任务和拓展任务。第五章为仿真实验,使用 Multisim 软件对本书主要实验项目进行了仿真。第六章为课程设计,包括脉搏计、数字电子钟、出租车计价器、电子抢答器和交通灯控制系统五个课题。教材注重实用性、新颖性、综合性和设计性。

本书为新形态教材,文中提供了多个与教材实验内容相关的视频,学生可通过手机扫描二维码进行移动式学习。

本书可作为高等学校非电类专业的实验教材,也可供有关工程技术人员参考。

图书在版编目(CIP)数据

电工电子技术实践与应用教程/王勤主编;胡光霞,王芸副主编;谷嫚,罗韬,竺琼参编.--2 版.--北京:高等教育出版社,2023.12

ISBN 978-7-04-061036-9

Ⅰ.①电… Ⅱ.①王… ②胡… ③王… ④谷… ⑤罗… ⑥竺… Ⅲ.①电工技术-高等学校-教材②电子技术-高等学校-教材 Ⅳ.①TM②TN

中国国家版本馆 CIP 数据核字(2023)第 150062 号

Diangong Dianzi Jishu Shijian yu Yingyong Jiaocheng

策划编辑	杨　晨	责任编辑	杨　晨	封面设计	李树龙	版式设计	李彩丽
责任绘图	杨伟露	责任校对	陈　杨	责任印制	高　峰		

出版发行	高等教育出版社	网　址	http://www.hep.edu.cn
社　址	北京市西城区德外大街 4 号		http://www.hep.com.cn
邮政编码	100120	网上订购	http://www.hepmall.com.cn
印　刷	北京汇林印务有限公司		http://www.hepmall.com
开　本	787mm×1092mm　1/16		http://www.hepmall.cn
印　张	16	版　次	2008 年 6 月第 1 版
字　数	390 千字		2023 年 12 月第 2 版
购书热线	010-58581118	印　次	2023 年 12 月第 1 次印刷
咨询电话	400-810-0598	定　价	34.20 元

本书如有缺页、倒页、脱页等质量问题,请到所购图书销售部门联系调换
版权所有　侵权必究
物　料　号　61036-00

第 2 版前言

本书是南京航空航天大学国家级电工电子实验教学中心系列教材之一,是工业和信息化部"十四五"规划教材。本书第 1 版于 2008 年出版。在此期间,电工电子技术的发展突飞猛进。因此,有必要对教材进行修订、完善,以适应新形势的需要。

本书修订工作主要体现在以下几个方面。

1. 对全书章节进行了优化组合。第 1 版分为上下篇,共九章。第 2 版把上篇内容取舍合并为第一章:电工电子技术实验基础,主要介绍常用的电子元器件和仪器设备。第二、三、四章分别为:电工技术实验、模拟电子技术实验、数字电子技术实验。此三章是全书的主题部分,每一主题合理安排了基础性实验、综合设计性实验以及探究性实验,实验内容包含基本任务和拓展任务,满足学生个性化学习需求。第五章为仿真实验。第六章为课程设计。其中标有"*"的内容为选学内容。

2. 更新和新增部分的章节为:1.1.5、1.2.1~1.2.7、2.2、2.3、3.9、3.10、4.3、4.4、4.6、4.8、4.9、4.10、4.11、第五章、6.3.4、6.3.5 以及附录 B。第四章数字电子技术实验新增了可编程逻辑器件 CPLD 的应用,并在附录 B 详细介绍了 Quartus Ⅱ 13.1 软件平台的使用。第五章仿真实验的仿真软件由 PSpice 改为 Multisim,并使用 Multisim14 对相关课程大纲中的必做实验均进行了仿真。第六章课程设计新增两个题目:电子抢答器和交通灯控制系统。每一章节局部更改的内容还有很多,此处不再一一说明。

3. 针对实验中的重点、难点,本书采用新形态教材进行一体化设计,提供视、听、像结合的视频等实验教学资源,满足学生个性化学习需求。

4. 更新了实验平台和仪器设备。更新的仪器设备有电工电路实验装置、直流稳压电源、函数信号发生器、数字示波器、数字万用表、数字交流毫伏表等。

5. 在教材的编写过程中,全方位融入思政元素,增强学生的安全生产意识、绿色环保意识、工程责任意识、规范操作意识等,提高学生的职业素养。本书体系完备、结构严谨、逻辑性强,能反映教学内容的内在联系、发展规律以及学科专业特有的思维方式,有利于激发学生学习兴趣、提升学生实践能力和培养学生创新精神。

本书对应的授课课程为"电工与电子技术 Ⅰ""电工与电子技术 Ⅱ""电工与电子技术基础 Ⅱ""电工与电子技术实验 Ⅰ""电工电子技术课程设计"等,课程类别为专业基础课,性质为必修。本书可以作为普通高等学校非电类专业相关课程的教材,也可供相关工程技术人员参考。

本书由王勤任主编,胡光霞、王芸任副主编。王勤负责全书的组织、构思和统稿,竺琼编写第一章的部分内容,谷嫚编写第二章,王芸负责全书的构思并编写第三章,胡光霞负责全书的统稿并编写绪论、第一章的部分内容、第四章以及附录,罗韬编写第五章以及第六章的部分内容。书中二维码视频资源由胡光霞、王芸和谷嫚制作完成。

　　本次修订承蒙南京理工大学王建新教授主审,清华大学段玉生教授、东南大学胡仁杰教授、中国矿业大学王香婷教授、南京航空航天大学雷磊教授和何畏教授审阅,并提出了宝贵的修改意见,在此表示诚挚的谢意。本书在第 1 版的基础上修订完成,在此感谢教材第 1 版的所有作者:王勤、任为民、范玉萍、沈晓帆、王芸、谷嫚、廖志凌。

　　由于编者水平有限,本书难免存在不妥或疏漏之处,敬请读者批评指正。编者邮箱:hgxmail@nuaa.edu.cn。

编者

2023 年 3 月于南京航空航天大学

第1版前言

本书是南京航空航天大学国家基础课程电工电子教学基地实验系列教材之一,是培养学生实验能力和实践技能的基础教材。

自 2004 年 7 月南京航空航天大学《电路实验与实践》《电子线路设计与应用》《信号、系统与控制实验教程》系列教材正式由高等教育出版社出版后,面向高等学校工科非电类专业"电工与电子技术"课程开设的实验及课程设计的教材编写工作就列入了我们的计划。经过三年的努力,今天它们的姊妹篇终于问世了。

正如《电路实验与实践》中所说的,培养实验能力和实践技能是高等工科院校教育的重要内容之一。实验是帮助学生学习和运用理论知识,处理实际问题,验证、消化和巩固基本理论知识,获得实验技能和科学研究方法的重要环节,能够促进学生的基本训练,加强工程实践能力的培养,反映本学科的发展水平,这也是我们编写这本教材的根本宗旨。

全书分上下篇,共九章。上篇"电工电子技术实践基础",即第一章~第四章,系统介绍常用电子元器件基础知识、常用电工仪表及电子仪器的使用、实验技术基本知识及安全用电的常识;下篇"电工电子实践与应用",即第五章~第九章,介绍电工技术实验、电子技术实验、综合设计性实验、课程设计及计算机仿真与辅助设计。实验内容由简到繁,由单纯的验证性实验过渡到综合设计性实验,旨在逐步提高学生的实际动手能力与理论联系实际的能力。

本书是编者总结多年的电工电子技术实验教学经验编写而成的,在自编教材的基础上四易其稿而定。先后有 20 多位教师参与本课程的教学、教材讨论及实验室建设工作,为编写本书提供了丰富的资料,提出了许多建议,并做了大量的工作。曲民兴教授、潘双来教授、董尔令副教授、邢丽冬副教授为本书大纲的制定、编写提出了宝贵意见,在此一并致以衷心的感谢。

参加编写的有:王勤、任为民、范玉萍、沈晓帆、王芸、谷嫚、廖志凌,由王勤担任主编。

本书由教育部电子电气基础课程教学指导分委员会委员、博士生导师朱伟兴教授担任主审。朱教授对全书做了仔细的审阅,提出了许多宝贵意见,在此表示衷心的感谢。

由于编者学识水平有限,书中难免存在不足之处,恳请读者提出批评和改进意见,邮件请寄 wangqin@ nuaa.edu.cn。

编者
2007 年 12 月

目　　录

绪论 ……………………………………… 1

0.1　实验预习要求 …………………… 2

0.2　实验操作程序 …………………… 2

0.3　实验故障分析与排除 …………… 3

0.4　实验误差分析与数据处理 …… 3

0.5　实验报告要求 …………………… 5

0.6　实验室守则与安全用电 ……… 6

第一章　电工电子技术实验基础 ……… 8

1.1　常用电子元器件的识别与

　　　检测 ………………………… 8

　　1.1.1　电阻器 …………………… 8

　　1.1.2　电容器 …………………… 12

　　1.1.3　电感器 …………………… 14

　　1.1.4　二极管、晶体管与集成电路 … 16

　　1.1.5　可编程逻辑器件 ………… 20

1.2　常用电子仪器设备的应用 …… 22

　　1.2.1　电测量仪表简介 ………… 22

　　1.2.2　电工电路实验装置 ……… 23

　　1.2.3　直流稳压电源 …………… 28

　　1.2.4　函数信号发生器 ………… 30

　　1.2.5　数字示波器 ……………… 32

　　1.2.6　数字万用表 ……………… 35

　　1.2.7　数字交流毫伏表 ………… 37

　　1.2.8　单相调压变压器 ………… 39

　　1.2.9　钳形电流表 ……………… 39

　　1.2.10　兆欧表 …………………… 40

第二章　电工技术实验 ………………… 42

2.1　元件的伏安特性 ……………… 42

2.2　基尔霍夫定律和叠加定理 …… 46

2.3　戴维南定理和诺顿定理 ……… 48

2.4　单相交流电路参数的测定 …… 51

2.5　三相电路 ……………………… 54

2.6　常用电子仪器的使用 ………… 58

2.7　频率特性的测量 ……………… 62

2.8　RC 电路的瞬态过程 ………… 63

2.9　单相变压器 …………………… 65

2.10　三相异步电动机的测试与

　　　控制 ………………………… 69

2.11　三相异步电动机的时间控

　　　制设计 ……………………… 72

2.12　三相异步电动机的变频

　　　调速 ………………………… 73

第三章　模拟电子技术实验 …………… 77

3.1　单管放大电路 ………………… 77

3.2　功率放大电路 ………………… 84

3.3　集成运算放大器的应用研究

　　　之一——运算电路 ………… 89

3.4　集成运算放大器的应用研究

　　　之二——波形产生与变换 … 92

3.5　整流、滤波、稳压电路 ……… 97

3.6　函数信号发生器的设计 …… 103

3.7　定时电路的设计 …………… 106

3.8　温度控制器的设计 ………… 107

3.9　手机涓流充电电路设计 …… 109

3.10　入侵式无线门磁报警器的

　　　设计 ………………………… 110

第四章　数字电子技术实验 ………… 112

4.1　TTL 集成门电路逻辑功能

　　　测试 ………………………… 112

4.2　组合逻辑电路的设计 ……… 115

4.3　译码器和数据选择器的应用 … 118

4.4　集成触发器及其应用 ……… 122

4.5 计数、译码、显示电路 ············ 126

4.6 计数器和分频器的设计 ········· 130

4.7 555 集成定时器及其应用 ····· 132

4.8 D/A、A/D 转换器及其应用 ······ 135

4.9 数字频率计的设计与实现 ····· 141

4.10 用 CPLD 设计组合逻辑
    电路 ·········· 143

4.11 用 CPLD 设计时序逻辑
    电路 ·········· 146

第五章 仿真实验 ············ 149

5.1 Multisim 软件应用简介 ····· 149

5.2 电工技术仿真实验 ········· 151

5.2.1 电压源外特性曲线的分析 ··· 151

5.2.2 电路定理 ········· 158

5.2.3 单相交流电路 ········ 163

5.2.4 三相电路 ········ 166

5.2.5 RC 电路的瞬态过程 ····· 170

5.3 模拟电路仿真实验 ········ 173

5.3.1 单管交流放大电路 ······ 173

5.3.2 集成运算放大器 ······ 178

5.3.3 整流滤波稳压电路 ····· 184

5.4 数字电路仿真实验 ············ 186

5.4.1 D 触发器 ········· 186

5.4.2 计数、译码、显示电路 ········ 189

5.4.3 编码器与译码器的应用 ··· 191

5.4.4 555 集成定时器 ········ 192

第六章 课程设计 ············ 195

6.1 电子电路的设计方法 ··········· 195

6.2 电子电路的安装、调试与
    故障检测 ········· 196

6.3 课程设计课题 ········· 199

6.3.1 脉搏计 ········· 199

6.3.2 数字电子钟 ········ 203

6.3.3 出租车计价器 ······ 207

6.3.4 电子抢答器 ······ 212

6.3.5 交通灯控制系统 ········· 219

附录 A 部分常用集成电路引脚图 ··· 225

附录 B Quartus II 13.1 软件应用
    简介 ········· 228

B.1 Quartus II 软件开发基本
    流程 ········· 228

B.2 Quartus II 设计举例 ······ 229

参考文献 ············ 247

绪　　论

　　科学实验是人类认识自然、检验理论正确与否的重要手段。通过实验取得重大的成果在科学史上屡见不鲜。科学的实验与实践形成了丰富的电路理论，而这种理论又是电力电子技术发展的重要基础。1785 年，库仑用实验方法测定静电作用和静磁相互作用，发表了库仑定律，为静电学奠定了科学基础。1800 年，伏特第一个制成用铜片、浸盐水的纸片、锌片依次重叠起来获得连续电流的电堆。1820 年，奥斯特和安培先后在实验中发现电流的磁效应和电磁作用都是电流与电流作用的"电动力"。1826 年，欧姆发表重要实验报告，提出电路的实验定律"欧姆定律"。1834 年，法拉第通过十几年的实践，发现了电磁感应现象，动磁生电的奥秘由此揭开。1873 年，麦克斯韦用数学方法创立了电磁场理论，而赫兹在 1888 年通过电磁波的发生和接收实验，证明了电磁波的存在。1876 年，爱迪生在新泽西州建立了世界上第一所工业实验室，组织了一批专门人才，从而开创了现代科学研究的正确途径。1881 年，瓦堡发表磁滞回线的实验观察结果，这是最早的磁滞现象研究。对电子学产生革命性影响的晶体管，最初是以巴丁、希拉顿和肖克莱为首的一大批理论家和实验家经过一系列艰苦的实验，克服了材料、工艺、测量技术等方面的种种困难，并对当时的若干理论问题进行了深入探讨及发展后，于 1947 年底在实验室里研制出来的。

　　20 世纪 50 年代初期半导体晶体管的出现，20 世纪 60 年代半导体集成电路的出现，直至今日超大规模集成电路的使用，反映了微电子技术的飞跃发展。各种电力电子器件的出现，使得电子技术不仅在计算机、通信、信号测量与变换等领域占主导地位，而且在电力系统、工业控制系统中亦得到广泛的应用。这些成就是由无数的科学家、工程技术人员在实验中研究开发而取得的。可以说，在电工技术、电子技术的发展中，每一类新概念、新理论的建立，每一项新产品的开发成功，每一种新技术的应用与推广，都不能离开实验与实践。

　　理论是实验工作的指导，为实验提供了科学依据，实验现象和结果需要从理论上加以分析提高。实验是一项手脑并用、理论与实际密切配合、富于创造性的劳动过程。21 世纪，面向新知识经济的大学生任重道远。我们期望学生通过实验与实践的训练，将理论与实践相结合，巩固所学的理论知识；掌握电路的连接、电工测量及故障排除等实验技巧；能正确使用常用的电工仪器仪表；能正确地采集和处理实验数据；能分析、观察并解决实验中遇到的问题。在实验和实践的过程中，培养严肃认真的科学态度和细致踏实的作风及创新意识和能力。

　　学校在建设实验室、装备实验设备方面投入了大量的人力、物力，为学生创造了一个优良的实验环境和条件，同学们应珍惜这一良好的条件，积极地参与、利用，并虚心地接受指导老师的指导，遵守实验室规则，做好实验，认真探讨、总结，写好报告，为今后学习专业课程和研究打下扎实的基础。以下是几点要求。

0.1　实验预习要求

1. 认真阅读实验指导书,明确预习要求、实验目的、实验原理、实验内容、实验注意事项等。对实验可能出现的现象及结果等要有一个事先的分析和估计,尽可能做到心中有数。

2. 预先阅读所需用的仪器设备使用说明书,熟悉各旋钮、按键、开关的功能和作用,了解操作注意事项,以便进行实验时能顺利操作和测试。

3. 完成实验预习报告,即实验报告要求中的 1~4 项内容。提前计算好预习要求中理论计算的内容,预先画好实验内容中要测量的数据表格。对于设计性实验,要提前查阅相关资料,写出实验设计方案。

0.2　实验操作程序

1. 检查仪器设备并合理摆放。实验操作前首先检查本次实验所用的仪器设备和元器件是否齐全、完好,并合理摆放其位置,要求连线简单、跨线短、操作和读数方便。

2. 正确搭接线路。确保电源断开的情况下,按照电路图进行接线。先接主要串联电路(从电源一端开始,顺次而行,再回到电源的另一端),然后再连分支电路。同时,要考虑元器件和仪表的极性、参考方向、公共地端与电路图的对应位置等。接好线路后首先要复查,确认无误后,才能接通电源进行实验。对于强电实验,在自查的基础上,请指导老师复查无误后方可接通电源。严禁带电接线、拆线或改接线路。

3. 安全操作。进入实验室,应了解和遵守实验室的安全操作规程。在实验过程中,应随时注意安全,当人体接触 36 V 以上的直流和交流电压时均有触电危险。因此,通电后不可以用手触及带电体,同时通电后要集中精力,首先看现象,再操作、读数。如果出现异常现象,如烧保险、冒烟、焦味、异常响声、仪表卡表等,应立即切断电源,保持现场,请示指导老师后再进行故障处理,排除故障后方能继续进行实验操作。

4. 科学读取数据。读取数据时,姿势要正确,指针式仪表要做到"眼、针、影一直线"。数据应记录在事先准备好的原始记录数据表格中,要记下所用仪表仪器的倍率,做完实验后要根据实测仪表偏转格数乘以倍率得出读数值,同时要根据所选用仪表量程和刻度盘实际情况,合理取舍读数的有效数字,不可增多或删除有效位数。原始数据不得随意修改。当需要绘制曲线时,读数的多少和测试点的分布应以足够描出光滑且完整的曲线为准则。读数的分布随曲线的曲率而异,在曲率较大处应多读几点,在曲率较小处可少读几点。读取数据后,可先把曲线粗略地描绘一下,如发现有不足之处,就应进行补测。

5. 实验后的整理。实验完成后,不要忙于拆除线路。应先断开电源,待指导老师检查实验所得的数据没有遗漏和错误后再拆线。一旦发现异常,需要在原有的实验线路下查明原因,并做出相应的分析。全部实验结束后,应该将所用的实验设备放回原位,导线整理成束,清理实验台,然后离开实验室。

0.3　实验故障分析与排除

排除实验中出现的故障,是培养学生综合分析问题能力的一个重要方面,学生要具备一定的理论基础和较熟练的实验技能以及丰富的实际经验。

1. 产生故障的原因

① 电路连接不正确或接触不良,导线或元器件引脚短路或断路。

② 元器件、导线裸露部分相碰造成短路。

③ 测试条件错误。

④ 元器件参数不合适或引脚错误。

⑤ 仪器使用、操作不当。

⑥ 仪器或元器件本身质量差或损坏。

2. 排除实验故障的一般原则或步骤

① 出现故障时应立即切断电源,关闭仪器设备,避免故障扩大。

② 根据故障现象,分析、判断故障性质。实验故障大致可分为两大类:一类是破坏性故障,可造成仪器、设备、元器件等损坏,其现象常常是冒烟、烧焦味、爆炸声、发热等;另一类是非破坏性故障,其现象是无电流、电压,指示灯不亮,电流、电压数值或波形不正常等。

③ 根据故障性质,确定故障的检查方法。对于破坏性故障不能采用通电检查的方法,应切断电源,然后用万用表的电阻挡检查电路的通断情况,看有无短路、断路或阻值不正常等现象。对于非破坏性故障,也应先切断电源进行检查,确认没有破坏性再采用通电检查的方法。通电检查主要使用电压表检查电路有关部分的电压是否正常,用示波器观察波形是否正常等。

④ 进行检查时首先应知道正常情况下电路各处的电压、电流、电阻、波形,做到心中有数,然后再用仪表进行检查,逐步缩小产生故障的范围,直到找到故障所在的部位。

0.4　实验误差分析与数据处理

1. 误差的表示方法

误差是测量值(包括直接和间接测量值)与真值(客观存在的准确值)之差。误差可以用绝对误差和相对误差两种形式来表示。

绝对误差(ΔX)是一个被测量的测定值(X)与其真值(X_0)之差,真值常用约定真值来表示。绝对误差的表达式为

$$\Delta X = X - X_0$$

相对误差(γ)是绝对误差(ΔX)与被测量真值(X_0)之比。其表达式为

$$\gamma = \frac{\Delta X}{X_0} \times 100\%$$

计算相对误差时常取测量仪器某一量程的满刻度值作为分母,即求绝对误差(ΔX)与测量仪器量程(满刻度值)的百分比,也称引用误差。

$$\gamma_N = \frac{\Delta X}{X_N} \times 100\%$$

根据引用误差,我国电工仪表的精度等级($a\%$)可分为 0.1、0.2、0.5、1.0、1.5、2.5、5.0 七级,引用误差与满刻度值之积反映了该量程内绝对误差的最大值。

2. 实验误差分析

实验误差具有非零性、随机性和未知性。根据实验误差的性质及产生的原因,可将误差分为系统误差、随机误差和粗大误差三种。

系统误差是由某些固定不变的因素引起的。在相同条件下进行多次测量,其误差数值的大小和正负保持恒定,或误差随条件改变按一定规律变化。

随机误差是由某些不易控制的因素造成的。在相同条件下做多次测量,其误差数值和符号是不确定的,即时大时小,时正时负,无固定大小和偏向。随机误差服从统计规律,其误差与测量次数有关。随着测量次数的增加,平均值的随机误差可以减小,但不会消除。

粗大误差是与实际明显不符的误差,主要是实验人员粗心大意,如读数错误、记录错误或操作失败造成的。这类误差往往与正常值相差很大,应在整理数据时依据常用的准则加以剔除。

实验误差的减小方法有:

① 选定合适的实验仪器。

② 严格按照实验步骤、方法操作。

③ 熟练掌握各种测量器具的使用方法,准确读数。

④ 改进测量方法。

⑤ 多进行几次实验。

⑥ 定期用标准的度量衡校准实验仪器。

3. 有效数字及实验数据的读取

有效数字是指在分析工作中实际能够测量到的数字,包括最后一位估计的、不确定的数字。我们把通过直读获得的准确数字叫作可靠数字;把通过估读得到的那部分数字叫作欠准数字。把测量结果中能够反映被测量大小的带有一位欠准数字的全部数字叫作有效数字。

记录有效数字应遵循如下规定:

① 记录测量数值时,只允许保留 1 位欠准数字。

② 末位的“0”不能随意增减,它是由测量仪器的准确度来确定的。

③ 大数值与小数值都要用幂的乘积形式来表示。

④ 在计算中,常数(如 π、e 等)以及因子的有效数字的位数没有限制,需要几位就取几位。

⑤ 当有效数字位数确定以后,多余位数应一律按“四舍六入五留双”的规则舍去,称为有效数字的修约。即当保留 n 位有效数字,若第 $n+1$ 位数字≤4 就舍掉;若第 $n+1$ 位数字≥6,则第 n 位数字进 1;若第 $n+1$ 位数字=5 且后面数字为 0,则第 n 位数字若为偶数就舍掉后面的数字,若第 n 位数字为奇数就加 1;若第 $n+1$ 位数字=5 且后面还有不为 0 的任何数字,无论第 n 位数字是奇或是偶都加 1。

进行运算时有效数字应遵循一定的规则:

① 参与加减运算的各数所保留的位数,一般应与各数小数点后位数最少的相同。例如15.4、3.232、0.078 三个数相加,应为 15.4+3.2+0.1 = 18.7。

② 乘除运算时,各因子及计算结果所保留的位数以百分误差最大或有效数字位数最少的项为准,不考虑小数点的位置。例如 15.4、3.232、0.078 三个数相乘,应为 $15 \times 3.2 \times 0.078 = 3.7$。

③ 乘方及开方运算结果比原数多保留一位有效数字。

④ 取对数前后的有效数字位数应相等。

4. 实验数据的处理

通常用表格(列表法)和曲线(绘图法)对实验数据进行整理、计算和分析,从中找出规律,得出实验结果。

列表法要点:

① 先对原始数据进行整理,完成有关数值的计算、剔除坏值等。

② 在表头处给出表的编号和名称。

③ 必要时在表尾处对有关情况予以说明(如数据来源等)。

④ 确定表格的具体格式,合理安排表格中的主项和副项。通常主项代表自变量,副项代表因变量。一般将能直接测量的物理量选为主项(自变量)。

⑤ 表中数据应以有效数字的形式表示。

⑥ 数据需有序排列,如按照由大到小的顺序排列等。

⑦ 表中的各项物理量要给出其单位。

⑧ 要注意书写整洁,如将每列的小数点对齐,数据空缺处记为斜杠"/"等。查记录数据有无笔误。

绘图法要点:

① 选择合适的坐标系。常用的坐标系有直角坐标系、半对数坐标系和全对数坐标系等。选择哪种坐标系,要视是否便于描述数据和表达实验结果而定。最常用的是直角坐标系,但若量值的数值范围很大,就可选用对数坐标系。

② 在坐标系中,一般横坐标代表自变量,纵坐标代表因变量。

③ 在横、纵坐标轴的末端要标明其所代表的物理量及其单位。

④ 要合理恰当地进行坐标分度。

⑤ 必要时可分别绘制全局图和局部图。

⑥ 可用不同形状和颜色的线条来绘制曲线,例如,使用实线、虚线、点画线等。

⑦ 根据数据描点时,可使用实心圆、空心圆、叉、三角形等符号。同一曲线上的数据点用同一符号,而不同曲线上的数据点则用不同的符号。

⑧ 由图上的数据点作曲线时,不可将各点连成折线,而应视情况作出拟合曲线。所作的曲线要尽可能地靠近各数据点,并且曲线要光滑。当数据点分散程度较小时,可直接绘出曲线。若数据点分散程度大,则应将相应的点取平均值后再绘出曲线。

0.5 实验报告要求

每位参加实验的学生都必须独立完成实验报告。实验报告是在预习报告的基础上完成的,是对实验工作的全面总结,要用简明的形式将这项工作完整和真实地表达出来。实验报告的内容包括以下几个方面:

1. 实验目的。

2. 实验设备。

3. 实验原理。包括原理说明、电路原理图和实验接线图等。

4. 实验内容及步骤。实验者可按实验指导书上的步骤编写,也可根据实验原理由实验者自行编写,但一定要按实际操作步骤详细如实地写出来。

5. 实验数据及处理。根据实验原始记录和实验数据处理要求,画出数据表格,整理实验数据。表中各项数据如系直接测得,要注意有效数字的表示;如系计算所得,必须列出所用公式,并以一组数据为例进行计算,其他可直接填入表格。如需绘制曲线图,要按绘图法的要求选择合适的坐标和刻度绘图。另外,实验原始数据要附在实验报告后。

6. 实验结果分析、总结、收获体会、意见和建议。

7. 回答思考题。

实验报告的内容中,1~4项是预习报告需完成的内容,5~7项是实验操作完成后需补充的内容。

0.6 实验室守则与安全用电

1. 实验室守则

① 实验室是实验教学和科学研究的重要场所,进入实验室的学生,均有责任和义务熟悉并遵守实验室各项规章制度,自觉维护实验室良好环境,保证公共设施与人身财产安全。

② 进入实验室工作前必须参加学校组织的各类安全培训,通过实验室安全准入考试,掌握各类应急事故的处理方法。

③ 进入实验室要做好必要的个人防护。特别注意高温高压等对人体的伤害。

④ 保持实验室内安静、整洁、卫生,保持安全通道畅通。实验室内不得吸烟、饮食,不得打闹、喧哗,不得在实验室过夜。

⑤ 实验前应做好预习准备工作,熟悉仪器设备的性能及操作规程,做好安全防范工作。

⑥ 实验时应按照培训规范进行实验操作,不得擅自离岗,要密切关注实验进展情况。

⑦ 实验中应严格按仪器设备使用规程操作。未按使用规程操作导致仪器设备损坏的,按学校有关规定处理。

⑧ 任何人不得单独在实验室进行操作。严禁将实验室内任何物品私自带出实验室。操作中发生异常情况,应及时向指导教师报告并及时进行安全处理。

⑨ 实验(实训)结束后,做好相关仪器设备的关闭及整理工作。

特别注意:未经实验室管理人员允许,不得挪动、交换实验室设备;未经允许不得开展具有安全隐患的相关操作,例如机械加工、锂电池充电等;如果见到有同学危险操作,请主动指出。

2. 安全操作规程

由于本实验的特点,离开电与仪器、仪表等设备是不可能进行的,因此必须对用电安全予以特别的重视,切实防止发生人身和设备的安全事故。在实验中要求切实遵守实验室的各项安全操作规程,认真听指导教师讲解实验注意事项。特别注意强电实验时,不得擅自接通电源,不得触及带电部分,严禁带电拆卸或连接导线,必须牢记"先接线后合电源,先断电后拆线"的操作程序。

实验前应阅读所用仪器仪表的简介,实验时按照仪器仪表的使用方法去使用,注意额定值,不了解性能及使用方法不得擅自使用。使用时,必须轻拿轻放,保持表面清洁,如发现异常现象(声响、发热、焦臭等)应立即切断电源。

安全用电的具体措施有:

① 各种电气设备,尤其是移动式电气设备,应建立经常与定期的检查制度,如发现故障或有关的规定不符合时,应加以及时处理。

② 使用各种电气设备时,应严格遵守操作制度,不得将三脚插头擅自改为二脚插头,也不得将线头直接插入插座内用电。

③ 尽量不要带电工作,特别是危险场所(如工作地狭窄,工作地周围有对地电压在220 V以上的导体等),禁止带电工作。如果必须带电工作,应采取必要的安全措施(如站在橡胶垫上或穿绝缘鞋,附近的其他导电体或接地处都应用橡胶布遮盖,并需有专人监护等)。

④ 带金属外壳电器的外接电源插头,一般都要用三脚插头,其中有一根为接地线,一定要可靠接地。如果借用自来水管作接地体,则必须保证自来水管与地下管道有良好的电气连接,中间不能有塑料等不导电的接头。绝对不能利用煤气管道作为接地体使用。另外还需注意电器插头的相线、中性线应与插座中的相线、中性线一致。插座规定的接法为:面对插座看,上面的接地线,左边的接中性线,右边的接相线。

⑤ 在低压线路或用电设备上做检修和安装工作时,应随身携带低压试电笔,分清相线、中性线;断开导线时,应先断相线,后断中性线。搭接导线时的顺序与上述相反。人体不得同时接触两根线头。

⑥ 开关、熔断器、电线、插座、灯头等,坏了就要修好。平时不要随便触摸。在移动电风扇、电烙铁以及仪器等设备时,先要拔出插头,切断电源。开关必须装在相线上。

3. 触电急救

① 发生触电事故时,千万不要惊慌失措,必须以最快的速度使触电者脱离电源。这时,最有效的措施是切断电源。在一时无法或来不及寻找电源的情况下,可用绝缘物(竹竿、木棒或塑料制品等)移开带电体。

② 抢救中要记住,触电者未脱离电源前,千万不可直接或通过导体接触触电者,其本身是一个带电体,否则可能会造成抢救者触电伤亡。

③ 触电者脱离电源后,还有心跳、呼吸的应尽快送医院抢救。

④ 对心跳已停止的触电者,应立即采用人工心脏挤压法,使伤者维持血液循环;对呼吸已经停止的触电者,应立即采用对口人工呼吸法;如果触电者心跳、呼吸全停止,应同时采用以上两种方法,并且边急救边送往医院。

第一章 电工电子技术实验基础

1.1 常用电子元器件的识别与检测

1.1.1 电阻器

电阻器是电子产品中的基本元件之一。它是耗能元件,在电路中的主要作用是分压、分流,用作负载和阻抗匹配等。

电阻器在电路中的常用图形符号如图 1-1-1 所示。

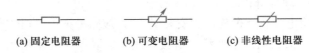

(a) 固定电阻器　　　　(b) 可变电阻器　　　　(c) 非线性电阻器

图 1-1-1 电阻器图形符号

一、电阻器的种类

电阻器的种类很多,按照制造工艺和材料,电阻器可分为:合金型、薄膜型和合成型电阻器。其中薄膜型电阻器又分为碳膜电阻器、金属膜电阻器和金属氧化膜电阻器等。

按照使用功能,电阻器可分为固定电阻器和可变电阻器。

按照安装方式,电阻器可分为直插式电阻器和贴片式电阻器。

按照使用范围和用途,电阻器可分为:普通型、精密型、高频型、高压型、高阻型和特殊电阻器。其中特殊电阻器包含光敏电阻器、热敏电阻器、压敏电阻器等。

二、电阻器的参数

电阻器的主要参数包括标称阻值、允许误差和额定功率。

1. 标称阻值

电阻器表面所标注的阻值称为标称阻值。不同精度等级的电阻器,其标称阻值系列不同。我国电阻器标称阻值系列见表 1-1-1。

表 1-1-1 电阻器的标称阻值系列

标称阻值系列	允许误差	精度等级	电阻器标称阻值/Ω
E6	±20%	Ⅲ	1.0、1.5、2.2、3.3、4.7、6.8
E12	±10%	Ⅱ	1.0、1.2、1.5、1.8、2.2、2.7、3.3、3.9、4.7、5.6、6.8、8.2
E24	±5%	Ⅰ	1.0、1.1、1.2、1.3、1.5、1.6、1.8、2.0、2.2、2.4、2.7、3.0、3.3、3.6、3.9、4.3、4.7、5.1、5.6、6.2、6.8、7.5、8.2、9.1

常用电阻器实际选用时将表 1-1-1 中的数值乘以 10 的 n 次方,其中 n 为整数,就成为这一阻值系列。比如 E24 系列中的 1.2 代表有 1.2 Ω、12 Ω、120 Ω、1.2 kΩ、12 kΩ 等标称阻值。在电路中,电阻的阻值一般都标注标称值。如果不是标称阻值,可以根据电路要求,选择和它相近的标称阻值。

2. 允许误差

电阻器的允许误差是指电阻器的实际阻值对于标称阻值的允许最大误差范围,它标志着电阻器的阻值精度。常用电阻器的误差(及对应的字母)一般分为六类:±0.5%(D)、±1%(F)、±2%(G)、±5%(J)、±10%(K)、±20%(M)。允许误差越小,电阻器的精度越高。

3. 额定功率

额定功率是指电阻器在规定的环境条件下,长期连续工作所允许消耗的最大功率。电路中电阻器消耗的实际功率必须小于其额定功率,否则,电阻器的阻值及其他性能将会发生改变,甚至烧毁。不同类型的电阻器有不同系列的额定功率。功率系列可以在 0.05~500 W 之间分十多种规格,最常用的一般在 $\frac{1}{8}$~2 W 之间。不同额定功率的电阻在电路图上常用如图 1-1-2 所示的符号表示。

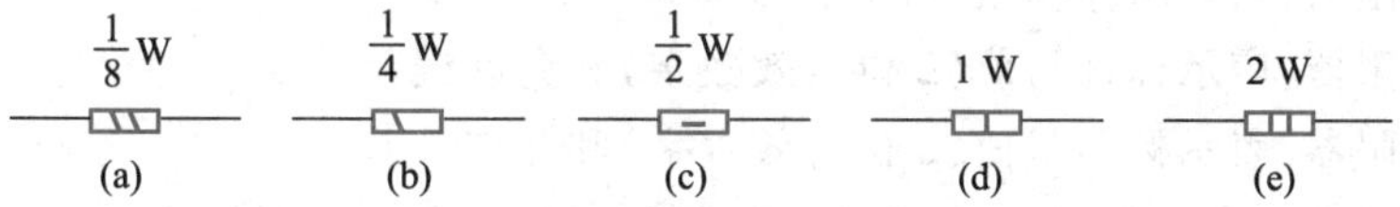

图 1-1-2　不同额定功率的电阻器在电路图上的表示符号

2 W 以上的电阻,额定功率直接印在电阻体上,2 W 以下的电阻,以自身体积大小来表示额定功率。

在电子线路中,所用电阻器的额定功率一般都很小,因此通常不在电路原理图中标出其额定功率,必要时在其图形符号旁边以数字形式标出。

三、电阻器的标记方法

1. 直标法

直标法是将元件值和允许的相对误差等级直接用文字印在元件上。

2. 色标法

色标法是用不同颜色的色环在电阻器的表面标记其最主要的参数,色环所代表的意义见表 1-1-2。

表 1-1-2　色环所代表的意义

色环颜色	有效数字	乘数	允许误差	工作电压/V
银色	—	10^{-2}	±10%	—
金色	—	10^{-1}	±5%	—
黑色	0	10^{0}	—	4
棕色	1	10^{1}	±1%	6.3

续表

色环颜色	有效数字	乘数	允许误差	工作电压/V
红色	2	10^2	±2%	10
橙色	3	10^3	—	16
黄色	4	10^4	—	25
绿色	5	10^5	±0.5%	32
蓝色	6	10^6	±0.2%	40
紫色	7	10^7	±0.1%	50
灰色	8	10^8	—	63
白色	9	10^9	+5%~−20%	—
无色	—	—	±20%	—

＊此表也适用于电容器,其工作电压的颜色标记只适用于电解电容器,且色环应在正极。

　　色标电阻器有三环、四环、五环三种标法。

　　三环色标电阻器:只表示标称阻值(允许误差均为±20%)。

　　四环色标电阻器:表示标称阻值(2 位有效数字)和允许误差。

　　五环色标电阻器:表示标称阻值(3 位有效数字)和允许误差。

　　电阻器色环的表示含义如图 1-1-3 所示。例如三环色标电阻器的色环为棕、红、红,则此电阻器的标称阻值为 1 200 Ω,允许误差为±20%;五环色标电阻器的色环为棕、紫、绿、金、棕,则此电阻器的标称阻值为 17.5 Ω,允许误差为±1%。

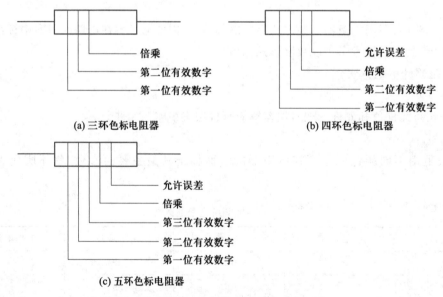

图 1-1-3　电阻器色环的表示含义

　　在读取色标电阻器的阻值时应注意以下几点。

① 熟记表 1-1-2 中的色环对应关系。

② 找出色标电阻器的第一环,其方法有:靠近电阻器端头的色环为第一环,四环色标电阻器多以金、银色作为误差环,五环色标电阻器多以棕色作为误差环,且其第五色环的宽度要比另外四环的宽度大。

③ 色标电阻器标记不清或个人辨色能力差时,可以用万用表测量。

3. 数码法

数码法是用三位数码表示电阻的标称值。数码从左到右,前两位为有效值,第三位指零的个数,单位为 Ω。例如:151 表示 150 Ω,472 表示 4 700 Ω。如果是小数,则用"R"表示小数点,并占用一位有效数字,其余两位是有效数字。例如:2R4 表示 2.4 Ω,R15 表示 0.15 Ω。此种方法在贴片式电阻器中使用较多。

四、电位器

电位器实际上是一个可变电阻器,其常用图形符号如图 1-1-4 所示。电位器对外有三个引出端:一个是滑动端,另外两个是固定端。滑动端可以在两个固定端之间的电阻体上滑动,使其与固定端之间的电阻值变化。电位器的标称阻值是指它两个固定端之间的阻值,并且采用直标法将标称阻值直接标在电位器上,在大电流应用场合下电位器还会标出其额定功率。

在电路中,电位器常用来调节电阻值或电位。其电路连接方式如图 1-1-5 所示。

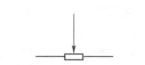

图 1-1-4　电位器的图形符号

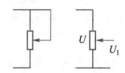

图 1-1-5　电位器的电路连接方式

电位器的种类很多,用途各不相同,通常可按其材料、结构特点、调节机构运动方式进行分类。

根据所用材料不同,电位器可分为线绕电位器和非线绕电位器两大类。前者额定功率大、噪声低、温度稳定性好、寿命长,缺点是制作成本高、阻值范围小(100 Ω~100 kΩ)、分布电感和分布电容大,它在电子仪器中应用较多。后者的种类很多,有碳膜电位器、合成碳膜电位器、金属膜电位器、玻璃釉膜电位器、有机实心电位器等。非线绕电位器的优点是阻值范围宽、制作容易、分布电感和分布电容小,缺点是噪声比线绕电位器大、额定功率较小、寿命较短。这类电位器广泛应用于收音机、电视机、收录机等家用电子产品中。

根据结构不同,电位器可分为单圈电位器、多圈电位器、单联电位器、双联电位器和多联电位器,还可分为带开关电位器、锁紧式电位器和非锁紧式电位器。

根据调节方式不同,电位器可分为旋转式电位器和直滑式电位器两种类型。前者电阻体呈圆弧形,调节时滑动片在电阻体上做旋转运动;后者电阻体呈长条形,调节时滑动片在电阻体上做直线运动。

随着表面安装技术(surface-mount technology,SMT)和微组装技术(micro-assembling technology,MAT)的发展,小型化电子仪器设备采用了矩形片式电位器,其体积小、重量轻、阻值范围较宽、可靠性高、高频特性好、易焊接,是自动化表面安装的理想元件。

五、特殊电阻器

特殊电阻器又称敏感型电阻器,是用特殊材料制造的。它们在常态下的阻值是恒定的,当外界条件如温度、电压、湿度、光照、气体、磁场、压力等发生变化时,其阻值也随之发生变化。常见的有热敏电阻器、光敏电阻器、压敏电阻器等,其电路符号如图 1-1-6 所示。

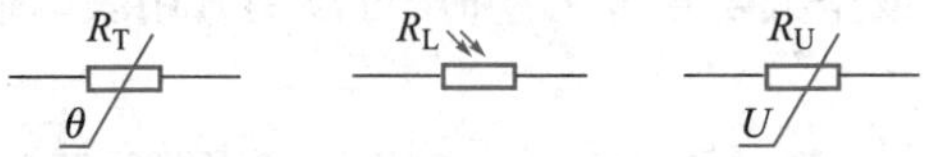

(a) 热敏电阻器　　(b) 光敏电阻器　　(c) 压敏电阻器

图 1-1-6　特殊电阻器的电路符号

1. 热敏电阻器

热敏电阻器是利用半导体的电阻率随温度变化的性质而制成的温度敏感元件。热敏电阻器按电阻-温度特性可分为负温度系数热敏电阻器(简称 NTC,negative temperature coefficient)和正温度系数热敏电阻器(简称 PTC,positive temperature coefficient)。NTC 的阻值随温度增加而减小,PTC 与之相反。热敏电阻器可用于温度测量和自动控制等。

2. 光敏电阻器

光敏电阻器是利用半导体的电阻率随光照变化的性质而制成的一种光敏感元件。光敏电阻器一般有两个状态,即高阻值状态和低阻值状态。无光照射时,其阻值可达 1.5 MΩ;而有光照射时,其阻值减小到 1 kΩ 左右。光敏电阻器主要应用于光控电路中。

3. 压敏电阻器

压敏电阻器是利用半导体的电阻率随电压变化的性质而制成的一种电压敏感元件,简称MOV(metal oxide varistor)。当施加到压敏电阻器上的电压 U 在其标称值 U_c 以内时,压敏电阻器呈高阻状态,几乎无电流通过。当 U 略大于 U_c 时,压敏电阻器阻值迅速下降,呈导通状态。压敏电阻器主要用于限制有害的大气过电压和操作过电压,能有效地保护系统或设备。

六、性能测量与使用

电阻器的阻值,在保证测量精度的条件下,可用多种方法进行测量。通常,测试允许误差为±5%、±10%、±20%的电阻器时,可采用万用表的电阻挡。对于大阻值电阻器,不能用手捏着电阻器的引出线来测量,以防止人体电阻与被测电阻并联,导致测量值不准确。对于小阻值的电阻器,要将电阻器的引出线刮干净,保证表笔与电阻器引出线的良好接触。

对于高精度电阻器可采用电桥进行测量,对于大阻值、低精度的电阻器可采用兆欧表来测量。不论用什么方法测量,在保证测量精度的条件下,加到电阻器上的直流测量电压应尽量低,时间应尽量短,以免被测电阻器发热,电阻值改变而影响测量的准确性。

选用电阻器时,要根据电路的不同用途和不同要求选择不同种类的电阻器。在耐热性、稳定性、可靠性要求较高的电路中,应该选用金属膜或金属氧化膜电阻器;在要求功率大、耐热性好、工作频率不高的电路中,可选用线绕电阻器;对于无特殊要求的一般电路,可选用碳膜电阻器,以降低成本。

1.1.2　电容器

电容器是电子电路中常用的元件,它由两块极板构成,在两个极板中间夹有一层绝缘体(电介质),并且在两极板上分别引出一根引脚,这样就构成了电容器。电容器是一种储能元件,用来存储电荷,容量越大,存储的电荷越多。

电容器在电路中具有隔断直流、通过交流的特性。通常可完成滤波、旁路、级间耦合以及与电感线圈组成振荡回路等功能。电容器的图形符号如图 1-1-7 所示。

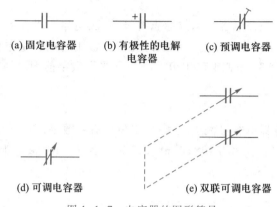

图 1-1-7 电容器的图形符号

一、电容器的种类

电容器种类很多。按结构,电容器可分为固定电容器、预调电容器和可调电容器。按极性,电容器可分为有极性电容器和无极性电容器。按用途,电容器可分为高频旁路、低频旁路、滤波、调谐、高频耦合、低频耦合、小型电容器。按介质材料,电容器可分为气体介质、液体介质、无机固体介质、有机固体介质、电解电容器等。

常用的电容器有铝电解电容器、钽电解电容器、薄膜电容器、瓷介电容器、独石电容器、纸介质电容器、金属化纸介质电容器、云母电容器、聚苯乙烯薄膜电容器、玻璃釉电容器等。

二、电容器的参数

1. 标称容量与允许误差

标在电容器外壳上的电容量数值称为标称容量,常用的标称系列和电阻器的相同。

标称容量与实际电容量有一定的允许误差,允许误差用百分数或误差等级表示。允许误差分为五级:±1%(00 级)、±2%(0 级)、±5%(Ⅰ级)、±10%(Ⅱ级)和±20%(Ⅲ级)。

2. 额定工作电压(耐压)

电容器的额定工作电压是指电容器长期连续可靠工作时,极间电压不允许超过的规定电压值,否则电容器就会被击穿损坏。额定工作电压值一般以直流电压的形式在电容器上标出。

3. 绝缘电阻

电容器的绝缘电阻是指电容器两极间的电阻,也称漏电电阻。电容器中的介质并不是绝对的绝缘体,多少有些漏电。除电解电容器外,一般电容器漏电是很小的。显然,电容器的漏电电流越大,绝缘电阻越小。当漏电电流较大时,电容器会发热,发热严重将会导致电容器损坏。使用中,应选择绝缘电阻大的电容器。

三、电容器的标记方法

电容器的标记方法有直标法、文字符号标记法、数码标记法和色标法。

1. 直标法

它将主要参数和技术指标直接标注在电容器表面上。电容器在电路中用字母 C 表示,其单位有:法[拉](F)、毫法($mF = 10^{-3}F$)、微法($\mu F = 10^{-6}F$)、纳法($nF = 10^{-9}F$)、皮法($pF = 10^{-12}F$)。允许误差直接用百分率表示。

2. 文字符号标记法

电容量的整数部分标注在电容量单位标志符号前面,电容量的小数部分标注在单位标志符号后面,电容量单位符号所占位置就是小数点的位置。常用的电容量单位符号有:u、n、p。比如 3u3、4n7、p1 分别表示电容 3.3 μF、4.7 nF、0.1 pF。如果在数字前面标注有 R 字样,比如 R33,其电容量就是 0.33μF。

3. 数码标记法

用三位数字表示电容器电容量大小。第一、二位是有效数字,第三位表示有效数字后面 0 的个数,单位为 pF。比如:103 表示为 10×10^{3} pF,223 表示为 22×10^{3} pF。但是当第三位是 9 时表示 10^{-1},如 339 表示 33×10^{-1} pF。

4. 色标法

电容器的色标法与电阻器的色标法相似。

四、电容器的性能测量与使用

电容器在使用前要对其性能进行检查。检查电容器是否短路、断路、漏电、失效等,可以用万用表的电阻挡测量。若要准确测量其电容量及损耗的大小,可以用交流电桥进行测量。

在使用电容器时,要合理选取标称容量及允许误差等级。在很多情况下,对电容器的电容量要求不严格,允许误差可以很大。但在振荡电路、延时电路、音调控制电路中,电容量应尽量与设计值一致,电容器的允许误差等级要求就高些。

在选择电容器额定工作电压时,若其额定工作电压低于电路中的实际电压,电容器就会被击穿损坏。一般额定工作电压应高于实际电压的 1~2 倍。对于电解电容器,实际电压应是电解电容器额定工作电压的 50%~70%。在高温、高压条件下要选取绝缘电阻高的电容器。

在装配中,应使电容器的标志易于观察到,以便核对。同时应注意不能将电解电容器极性接错,如果极性接反,会造成严重漏电、发热甚至外壳炸裂,最终导致电容器被击穿损坏。一般新买来未经使用的电解电容器,可以根据电极引脚的长短(引脚长的电极为正极)识别其电极的正、负极。对于已焊接过(电极已剪成同样长)的电解电容器,可以通过外壳上的标志(标示出"+"极或"-"极)来区分正、负极。若电容器已经被使用过且标志模糊不清,则只能借助万用表来测量以确定其正、负极。

具体的测量方法为,用 $R\times1k$ 挡测量电解电容器的漏电电阻,颠倒极性两次,比较两次漏电电阻的大小。电解电容器在极性正接的情况下漏电电流小,即漏电电阻大;而极性反接漏电电流大,即漏电电阻小。由此便可判断出,测得漏电电阻大的一次,万用表黑表笔所接的电极为正极,红表笔接的电极为负极。

1.1.3 电感器

电感器是能把电能转化为磁能并进行存储的元件。通常情况下,电感器由铁心或磁芯、绕组(线圈)、屏障罩、封装材料、骨架等组成,线圈绕在骨架上,铁心或磁芯插在骨架里。线圈绕的匝数不同,有无磁芯、铁心等,使得电感器的电感量也不同。线圈绕的匝数越多,电感量越大;在匝数相同的情况下,加了磁芯或铁心后,电感量将增加。电感器在电路中具有通过直流、隔断交流的特性。它广泛应用于调谐、振荡、滤波、耦合、均衡、匹配、补偿等电路。电感器在电路中用字母 L 表示,单位有:亨[利](H)、毫亨(mH)、微亨(μH)、纳亨(nH)。电感器的图形符号如图 1-1-8 所示。

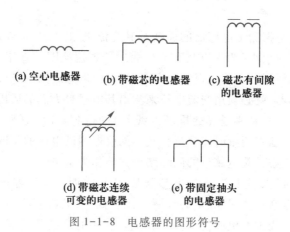

图 1-1-8　电感器的图形符号

一、电感器的种类

电感器(一般称电感线圈)的种类很多。按电感器的工作特征分为固定电感器、可变电感器、微调电感器;按电感器的结构特点分为单层线圈电感器、多层线圈电感器等。常见的种类有以下几种。

1. 高频电感线圈

它是一种电感量较小的电感器。高频电感线圈又分为空心线圈、磁芯线圈等。

2. 空心式及磁棒式天线线圈

它是把绝缘镀银导线绕在塑料胶木管上或磁棒上构成的电感器。

3. 低频阻(扼)流圈

它是用漆包线在铁心外多层绕制而成的大电感量的电感器,一般电感量为数亨。其工作电流在 60~300 mA 之间。

各种电感器具有不同的特点和用途,但它们都是由漆包线、纱包线、裸铜线绕在绝缘骨架上构成的,而且每匝线圈之间要彼此绝缘。

二、电感器的参数

1. 电感量

电感量的大小与线圈匝数、直径、内部有无磁芯、绕制方式等都有直接关系。匝数越多,电感量越大;线圈内有铁心、磁芯的比无铁心、磁芯的电感量大。

2. 品质因数(Q 值)

品质因数是表示线圈质量高低的一个参数,用字母 Q 表示。它等于线圈在某一频率的交流电压下工作时,线圈所呈现的感抗和线圈直流电阻的比值,用公式表示为

$$Q = \frac{2\pi fL}{R} = \frac{\omega L}{R}$$

式中,R 为线圈的总损耗电阻。Q 值高,线圈损耗就小。

3. 分布电容

线圈匝与匝之间具有电容,称为分布电容。此外,屏蔽层之间、多层绕组的层与层之间、绕组与底板之间也都存在着分布电容,分布电容的存在会使线圈的 Q 值下降。为减小分布电容,可以减小线圈骨架的直径,用细导线绕制线圈,采用间绕法、蜂房式绕法。

三、电感器的测量

可以用万用表的电阻挡测出电感器的通断及其直流电阻,从而大致判断电感器的好坏。一般电感线圈的直流电阻应很小(为零点几欧至几欧),低频扼流圈的直流电阻最多也只有几百欧至几千欧。当测得电感线圈的直流电阻为无穷大时,表明电感线圈内部或引出端已经断线。

若要准确测量电感器,就必须用交流电桥来测出其电感量 L 和品质因数 Q 的大小。

另外,测量带铁心线圈(特别是无磁屏蔽的线圈)的电感量时,被测线圈放置的位置和线圈方向对测量都有影响,而随着测量时间的延长及不同仪器测试电压的不同,其电感量的测量结果亦不一致。所以,对带铁心线圈电感量的测量结果只能作为参考。

电感器的选用应考虑以下几点:在选电感器时,应该先明确电感器的使用频率范围,如铁心线圈只能用于低频,一般铁氧体线圈、空心线圈可用于高频;其次要弄清楚电感器的电感量。电感器是磁感应元件,它对周围的电感性元件有影响。安装时一定要注意电感性元件之间的相互位置,一般应使相互靠近的电感线圈的轴线互相垂直,必要时可以在电感性元件上加屏蔽罩。如果将两组或两组以上的电感线圈绕在同一个线圈骨架上,或绕在同一铁心上,那么当其中的一个线圈有交流电流时,它所产生的磁通将切割另一个线圈并使其产生感应电动势,如变压器就是根据这一原理制成的一种电压变换装置。

1.1.4 二极管、晶体管与集成电路

通常所说的电子元器件除了电阻、电容、电感等元件之外,还有一些是半导体材料构成的器件,如半导体二极管、晶体管以及集成电路等。它们取代了早期的电子管器件,成为现代电子器件的主要产品。

一、半导体二极管

1. 半导体二极管的结构和分类

用一定的工艺方法把 P 型和 N 型半导体紧密地结合在一起,就会在其交界面处形成空间电荷区,即 PN 结。当 PN 结两端加上正向电压时,即外加电压的正极接 P 区,负极接 N 区,此时 PN 结呈导通状态,形成较大的电流,其呈现的电阻很小(称正向电阻)。当 PN 结两端加上反向电压时,即外加电压的正极接 N 区,负极接 P 区,此时 PN 结呈截止状态,几乎没有电流通过,呈现的电阻很大(称反向电阻),远远大于正向电阻。这就是 PN 结的单向导电性。

在一个 PN 结上,由 P 区和 N 区各引出一个电极,用金属、塑料或玻璃管壳封装后,即构成一个半导体二极管。由 P 型半导体上引出的电极为正极,由 N 型半导体上引出的电极为负极,如图 1-1-9 所示。可见半导体二极管内部具有一个 PN 结,所以有单向导电特性。

图 1-1-9 半导体二极管的结构

半导体二极管(以下简称二极管)有多种类型。按材料不同,可分为锗二极管、硅二极管、砷化镓二极管;按制作工艺不同,可分为面接触二极管和点接触二极管;按用途不同,又可分为整流二极管、检波二极管、稳压二极管、变容二极管、光电二极管、发光二极管、开关二极管等。按封装形式可分为塑封、玻封、金属封装等类型。常用二极管的图形符号如图 1-1-10 所示。

(a) 一般二极管　　(b) 稳压二极管　　(c) 发光二极管

(d) 变容二极管　　(e) 光电二极管　　(f) 隧道二极管

图 1-1-10　常用二极管的图形符号

2. 半导体二极管的伏安特性

(1) 正向特性

二极管的伏安特性如图 1-1-11 所示。在二极管两端加正向电压时,二极管导通。当正向电压很低时,电流很小,二极管呈现较大电阻,这一区域称为死区。锗管的死区电压约为 0.1 V,导通电压约为 0.3 V;硅管的死区电压约为 0.5 V,导通电压约为 0.7 V。当外加电压超过死区电压后,二极管内阻变小,电流随着电压增加而迅速上升,这就是二极管正向导电区。在正向导电区内,当电流增加时,管压降稍有增大。

(2) 反向特性

反向特性仍见图 1-1-11,二极管两端加反向电压时,此时通过二极管的电流很小,且该电流不随反向电压的增加而变大,这个电流称反向饱和电流。反向饱和电流受温度影响较大,温度每升高 10 ℃,电流约增加 1 倍。在反向电压作用下,二极管呈现较大电阻(反向电阻)。当反向电压增加到一定数值时,反向电流将急剧增大,这种现象称为反向击穿,这时的电压称为反向击穿电压。

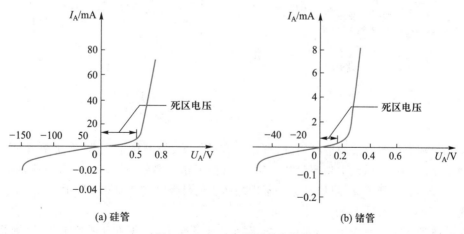

图 1-1-11　二极管的伏安特性

3. 半导体二极管的主要参数

（1）最大整流电流 I_{OM}

其是指二极管长期工作时，允许通过的最大正向平均电流。实际工作时，二极管通过的电流不应超过这个数值，否则二极管会因发热而烧毁。

（2）反向工作峰值电压 U_{RWM}

其是指二极管不被击穿所容许的最高反向电压。为安全起见，一般反向工作峰值电压为反向击穿电压的二分之一或三分之二。

（3）反向峰值电流 I_{RM}

其是指在常温下，二极管加上反向工作峰值电压时的反向电流值。反向电流大的二极管，其单向导电性能差，I_{RM} 一般很小，但其受温度影响较大，当温度升高时，I_{RM} 显著增大。

4. 二极管的极性判别

用数字万用表检测二极管的正负极。选择量程 ⏛，用红、黑表笔接至二极管的两端，若蜂鸣器发出连续音频，则红表笔一端为正极，黑表笔一端为负极；否则红表笔一端为负极，黑表笔一端为正极。

二、晶体管

1. 晶体管的结构和分类

晶体管是通过一定的工艺，将两个 PN 结结合在一起的器件。按 PN 结的组合方式不同，晶体管有 NPN 型和 PNP 型两种，如图 1-1-12 所示。不论是 NPN 型晶体管，还是 PNP 型晶体管，都有三个不同的导电区域：中间部分称为基区，两端部分一个称为发射区，另一个称为集电区。每个导电区上有一个电极，分别称为基极、发射极、集电极，常用字母 B、E、C 表示。发射区与基区交界面处形成的 PN 结称为发射结，集电区与基区交界面处形成的 PN 结称为集电结。

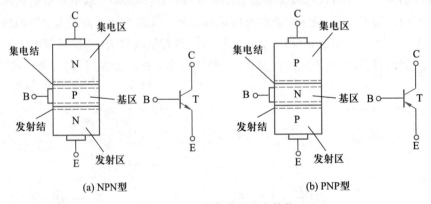

(a) NPN型　　　　　　　　　　　　　　(b) PNP型

图 1-1-12　晶体管的基本结构

晶体管的种类很多。按制造材料分，有锗管和硅管等；按制作工艺分，有扩散管、合金管等；按工作功率分，有小功率管、中功率管和大功率管；按工作频率分，有低频管、高频管和超高频管；按用途分，有放大管、开关管、阻尼管等。常用晶体管的外形如图 1-1-13 所示。

2. 晶体管的电流放大作用

要使晶体管具有放大作用，必须在各电极间加上极性正确、数值合适的电压，否则管子就不能正常工作，甚至会损坏。

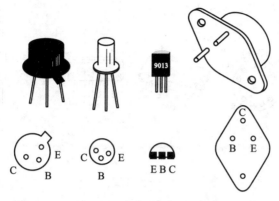

图 1-1-13　常用晶体管外形

如图 1-1-14 所示,在 NPN 型晶体管的发射极和基极之间,加一个较小的正向电压 U_{BE},称为基极电压,U_{BE} 一般为零点几伏。在集电极与发射极之间加上较大的电压 U_{CE},且集电极的电位高于发射极,称为集电极电压,一般为几伏到几十伏。$V_B > V_E$,$V_C > V_B$,所以,发射结上加的是正向偏压,集电结上加的是反向偏压。调节电阻 R_B 可以改变基极电流 I_B,而基极电流小的变化可以控制集电极电流大的变化,这就是晶体管的电流放大特性。通常用 $\beta = \Delta I_C / \Delta I_B$ 表示共射极放大器的电流放大系数。

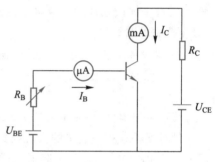

图 1-1-14　晶体管电流放大电路

三、集成电路

1. 集成电路的结构和分类

集成电路(integrated circuits, IC)是采用一定的工艺,把一个电路中所需的晶体管、电阻、电容和电感等元件按照设计电路要求连接起来,制作在一小块或几小块半导体晶片或介质基片上,然后封装在一个管壳内,成为具有所需电路功能的微型结构。由于将元件集成于半导体芯片上,代替了分立元件,故集成电路具有体积小、重量轻、功耗低、性能好、可靠性高、电路性能稳定、成本低等优点。

集成电路型号很多。按功能及用途分,有数字集成电路、模拟集成电路和数模混合型集成电路。按电路集成规模分,有小规模集成电路、中规模集成电路、大规模集成电路、超大规模集成电路。按制造工艺分,有半导体集成电路、厚膜集成电路、薄膜集成电路、混合集成电路等。

集成电路的外形结构大致有三种:圆形金属外壳封装、扁平形外壳封装和直插式封装,如图 1-1-15 所示。集成电路的管脚引出线数量不同,且数目多,其排列方式有一定规律,如扁平形或双列直插式,一般均有小圆点或缺口为标记,在靠近标记的左下方为第 1 脚,然后按逆时针方向数 1、2、3……脚。

2. 使用注意事项

① 使用集成电路前必须查清其型号、用途、各引出线的功能。正负电源及地线不能接错,否

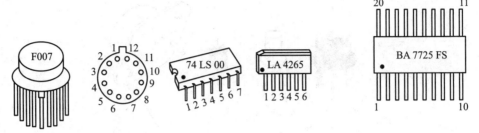

图 1-1-15　集成电路的外形结构

则将损坏器件。

② 拔插集成电路时必须均匀用力,最好使用专用工具。插入集成电路时,注意每个引脚要对准插孔,不允许带电拔插集成电路芯片。

③ 带有金属散热片的集成电路,必须加装适当的散热片,散热片不能与其他元件或机壳相碰,以免造成电路短路。

④ 注意设计工艺,增强抗干扰措施。对于不使用的输入端应按要求处理。

1.1.5　可编程逻辑器件

可编程逻辑器件(programmable logic device, PLD)是一种按通用器件来生产,但逻辑功能由用户通过对器件编程来设定的大规模集成电路。利用 PLD,用户可以通过编程将需要的数字系统写入一片 PLD 中,从而大大降低了成本,减小了体积,提高了系统的可靠性和灵活性。

一、可编程逻辑器件的发展与分类

20 世纪 70 年代,可编程逻辑器件只有简单的可编程只读存储器(PROM)、紫外线可擦除只读存储器(EPROM)和电可擦除只读存储器(EEPROM)三种,由于结构的限制,PROM 只能完成简单的数字逻辑功能。

20 世纪 80 年代,出现了结构上稍微复杂的可编程阵列逻辑器件(programmable array logic, PAL)和通用阵列逻辑器件(generic array logic, GAL)。PAL 器件只能实现可编程,在编程以后无法修改。GAL 采用了 EEPROM 工艺,实现了电可擦除、改写。由于结构限制,PAL 和 GAL 可编程单元密度低,只能适用于一些简单的数字逻辑电路。

1984 年,Altera 公司发明了 CMOS 和 EPROM 技术相结合的复杂可编程逻辑器件(complex PLD,CPLD)。CPLD 由可编程 I/O 单元、基本逻辑单元、布线池和其他辅助功能模块构成,可以实现复杂性较高、速度较快的逻辑功能。

在 CPLD 的基础上,Xilinx 公司发明了现场可编程门阵列(field programmable gate array,FP-GA)。FPGA 通过改变内部连线的布线来编程,是一种半定制电路,既解决了定制电路的不足,又克服了原有可编程器件门电路数有限的缺点。FPGA 一般采用 SRAM(静态随机存取存储器)工艺,由可编程输入/输出单元、基本可编程逻辑单元、嵌入式块 RAM、丰富的布线资源、底层嵌入功能单元、内嵌专用硬核等模块构成。近年来,Xilinx 公司和 Altera 公司又相继推出了“CPU+FPGA”的产品,实现了软件需求和硬件设计的完美结合,使 FPGA 的应用范围从数字逻辑扩展到了嵌入式系统领域。

按照集成度,常用可编程逻辑器件的分类如图 1-1-16 所示。PROM、PAL、GAL 一般都在 1000 个逻辑门以下,统称为简单可编程逻辑器件(simple PLD, SPLD)。CPLD 和 FPGA 统称为高密度可编程逻辑器件(high density PLD, HDPLD)。

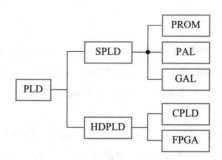

图 1-1-16　常用可编程逻辑器件分类

二、CPLD 与 FPGA

CPLD 与 FPGA 都是大规模可编程 ASIC(专用集成电路)器件,两者有很大的相似性,也有很多不同之处,具体如表 1-1-3 所示。

表 1-1-3　CPLD 与 FPGA 的区别

项目	CPLD	FPGA
结构工艺	乘积项和查找表 Flash 和 E^2PROM(非易失性)	查找表 SRAM(易失性)
ROM	无须外部配置	需要外部配置
时序延迟	均匀、可预测	不可预测
编程方式	可分为在编程器上编程和在系统编程两种	包含外挂 BootROM 和通过 CPU 或 DSP 等在线编程
集成度	中小规模	中大规模
功耗	大	小
保密性	好	差
应用领域	各种算法和组合逻辑	时序逻辑

综上所述,CPLD 和 FPGA 最大的区别是其存储结构不同,这同时也决定了它们的规模不一样。但是从使用和实现的角度来看,其实它们所使用的语言以及开发流程的各个步骤几乎是一致的。

三、Verilog HDL 与 VHDL

Verilog HDL 和 VHDL 是世界上最流行的两种硬件描述语言,两者各有优劣,此处不再详细说明。相对于 VHDL,Verilog HDL 更容易快速掌握。只要有 C 语言的编程基础,经过一些实际操作,两三个月就可以熟悉 Verilog HDL 语法。VHDL 设计相对要难一点,因为 VHDL 不是很直观,需要有 Ada 编程基础,至少经过半年的专业培训才能掌握。

1.2 常用电子仪器设备的应用

1.2.1 电测量仪表简介

用来测量电流、电压、功率、相位、频率、电阻、电容及电感等电量的电工仪表,称为电测量仪表。电测量仪表不仅能测量各种电量,它与各种变换器相结合,还可以用来测量非电量,例如温度、压力、位移、速度等。因此,几乎所有科学和技术领域中都要应用各种电测量仪表。

一、电测量指示仪表的分类

电测量指示仪表的种类繁多,分类的方法也很多。根据测量机构的结构和作用原理分为磁电式、电磁式、电动式、静电式、整流式等;根据被测对象的名称分为电流表、电压表、功率表(瓦特计)、电能表(电度表)、相位表(功率因数表)、电阻表等;根据仪表所测的电流种类分为直流仪表、交流仪表、交直流两用表;根据仪表的准确度等级可分为 0.1、0.2、0.5、1.0、1.5、2.5、5.0 七级。

在每一个电测量仪表的表面(标度盘)上,都有许多标记符号,它们表示了该仪表的工作原理及型号、仪表名称、准确度等级、标度尺位置、防外磁场的等级、绝缘强度等。常见的仪表面板标记如表 1-2-1 所示。

表 1-2-1 常见仪表面板标记

意义		符号	意义		符号
仪表工作原理	磁电系		仪表型号	磁电系	C
	电磁系			电磁系	T
	电磁系			电动系	D
	整流系			整流系	L
仪表名称	电流表	A	准确度等级	以标度尺的量程百分数表示,例如 1.5 级	1.5
	电压表	V		以标度尺的长度百分数表示,例如 1.5 级	
	功率表	W		以指示值的百分数表示,例如 1.5 级	
	电阻表	Ω			
	兆欧表	MΩ	标度尺位置	垂直	⊥ 或 ↑
	频率表	Hz		水平	⌐ 或 →
电流种类	直流	−		与水平倾斜 60°	∠60°
	交流(单相)	~			
	交直流两用	≃			

续表

意义		符号	意义	符号
绝缘强度	不进行实验	0	Ⅰ级（静电系）	⊥
	实验电压 50 V	1	防外电场 Ⅱ级	Ⅱ
	实验电压 2 kV	2	Ⅲ级	Ⅲ
防外磁场	Ⅰ级（磁电系）	⌂	Ⅳ级	Ⅳ
	Ⅱ级	Ⅱ	温度、湿度条件 A组	A 或无标记
	Ⅲ级	Ⅲ	B组	B
	Ⅳ级	Ⅳ	C组	C

二、仪表的使用

1. 仪表的表面标记

选用仪表时必须注意面板标记，不能选错。

2. 仪表的正确工作条件

测量时要使仪表满足正常工作条件，否则就会引起一定的附加误差。例如，使用仪表时，应按规定的位置放置；仪表要远离外磁场和外电场；使用前要使仪表指针指到零位；对于交流仪表，波形要满足要求，频率要在仪表的允许范围内等。

3. 仪表的正确接线

仪表的接线必须正确，电流表要串联在被测支路中；电压表要并联在被测支路两端；直流表要注意正负极性，电流从标有"+"端流入。

4. 仪表的量程

被测量必须小于仪表的量程，否则容易烧坏仪表。为了提高测量准确度，一般使指针偏转超过量程的 2/3 读取数据。如果无法预知被测量的大小，则必须先选用大量程进行测量，测出大概数值，然后逐步换为小量程。

5. 读数

对指针式仪表读数要做到"眼、针、影一直线"。要根据所选用仪表量程和刻度的实际情况，合理取舍读数的有效数字。

1.2.2　电工电路实验装置

SBL-1 电工电路实验装置适用于电路分析、电路原理、电工基础、电工学等基础实验教学课程。其面板布置如图 1-2-1 所示。

SBL-1 电工电路实验装置的电源和测量仪表参数见表 1-2-2。

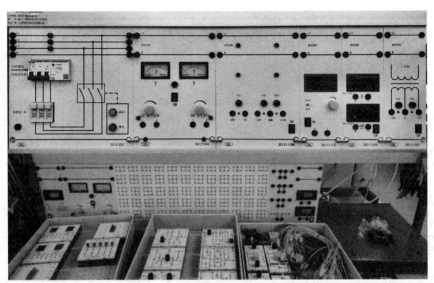

(a) 弱电实验台

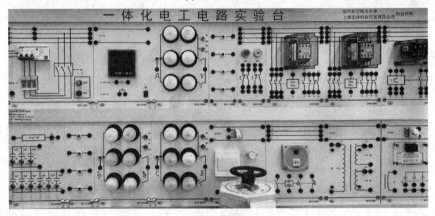

(b) 强电实验台

图 1-2-1   SBL-1 电工电路实验装置面板布置

表 1-2-2   SBL-1 电工电路实验装置的电源和测量仪表参数

设备	参数
交流电源	380 V，220 V
双路直流电源	0~30 V/1 A
固定式直流稳压电源	±15 V/1 A，+5 V/3 A
恒流源	0~20 mA，0~200 mA
交流电压表	0~500 V，0.5 级
交流电流表	0~2 A，0.5 级
单相功率表	1 500 W
单相功率因数表	−1~0~1

续表

设备	参数
单相相位表	$-90° \sim +90°$
三相功率表	500 W
直流电压表	200 V,0.5 级
直流电流表	200 mA,0.5 级

SBL-1电工电路实验装置各部分功能说明如下。

1. 三相空气开关带漏电保护

如图 1-2-2 所示。连接 L1、L2、L3 时,输出电源为三相 380 V;连接 L1、N 时,输出电源为单相 220 V。均带过流及短路保护。

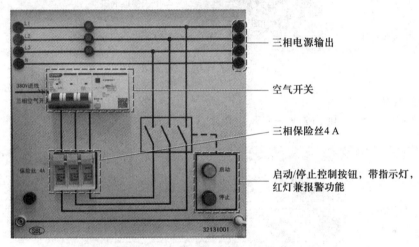

图 1-2-2　三相空气开关带漏电保护

2. 双路可调直流电源

如图 1-2-3 所示。直流电源为 0~30 V 双路可调,最大电流为 1 A;用指针电压表指示。用于电源供电。

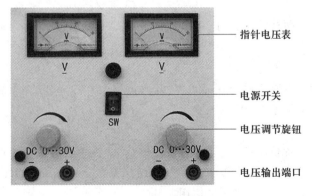

图 1-2-3　双路可调直流电源

3. 直流电压、电流表

如图 1-2-4 所示。数显式直流电压表量程为 0~20 V,0.5 级。数显式直流电流表量程为 0~200 mA,0.5 级。最大允许输入电压为±250 V。

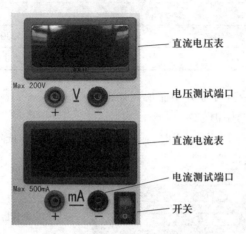

图 1-2-4　直流电压、电流表

4. 直流电压源

如图 1-2-5 所示。提供±12 V、+5 V,电流 1 A 的直流电压。

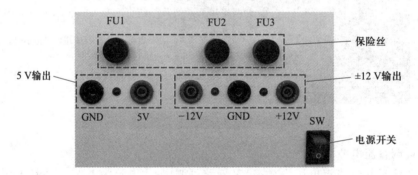

图 1-2-5　直流电压源

5. 恒流源

如图 1-2-6 所示。两挡输出,一挡 0~20 mA 可调,一挡 0~200 mA 可调;用数显式直流电流表指示。

6. 单相电量仪

如图 1-2-7 所示。电压量程为 0~500 V,电流量程为 0~2 A,功率量程为 1 500 W,功率因数量程为-1~0~1,相位量程为-90°~+90°。

7. 九孔方板

如图 1-2-8 所示。提供实验分立器件搭建平台。一种结构是每九个点为一组,其内部用金属嵌件连接,可作为一点使用,内阻极小。另一种结构是最下面的两排插孔,每一行插孔的内部连通,可作电源接入端口,导线不必叠加使用。

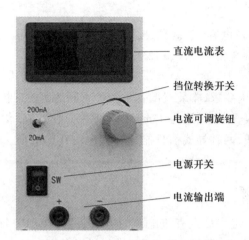

图 1-2-6　恒流源

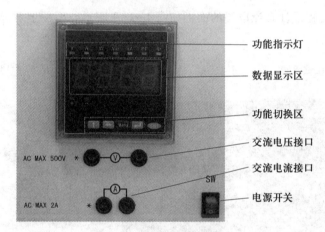

图 1-2-7　单相电量仪

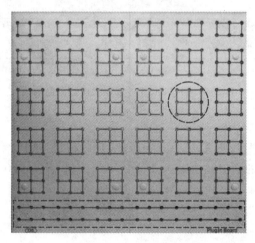

图 1-2-8　九孔方板

8. 元器件模块

包括各种电阻(电位器)、电容、电感、二极管、晶体管、集成电路、逻辑开关、LED 指示灯、脉冲(单脉冲、连续脉冲)、直流电源(+5 V、±12 V)等模块。

9. 实验导线

根据实验项目的强、弱电要求,本装置配备了两种不同的实验连接导线。强电部分采用了高可靠护套结构手枪插连接线,连接导线为 1 mm²(内部 252 股)超软优质铜芯线。弱电部分采用弹性铍轻铜裸露结构连接线,两种导线都只能配合相应内孔的插座,无法混插,大大提高了实验的安全及合理性。

1.2.3　直流稳压电源

直流稳压电源是为负载提供稳定直流电源的电子装置。GPD-4303S 可编程线性直流电源是有四路可调输出的高精度直流稳压电源,下面进行详细介绍。

一、面板介绍

GPD-4303S 可编程线性直流电源的面板如图 1-2-9 所示。面板上各部分的名称及功能说明如下。

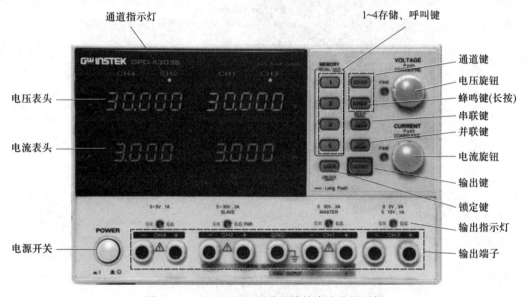

图 1-2-9　GPD4303S 可编程线性直流电源面板

电源开关:按下打开,再按下关闭。

输出端子:CH1~CH4 四路通道,红色为正极,黑色为负极。CH1 和 CH2 通道的输出额定为 0~30 V/0~3 A,CH3 通道的输出额定为 0~5 V/0~3 A,5.001~10 V/0~1 A。CH4 通道的输出额定为 0~5 V/0~1 A。

电流表头、电压表头:显示 CH1/CH3 和 CH2/CH4 各通道的输出电压、输出电流,与通道指示灯相对应。

电压旋钮、电流旋钮:调整输出的电压、电流值,按下旋钮开关可进行粗调或细调设定。如启动细调模式,FINE 灯亮。粗调的步进为 0.1 V 或 0.1 A;细调的步进为 1 mV 或 1 mA。

1~4 存储、呼叫键:面板上的 1~4 数字按键,按下任意键超过 2 s,面板的设置将被储存,按键灯同时点亮,当面板的设置被修改后,显示灯将自动熄灭。

通道键、通道指示灯:CH1/3 按键可以切换为 CH1 和 CH3 的显示和设定,根据通道指示灯来确定当前所设定的通道。CH2/4 按键功能相同。

串联键、并联键:按下启动串、并联模式,按键灯点亮。该电源的 CH1/CH2 既可作为独立通道,也可以设置串、并联模式输出,CH3/CH4 只能作为独立通道输出。

输出键:按下输出键打开输出通道,按键灯点亮,再按一下输出键将关闭所有输出,按键灯也会熄灭。

蜂鸣键:长按 CH2/4 键,可进行蜂鸣器声音打开与关闭。

锁定键:按下锁定键锁定当前面板按键操作,按键灯点亮。如果解除锁定键或从远程控制状态回到本机操作,按下锁定键 2 s,按键灯也同时熄灭。

输出指示灯:CV 绿灯亮表示恒压输出状态,CC 红灯亮表示恒流输出状态。

二、使用说明

1. CH1 的独立模式操作

其他通道的设置方法相同,CH1~CH4 可以同时输出。

① 打开面板上的电源开关,电压和电流表头显示。

② 按下 CH1/3 按键,切换为 CH1 指示灯亮。

③ 调节电压旋钮,得到所需要的电压值(按压下去 FINE 灯亮为细调电压值)。电流旋钮的调节方法相同。

④ 在 CH1+/−端子处,连接负载的正负极性。

⑤ 按下 OUTPUT 输出键,指示灯亮,输出所设置的电压、电流值。

⑥ 当使用完成后,按下输出键,指示灯熄灭,无输出。

⑦ 关闭电源开关。

2. CH1 和 CH2 的无公共端串联模式操作

① 打开面板上的电源开关,电压和电流表头显示。

② 按下 CH1/3 按键,切换为 CH1 指示灯亮。

③ 调节电压旋钮,得到所需要的电压值(按压下去 FINE 灯亮为细调电压值)。电流旋钮的调节方法相同。

④ 按下 CH2/4 按键,切换为 CH2 指示灯亮。

⑤ 调节电压旋钮,得到所需要的电压值(按压下去 FINE 灯亮为细调电压值)。电流旋钮的调节方法相同。

⑥ 按下 SER/INDEP 串联键来启动串联模式,按键灯亮。

⑦ 在 CH1+端子处,连接负载的正极性。在 CH2−端子处,连接负载的负极性。

⑧ 按下 OUTPUT 输出键,指示灯亮,输出所设置的 2 倍电压值,电流值控制最大为 3.0 A。(例如:CH1 电压设置 20 V;CH2 电压设置 20 V;串联后实际输出到负载电压值为 40 V,电流以 CH1 和 CH2 的最大 3 A 输出。)

⑨ 当使用完成后,按下 OUTPUT 输出键,指示灯熄灭,无输出。

⑩ 关闭电源开关。

1.2.4 函数信号发生器

函数信号发生器简称信号源,它可产生不同波形、频率和幅度的信号,是为电子测量提供符合一定技术要求电信号的设备。SP33521 型函数信号发生器可输出正弦波、方波、斜波、脉冲波、任意波、噪声、直流多种标准波形,内置 6 位/s、10 Hz ~ 250 MHz 带宽频率计数器,输出的信号范围可从 1 mV(峰峰值,50 Ω)到 20 V(峰峰值,High Z,≤20 MHz),其中方波、脉冲波的占空比为 0.1% ~ 99.9% 可调。

一、面板介绍

SP33521 型函数信号发生器的前面板和后面板布置如图 1-2-10(a)和(b)所示。面板上各部分的名称及功能说明如下。

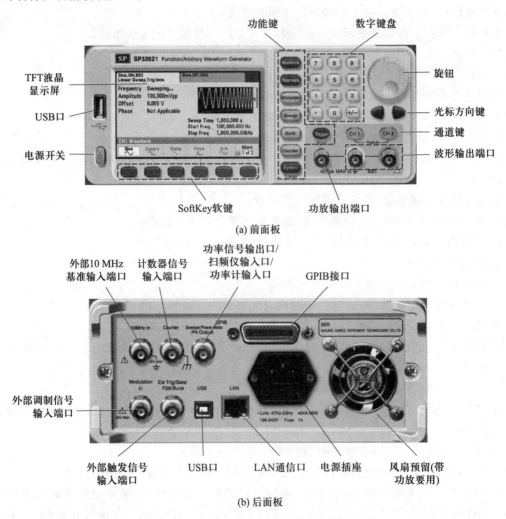

(a) 前面板

(b) 后面板

图 1-2-10　SP33521 型函数信号发生器面板布置

1. 电源开关

电源开关按键下的灯光为浅红色时,表示机器已经接上交流电源,仪器处于待开机状态;按下电源开关按键,按键显示为绿色,表示机器电源已经打开,仪器进入正常工作状态。如果要关断机器电源,应该按住电源开关按键 0.5 s 以上,才能关闭电源。

2. 前面板液晶显示屏界面

如图 1-2-11 所示,该界面可分为通道信息显示区、调制波形参数显示区、主波形参数显示区、遥控和参考时钟源状态显示区、波形显示区、菜单显示区。

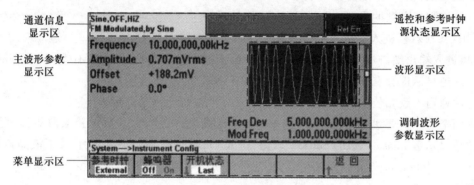

图 1-2-11　前面板液晶显示屏界面

3. 仪器数据的输入方法

仪器数据的输入有两种方法,一种是使用旋钮和光标方向键,一种是使用数字键盘输入和 SoftKey 软键来选择单位。

(1) 使用旋钮和光标方向键来修改数据:使用旋钮下边的左右光标方向键,在参数上左右移动光标;旋转旋钮来修改参数,旋转旋钮可以改变单一数值位的大小,旋钮顺时针旋转一格,数值增 1;逆时针旋转一格,数值减 1。

(2) 使用数字键盘输入数据,使用 SoftKey 软键选择单位:

① 使用下边的 SoftKey 软键来选择要修改的参数。

② 使用数字键盘输入数据。

③ 按对应单位下边的 SoftKey 软键,选择单位,使输入数据有效。

④ 数字键盘中的+/- 键用来输入数据正负符号。

⑤ 左光标方向键用来在选择单位前,删除前一位输入的数字。

4. 前面板上功能键的说明

波形(Waveforms):进入仪器输出主波形的选择菜单界面。

参数(Parameters):进入仪器输出主波形的参数设置菜单界面。

调制(Modulate):进入仪器调制功能选择及相应参数设置菜单界面。

扫描(Sweep):进入频率扫描参数设置菜单界面。

猝发(Burst):进入猝发参数设置菜单界面。

频率计(Counter):进入频率计菜单界面。

系统(System):进入系统参数设置菜单界面,在远控情况下,按此键返回本地状态。

触发(Trigger):进入触发条件和同步信号设置菜单界面。

5. 通道设置

CH1：切换仪器的显示界面，显示通道 1 的参数，进入通道菜单界面。

CH2：切换仪器的显示界面，显示通道 2 的参数，进入通道菜单界面。

（1）通道输出的开关

按 CH1、CH2 键，可以使仪器显示界面在通道 1 和通道 2 之间进行切换。进入通道界面。按液晶显示屏菜单显示区 Output 下边对应的 SoftKey 软键，可以打开或关闭当前通道信号的输出。通道信息显示区会有当前通道开关状态（OFF/ON）的显示。

（2）输出端口负载的设置

按 CH1、CH2 键，进入通道界面。按液晶显示屏菜单显示区 Output Load 下边对应的 SoftKey 软键，可以进入输出端口负载的选择界面。选择当前通道输出端口的负载，有 50 Ω 和 High Z 两种选择。通道显示区会有当前通道负载状态（50Ω/HiZ）的显示。

（3）两通道实现相位同步

如果两个通道需要实现相位同步，按 Parameters 键进入主波形参数设置菜单界面。按液晶显示屏菜单显示区 Phase 下边的 SoftKey 软键，进入 Phase 操作功能菜单界面，按下液晶显示屏菜单显示区 Sync Internal 下边的 SoftKey 软键，就可以使两个通道的输出信号相位同步。

二、使用说明

以信号源通道 1 输出 3 V（有效值）、1 kHz 的正弦信号为例。

视频 1-2-1
函数信号发
生器的使用

① 打开面板上的电源开关。

② 按 CH1 键→按 Waveforms 键→按液晶显示屏菜单显示区正弦波形下边的 SoftKey 软键来选择信号的波形。

③ 按液晶显示屏菜单显示区频率下边的 SoftKey 软键→使用数字键盘输入数值 1→按液晶显示屏菜单显示区 kHz 下边的 SoftKey 软键来选择频率的单位。

④ 按液晶显示屏菜单显示区幅度下边的 SoftKey 软键→使用数字键盘输入数值 3→按液晶显示屏菜单显示区 Vrms 下边的 SoftKey 软键来选择幅度的单位。

⑤ 在波形输出端口 CH1 连接测量线。

⑥ 按 CH1 键→按液晶显示屏菜单显示区 ON/OFF 下边的 SoftKey 软键使信号源输出信号。

⑦ 使用完成后，按 CH1 键→按液晶显示屏菜单显示区 ON/OFF 下边的 SoftKey 软键关闭信号源输出信号。

⑧ 关闭电源开关。

1.2.5　数字示波器

示波器是电子测量中最常用的仪器，它能把人们无法直接看到的电信号变化过程转换成肉眼可直接观察的波形，显示在示波器的屏幕上，供人们观察分析。示波器除了能对电信号进行定性的观察外，还可以用来进行定量的测量，如电压、电流、频率、周期、相位差、幅度、脉冲宽度、上升时间及下降时间等的测量。MSO2022B 是一个具有 200M 带宽、1G 采样率、1 M 记录长度、2+16 通道的混合信号示波器。

一、面板介绍

MSO2022B 混合信号示波器的面板布置如图 1-2-12 所示。面板上各部分的名称及功能说明如下。

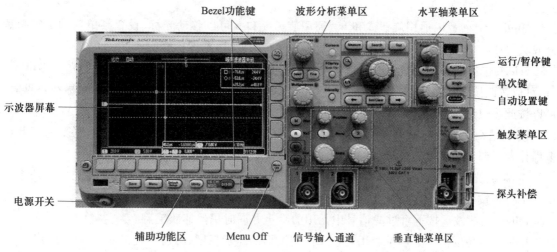

图 1-2-12　MSO2022B 混合信号示波器的面板布置

1. 辅助功能区

Save/Recall：保存/调出键。按下可保存和调出内部存储器或 USB 闪存驱动器内的设置、波形和屏幕图像。

Default Setup：默认设置键。按此按钮可以将示波器立即还原为默认设置。

Utility：辅助设置键。按此按钮可以激活系统辅助功能，如选择语言或设置日期/时间。

D15-D0：按下即在示波器屏幕显示或者删除数字通道，并访问通道设置菜单。

2. 垂直轴菜单区

该区域有两路通道设置，每一路功能均一致。

Position：垂直位置。旋转此旋钮可以调整相应波形的垂直位置。按"精细"可以进行更小调整。

黄色数字 1、蓝色数字 2：按这些按钮之一可以显示波形或删除所显示的相应波形以及访问水平菜单。

Scale：垂直标度。旋转此旋钮可以调整相应波形的垂直标度因子（V/div）。

3. 水平轴菜单区

Position：水平位置。旋转此旋钮可以调整触发点相对于采集波形的位置。按"精细"可以进行更小调整。

Acquire：采集。按此按钮可以设置采集模式并调整记录长度。

Scale：水平标度。旋转此旋钮可以调整水平标度因子（t/div）。

4. 触发菜单区

Menu：触发菜单。可设置触发方式等。

Level：触发电平。旋转此旋钮可以调整触发电平。按下设为 50%。按"触发"部分的"位置"

旋钮可将触发位置设为波形的中点。

Force Trig:强制触发。按此按钮可以强制执行立即触发事件。

Aux In:辅助输入。触发电平范围从+12.5 V 到−12.5 V 可调。

5. 波形分析菜单区

Multipurpose a/b:通用旋钮 a 和 b。通用旋钮 a 和 b 可以移动光标、设置菜单项的数字参数值或从选项的弹出列表中进行选择。当 a 或 b 被激活时,屏幕图标会提示。

Select:选择。按此按钮可以激活特殊功能。例如,当使用两个垂直光标(水平光标不可见)时,可以按此按钮链接光标或取消光标之间的链接。当两个垂直光标和两个水平光标都可见时,可以按此按钮激活垂直光标或水平光标。

Fine:精细。按此按钮可以使通用旋钮 a 和 b 的垂直和水平位置旋钮、触发电平旋钮以及许多操作在粗调和精细之间进行切换。

Cursors:光标。按一次便可以激活两个垂直光标。再按一次可以打开两个垂直光标和两个水平光标。再按一次将关闭所有光标。光标打开时,可以旋转通用旋钮以控制其位置。

FilterVu:滤波。按下可过滤信号中无用的噪声并同时仍然捕获毛刺。

Intensity:亮度。按下可用通用旋钮 a 控制波形的显示亮度,用通用旋钮 b 控制刻度亮度。

Measure:测量。按该按钮对波形执行自动测量或配置光标。

Search:搜索。按该按钮在捕获数据中搜索用户定义的事件/标准。

Test:测试。按此按钮可以激活高级的或专门应用的测试功能。

⊙ 缩放按钮:按此按钮可激活缩放模式。平移(外环旋钮):旋转该旋钮可以在采集的波形上滚动缩放窗口。缩放(内环旋钮):旋转该旋钮可以控制缩放因子,顺时针旋转可以放大,逆时针旋转可以缩小。

⊙ 播放/暂停按钮:按此按钮可以开始或停止波形的自动平移。使用平移旋钮控制速度和方向。

Set/Clear:设置/清除。按此按钮可以建立或删除波形标记。"←"为上一标记,按此按钮可以跳到上一波形标记。"→"为下一标记,按此按钮可以跳到下一波形标记。

6. 其他按键

Autoset:自动设置。按此按钮可以自动设置垂直、水平和触发控制以进行有用、稳定的显示。

Menu Off:关闭屏幕显示的菜单。

Single:单次。按此按钮进行单一采集。

Run/Stop:运行/暂停。按此按钮可以开始或停止采集。通常在波形不稳定或者同时使用两路通道时,按此按钮暂停波形的刷新,可截取较为清晰的波形图。

探头补偿:用来补偿探头的方波信号源。该处可产生一个 0~5 V、频率为 1 kHz 的方波校准信号。上面小铁片接地,下面接信号端。将信号接入示波器通道,测试是否是标准方波,如不是,则需对探头进行调节。

Math:按此按钮可以管理数学波形,包括显示数据波形或删除所显示的数据波形。

Ref:按此按钮可以管理基准波形,包括显示每个基准波形或删除所显示的基准波形。

B1、B2:此按钮可以显示总线或删除所显示的相应总线。

二、使用说明

观察电路中的一个未知信号,迅速显示该信号,并测量其频率和峰峰值。

视频 1-2-2
数字示波器
的使用

1. 调出波形

① 将探头菜单衰减系数设定为 1×,并将探头上的开关设定为 1×。

② 将 CH1 的探头连接到电路被测点。

③ 按下 Autoset 键。

示波器将自动设置垂直、水平和触发控制使波形显示达到最佳状态。在此基础上,也可以进一步调节垂直、水平挡位,直至波形的显示符合要求。

2. 测量频率和峰峰值

(1) 自动测量

示波器可对大多数显示信号进行自动测量。

① 按下 Measure 键,屏幕下方会出现菜单。

② 在屏幕下方选择"删除测量"后,屏幕右边会出现删除测量的菜单,选择"删除所有测量"。

③ 在屏幕下方选择"添加测量"后,屏幕右边会出现添加测量的菜单。使用通用旋钮 b 来选择被测通道 CH1,再用通用旋钮 a 选择需要测量的参数"频率",然后按"执行添加测量",将选择的频率参数添加到示波器屏幕上。峰峰值的添加测量方法相同。

④ 使用 Menu Off 键关闭自动测量菜单。

此时在屏幕下方即能看到刚才添加的测量项目。

(2) 手动调整和测量

① 使用垂直和水平轴的旋钮(Position 和 Scale)调节波形,使得波形显示在示波器屏幕的合适位置,且波形幅度、宽度均合适。通常屏幕上显示 1~2 个周期,且峰峰值间距离在 4~8 格之间。

② 在屏幕上测出信号峰峰值之间的高度 H 和一个周期的水平距离 D。

③ 在示波器屏幕的下方读出 V/div 和 t/div 的大小。

④ 根据公式 $U_{P-P} = \text{V/div} \cdot H$ 和 $T = \text{t/div} \cdot D$,计算出信号的峰峰值和周期,根据 $f = 1/T$ 计算出信号的频率。

1.2.6　数字万用表

数字万用表也称三用表,是一种最常用的测量仪表,以测量电压、电流和电阻三大参数为主,有些万用表还可以测量交流电压、交流电流、电容量、电感量及半导体的一些参数等。Fluke 8808A 是一款 5 位半的数字双显万用表。

一、面板介绍

Fluke 8808A 数字双显万用表的面板布置如图 1-2-13 所示。面板上各部分的名称及功能说明如下。

1. 输入端子区

HI、LO(左):电压、二线电阻及频率测量时的输入端子,LO 为公共端。二线电阻连接方法如图 1-2-14 所示。在自动量程模式下,万用表会自动选择合适的量程。仪器将显示功能符号和测量值。

图 1-2-13　Fluke 8808A 数字双显万用表面板布置

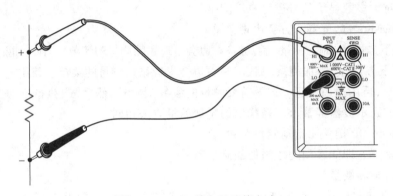

图 1-2-14　二线电阻连接方式

HI、LO(右):四线电阻测量时增加的两个输入端子。按 Ω 键切换二线、四线测量模式。

10 A:10 A 交流和直流电流测量的输入端子,测试线连接到 10 A 和 LO 端。

mA:200 mA 交流和直流电流测量的输入端子,测试线连接到 200 mA 和 LO 端。

2. 按键区

如需选择某项测量功能,按相应的功能按键即可。如果在按下功能键时副屏上显示有一个读数,那么副屏将关闭,所选功能将被用于主屏。

DCV:测量直流电压。

ACV:测量交流电压。

DCI:测量直流电流。

ACI:测量交流电流。

Ω:测量电阻。

FREQ:测量频率。

:测量通断性/二极管测试;当万用表 HI 和 LO 端短接时,如果输入小于 20 Ω,蜂鸣器则发出连续音频;常用于检测电路的通断性,也可用于测试二极管的导通性。

RANGE:在手动和自动量程模式之间切换,用向上和向下键增大或减小手动量程模式下的量程。

S1~S6:用于保存和调用测试配置。

双功能区:该部分区域的按键有第一功能与第二功能。通过按 SHIFT 按键可激活其第二功能。由于不常用,此处不再赘述。

3. 双屏显示区

双屏显示区包括一个主屏和一个副屏,屏幕上可显示测量读数、符号和消息。符号显示测量单位和万用表的工作配置。利用双屏显示区可查看被测输入信号的两个参数。

主显示屏由双屏显示区下半部分的显示字段组成,包括大的数字和符号。主显示屏显示采用相对读数(REL)、最小/最大(MIN/MAX)、接触保持(HOLD)和分贝(dB)功能调节器测得的结果。

副显示屏由双屏显示区上半部分的显示字段组成,包括较小的数字和符号。副显示屏或者采用自动量程,或者在两个显示屏的功能相同时采用与主显示屏相同的量程。

二、使用说明

① 打开面板上的电源开关。

② 选择测量功能键,比如 DCV 键。

③ 在输入端子 HI、LO(左)接入测量的红、黑表笔。

④ 将红、黑表笔接在电阻两端,从屏幕上读取数据。

⑤ 测量完毕,关闭电源。

1.2.7　数字交流毫伏表

数字交流毫伏表是用来测量正弦交流信号有效值的仪表。TH1912 型 $4\frac{1}{2}$ 交流毫伏表是双 VFD 显示单通道数字交流毫伏表,也可作功率计和电平表使用,能同时显示测量值及运算值。测量频率带宽为 5 Hz~3 MHz,电压测量范围为 50 μV~300 V。

一、面板介绍

TH1912 型 $4\frac{1}{2}$ 位交流毫伏表的面板布置如图 1-2-15 所示。面板上各部分的名称及功能说明如下。

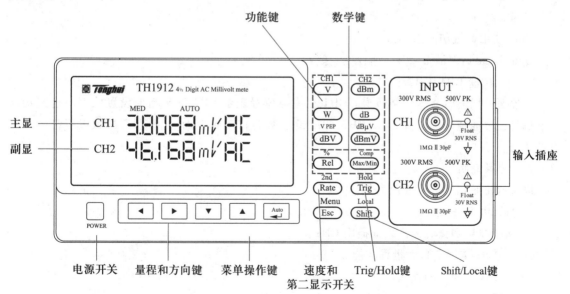

图 1-2-15　TH1912 型 $4\frac{1}{2}$ 交流毫伏表前面板

1. 功能键

选择测量功能：交流电压有效值（V）、电压峰峰值（V PEP）、功率（W）、功率电平（dBm）、电压电平（dBV、dBmV、dBμV）、相对测量值（dB）。

2. 数学键

打开或关闭数学功能（Rel/%，Max/Min/Comp，Hold）。

3. 速度和第二显示开关

Rate：依次设置仪器测量速度为"Fast""Medium"和"Slow"。

Shift+Rate：打开和关闭第二显示。

4. 菜单操作键

Shift+Esc：打开/关闭菜单。

【◀】、【▶】：在同一级菜单移动可选项。

【▲】、【▼】：移动菜单到下一级。

Auto（ENTER）：保存"参数"级的参数改变。

Esc：在数值设置时，取消数值的设定，回到"命令"级。

5. 量程和方向键

【◀】、【▶】：在第二显示打开后选择副参数组合显示。

【▲】：移动到上一个高量程。

【▼】：移动到下一个低量程。

Auto：使能/取消自动量程。

6. Trig/Hold 键

Trig：从前面板触发一次测量。

Shift+ Hold：锁定一个稳定的读数。

7. Shift/Local 键

Shift：使用该键访问上挡键。

Shift（Local）：取消 RS232C 远程控制模式。

8. 输入插座 CH1、CH2

主界面可以同时显示两路通道。CH1 在主显位置表示 CH1 处于当前设置状态。这些功能菜单都是设置通道 1 的。按 Shift+CH2，CH2 的参数会移动到上面，此时所有参数设置都是针对通道 2 的。

二、使用说明

以读取正弦信号的有效值为例。

① 打开电源开关。

② 测量线接到交流毫伏表的插座 CH1 上。

③ 按 Auto 键锁定自动量程功能。

④ 读取显示屏上的读数。

⑤ 关闭电源。

1.2.8　单相调压变压器

单相调压变压器简称调压器或自耦变压器,是实验室用来调节交流电压的常用设备。

实验室里单相交流电源 220 V 的电压基本上是固定不变的,实验时可以使用单相调压变压器来改变电路交流电压的大小。

普通单相调压变压器的一次侧(输入端)接 220 V 交流电压,二次侧(输出端)输出 0~250 V 的连续可调交流电压。使用时,通过调节调压器上手轮的位置来改变输出电压的大小,其电路原理如图 1-2-16 所示。

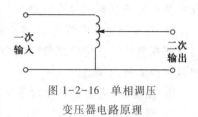

图 1-2-16　单相调压
变压器电路原理

单相调压变压器使用说明:

① 分清输入、输出端。应将规定的电源电压接至调压器的一次侧,切不可颠倒一次侧、二次侧位置,否则可能烧坏调压器及电路中的仪表设备。

② 调压器输入电压及输出电流不得超过额定值(额定值在每台调压器铭牌上均有说明)。

③ 为了安全,电源中性线应接在其输入与输出的公共端钮上,一次侧的另一端应与电源的相线相接(注意:调压器内部已经将一次侧、二次侧的公共端钮连接在一起了)。

④ 使用调压器时要养成良好的习惯。每次调压时都应该从零开始逐渐增加,直到调节出所需的电压值。因此,在接通电源前,调压器的手轮位置应在零位;每次使用后,也应随手将手轮调回零位,以免发生意外事故。

⑤ 调压器上的电压刻度值只能作为参考,确切数值要用电压表测量。

1.2.9　钳形电流表

钳形电流表是用于测量正在运行的电气线路电流大小的仪表,可以在不断电的情况下测量电流。图 1-2-17 所示是数字式钳形电流表的外形。

一、钳形电流表的基本结构和工作原理

钳形电流表的工作部分主要由一只电磁式电流表和穿心式电流互感器组成。穿心式电流互感器的铁心制成活动开口,且成钳形,故名钳形电流表。穿心式电流互感器的二次绕组缠绕在铁心上,且与整流电流表相连,它的一次绕组即为穿过互感器中心的被测导线。旋钮实际上是一个量程选择开关,扳手的作用是开合穿心式互感器铁心的可动部分,以便在其内钳入被测导线。

测量电流时,按动扳手,打开钳口,将被测载流导线置于穿心式电流互感器的中间,当被测导线中有交流电流通过时,交流电流的磁通在互感器二次绕组中感应出电流,该电流通过电磁式电流表的线圈,使指针发生偏转,在表盘标度尺上显示出被测电流值。

二、钳形电流表的正确使用

① 测量前,应检查电流表指针是否指示零位,否则应进行机械调零。

图 1-2-17　数字式钳形
电流表的外形

② 测量前还应检查钳口的开合情况,要求钳口可动部分开合自如,两边钳口结合面接触紧密。若钳口上有油污和杂物,应用溶剂清洗干净;若有锈斑,应轻轻擦去,测量时务必使钳口接合紧密,以减少漏磁通,提高测量准确度。

③ 测量时量程选择旋钮应置于适当位置,以便测量时使指针超过中间刻度,减小测量误差。若无法预知被测电路电流的大小,可以先将量程选择旋钮置于高量程挡,然后再根据指针偏转情况将量程旋钮调整到合适位置。

④ 当被测电路电流太小,即使处于最低量程挡指针偏转都很小时,为提高测量准确度,可以将被测载流导线在钳口部分的铁心柱上缠绕几圈后进行测量,将指针读数除以穿心钳口内导线根数即得实测电流值。

⑤ 测量时,应使被测导线置于钳口内中心位置,以减小测量误差。

⑥ 钳形电流表不用时,应将量程选择旋钮置于最高量程挡,以免下次使用时不慎损坏仪表。

1.2.10 兆欧表

兆欧表是一种检查电气设备、测量高电阻的仪表,通常用来测量电路、电机绕组、电缆等绝缘电阻。兆欧表大都采用手摇发电机供电,旧称摇表,其刻度以兆欧(MΩ)为单位,外形和基本结构如图 1-2-18 所示。

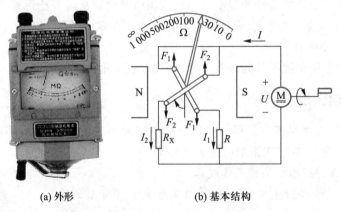

(a) 外形　　　　　　　　　(b) 基本结构

图 1-2-18　兆欧表的外形和基本结构图

兆欧表工作时,自身产生高电压,而测量对象又是电气设备,所以必须正确使用,否则会造成人身事故或设备事故。在使用前应注意:

① 测量前必须将被测设备电源切断,并对地短路放电,决不允许设备带电测量。

② 对于可能感应出高压电的设备,必须消除这种可能性后再进行测量。

③ 被测设备表面要清洁,减少接触电阻,确保测量结果的准确性。

④ 测量前要检查兆欧表是否处于正常工作状态,主要检查其"0"和"∞"两点,即摇动手柄,使电机转到额定转速,兆欧表短路时应处于"0"位置,开路时应处于"∞"位置。

⑤ 兆欧表使用时应放在平稳、牢固的地方,且远离大的外电流导体和磁场。

⑥ 测量电容器、电缆、大容量变压器和电机时,要有一定的充电时间,电容量越大,充电时间应越长。一般以兆欧表转动一分钟后的读数为准,并使兆欧表保持额定转速,一般为 120 r/min。

　　测量时,还应注意兆欧表的正确接法,否则将引起不必要的误差甚至错误。兆欧表的接线柱共有 3 个,"L"为电路端,"E"为接地端,"G"为屏蔽端。一般被测绝缘电阻都接在"L""E"之间,但当被测绝缘体表面漏电严重时,必须将被测物的屏蔽环或不需测量部分与"G"端相连接。这样漏电流经屏蔽端"G"直接流回发电机的负极形成回路,而不再流经兆欧表的测量机构。

　　正确选取兆欧表,主要是选择其电压及测量范围,高压电气设备需使用电压高的兆欧表,低压电气设备需使用电压低的兆欧表。一般选择原则是:500 V 以下的电气设备选用 500~1 000 V 的兆欧表;瓷瓶、母线、刀闸应选用 2 500 V 以上的兆欧表。

第二章 电工技术实验

2.1 元件的伏安特性

预习要求

复习线性电阻、非线性电阻元件的伏安特性及电源的外特性等概念。

一、实验目的

① 学习使用直流电流表、数字万用表、滑线变阻器、直流稳压电源等直流电工仪表和设备。

② 学会测定线性电阻元件和非线性电阻元件的伏安特性。

③ 学会测定电压源的外特性。

二、实验原理

1. 电阻元件的分类及其伏安特性的测定方法

电阻元件分为线性电阻和非线性电阻。线性电阻的电阻值 R 不随电压或电流的变化而变化，即 R 为常数，其伏安特性曲线为一条通过坐标原点的直线，如图 2-1-1 中 a 所示；否则为非线性电阻，如白炽灯，其伏安特性曲线一般为一条通过坐标原点的曲线，如图 2-1-1 中 b 所示。

不论是线性电阻还是非线性电阻，其伏安特性都可以由图 2-1-2(a)或图 2-1-2(b)所示的电路测得。图中直流稳压电源通过滑动变阻器分压，可以得到连续可变的直流电压。实际电流表的内阻不为零，电压表的内阻不是无穷大，因此，在图 2-1-2(a)所示的测量电路中，电流表的读数除了包括流经电阻元件的电流外还包括流经电压表的电流；图 2-1-2(b)所示的测量电路中，电压表的读数中除了包括电阻两端的电压外还包括电流表两端的电压。显然两种电路都会引起测量误差，这种因测量方法引进的误差称为方法误差。若合理选择测量电路，则可以使误差尽可能小。例如当被测电阻 R_X 的阻值远小于电压表的内阻 R_V 时，则采用图2-1-2(a)所示的电路引进的方法误

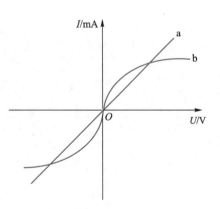

图 2-1-1 常用电路元件的伏安特性曲线

差就很小，甚至可以忽略不计。当 R_X 的阻值远大于电流表的内阻 R_A 时，则采用图 2-1-2(b)所示的电路引进的方法误差即可很小。

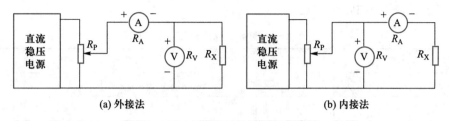

图 2-1-2 元件伏安特性测量电路图

2. 电源的分类及其外特性

任何一个电源都含有电动势 U_S 和内阻 R_S,如图 2-1-3(a)所示,可得

$$U = U_S - IR_S \qquad (2-1-1)$$

由此可作出电压源的外特性曲线如图 2-1-3(b)所示,其中 U 为电源端电压,R_L 是负载电阻,I 是负载电流。当 $R_S = 0$ 时,电压 U 恒等于电动势 U_S,为一定值,而其中的电流 I 则是任意的,由负载电阻 R_L 及电压 U 本身确定。这样的电源称为理想电压源,其电路如图 2-1-4(a)所示,其外特性曲线如图 2-1-4(b)所示。

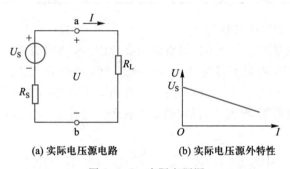

(a) 实际电压源电路   (b) 实际电压源外特性

图 2-1-3 实际电压源

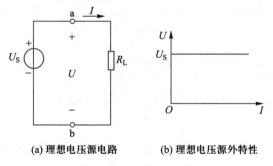

(a) 理想电压源电路   (b) 理想电压源外特性

图 2-1-4 理想电压源

三、实验内容

1. 测量 10 kΩ 电阻的伏安特性

在图 2-1-2(a)和图 2-1-2(b)中选择一个电路,按照电路图连接好电路,检查无误后进行测量。直流稳压电源的输出可调在 30 V,调节滑动变阻器 R_P 改变电压,读取电压值、电流值,将

测量数据记入表 2-1-1 中。

表 2-1-1   测量 10 kΩ 电阻伏安特性

电压 U/V	5	10	15	20	25	30
电流 I/mA						
$R_x = U/I/\Omega$						

2. 测量钨丝白炽灯的伏安特性

在图 2-1-2(a)和图 2-1-2(b)中选择一个电路,按照电路图连接好电路,检查无误后进行测量,按照表 2-1-2 改变电压,记录电压、电流值,将测量数据记入表 2-1-2 中。

表 2-1-2   测量钨丝白炽灯伏安特性

电压 U/V	0.5	1.0	2.0	4.0	10	15	24
电流 I/mA							
$R_x = U/I/\Omega$							

3. 测量半导体二极管的伏安特性

用图 2-1-5 所示电路测量半导体二极管的伏安特性。R 为限流电阻,取值 200Ω。测量二极管正向特性时,注意其正向电流不得超过 35 mA,按照表 2-1-3 改变正向电压 U_{D+},记录电压、电流值,将数据记入表 2-1-3 中。测量反向特性时,将图 2-1-5 中的二极管 D 反接,按照表 2-1-4 改变反向电压 U_{D-},记录电压、电流值,将数据记入表 2-1-4 中。

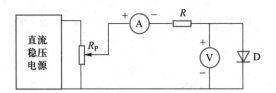

图 2-1-5   二极管伏安特性测量电路

表 2-1-3   测量半导体二极管正向特性

电压 U_{D+}/V	0.10	0.30	0.50	0.55	0.60	0.65	0.70	0.75
电流 I/mA								
$R_x = U/I/\Omega$								

表 2-1-4   测量半导体二极管反向特性

电压 U_{D-}/V	0	−5	−10	−15	−20	−25	−30
电流 I/mA							
$R_x = U/I/\Omega$							

4. 测量电压源的外特性

采用图 2-1-6(a)和图 2-1-6(b)所示的电路测量理想电压源和实际电压源的外特性。实验时取 $U_S = 5$ V,$R_S = 100$ Ω,$R_0 = 20$ Ω。改变 R_L 值,将测量数据记入表 2-1-5 中。

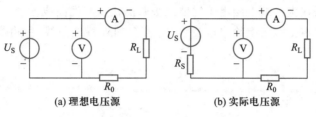

(a) 理想电压源　　　　(b) 实际电压源

图 2-1-6 电压源外特性测量电路

表 2-1-5 测量电压源外特性

R_L/Ω		∞	150	40	0
图 2-1-6(a)	U/V				
	I/mA				
图 2-1-6(b)	U/V				
	I/mA				

5. 测量电流源的外特性

采用图 2-1-7(a)和图 2-1-7(b)所示的电路测量电流源外特性,实验时取 $I_S = 50$ mA,$R_S = 100$ Ω(即电导 $G_S = 0.01$ S)。改变 R_L 值,将测量数据记入表 2-1-6 中。

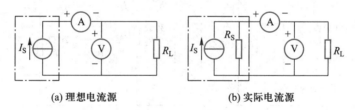

(a) 理想电流源　　　　(b) 实际电流源

图 2-1-7 电流源外特性测量电路

表 2-1-6 测量电流源外特性

R_L/Ω		∞	150	40	0
图 2-1-7(a)	U/V				
	I/mA				
图 2-1-7(b)	U/V				
	I/mA				

四、注意事项

① 接通电源前,合理选择仪表的量程,切勿使仪表超出量程。

② 注意正确使用仪表的正负极。

五、实验报告要求

① 根据测量数据在坐标纸上绘出电阻 $R_\text{L} = 10 \text{ k}\Omega$ 和钨丝白炽灯的伏安特性曲线,比较两者的区别,并分析原因。

② 根据测量数据在坐标纸上绘出半导体二极管的伏安特性曲线。

③ 根据测量数据在坐标纸上绘出电压源、电流源的外特性曲线,并由特性曲线求出实际电压源的内阻。

六、实验设备

① 电工电路实验装置。

② 直流稳压电源。

③ 数字万用表。

④ 可变电阻器。

2.2 基尔霍夫定律和叠加定理

预习要求

① 掌握基尔霍夫定律和叠加定理的内容及其适用范围。

② 完成下列预习作业。

ⓐ 计算图 2-2-1 中各电压值。

$U_\text{ad} = $ _____ , $U_\text{dc} = $ _____ , $U_\text{ca} = $ _____ , $U_\text{ba} = $ _____ , $U_\text{db} = $ _____ 。

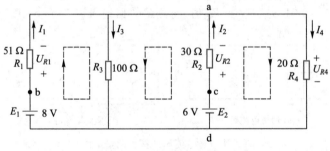

图 2-2-1 实验电路

ⓑ 按要求计算图 2-2-1 中各电压值和电流值。

E_1 单独作用时,$U_{R1} = $ _____ , $U_{R2} = $ _____ , $U_{R4} = $ _____ , $I_4 = $ _____ 。

E_2 单独作用时,$U_{R1} = $ _____ , $U_{R2} = $ _____ , $U_{R4} = $ _____ , $I_4 = $ _____ 。

E_1、E_2 共同作用时,$U_{R1} = $ _____ , $U_{R2} = $ _____ , $U_{R4} = $ _____ , $I_4 = $ _____ 。

一、实验目的

① 通过实验验证并加深对基尔霍夫定律和叠加定理的理解。

② 加深对电路参考方向的理解。

二、实验原理

1. 基尔霍夫定律

基尔霍夫定律是电路的基本定律,分为基尔霍夫电流定律和基尔霍夫电压定律。

基尔霍夫电流定律(KCL):在电路的任何一个节点上,同一瞬间电流的代数和等于零,即

$$\sum i = 0 \tag{2-2-1}$$

例如对于图 2-2-1 所示电路的节点 a 来说,按照图示参考方向

$$I_1 + I_2 - I_3 - I_4 = 0 \tag{2-2-2}$$

基尔霍夫电压定律(KVL):在电路的任何一个回路中,沿同一方向循行,同一瞬间电压的代数和等于零,即

$$\sum u = 0 \tag{2-2-3}$$

例如,对于图 2-2-1 中的回路 adba 来说,从 a 点出发,沿回路环行一周又回到 a 点,电位的变化应等于零,即

$$U_{ad} + U_{db} + U_{ba} = 0 \tag{2-2-4}$$

2. 叠加定理

在线性电路中,当有两个或者两个以上独立电源作用时,任一支路中的电流或电压等于电路中各个电源分别单独作用时在该支路中产生的电流或电压的代数和。在将电源移去时,电压源所在处以短路线代替,而电流源所在处则变为开路。

在线性网络中,功率是电压或电流的二次函数,故叠加定理不适用于功率计算。在分析一个复杂的线性网络时,可以根据叠加定理分别考虑各个电源的影响,从而使问题简化。

三、实验内容

1. 验证基尔霍夫电压定律(KVL)

(1) 接通直流稳压电源,调节其输出电压,使两组电压源的输出电压分别为 $E_1 = 8$ V,$E_2 = 6$ V(用数字万用表直流电压挡测定),然后关闭稳压电源待用。

(2) 按图 2-2-1 接线。图中 $R_1 = 51$ Ω,$R_2 = 30$ Ω,$R_3 = 100$ Ω,$R_4 = 20$ Ω。

(3) 按指定的回路绕行方向测量各电压值,将数据填入表 2-2-1 中,利用测量数据验证基尔霍夫电压定律(KVL)的正确性。

表 2-2-1　验证基尔霍夫电压定律

测量参数/V	U_{ba}	U_{db}	U_{ad}	U_{dc}	U_{ca}
测量值/V					
计算值/V					

2. 验证叠加定理

电路同实验内容 1。测量下列三种情况下各电流值和电压值,并将数据填入表 2-2-2 中。

表 2-2-2　验证叠加定理

作用顺序	电流	电压		
	I_4/mA	U_{R1}/V	U_{R2}/V	U_{R4}/V
E_1 单独作用				
E_2 单独作用				
E_1、E_2 共同作用				

视频 2-2-1
叠加定理电
路的接线过
程和测量
方法

四、注意事项

① 注意直流稳压电源的输出端不能直接短路。

② 测量时注意正确选择电压和电流的参考方向。

③ 改接电路时需先关闭电源。

五、实验报告要求

① 根据实验内容 1 的测量数据,选定实验电路中的任意一个闭合回路,验证 KVL 的正确性。

② 将实验内容 2 中实测的各电流值、电压值与理论计算值进行比较,看是否相符,并用实测值说明叠加定理的正确性。

③ 根据实验内容 2 中的实测电流 I_{R4} 值及电阻 R_4 值,计算 R_4 所消耗的功率。能否用叠加定理计算功率?为什么?试用具体数据说明。

六、思考题

① 验证叠加定理时,当只有一个电压源单独作用时,另一电压源应如何处理?

② 若按图 2-2-1 中所示的电压参考方向测量电压,数字万用表的测量值有些为负,这是为什么?

七、实验设备

① 电工电路实验装置。

② 直流稳压电源。

③ 数字万用表。

2.3　戴维南定理和诺顿定理

预习要求

① 掌握戴维南定理和诺顿定理的内容及其适用范围。

② 完成下列预习作业及思考题。

计算出图 2-3-1 中 a、b 两端的开路电压 U_{OC} = _____,短路电流 I_{SC} = _____,并计算出电路的等效电阻 R_i = _____。

一、实验目的

① 通过实验验证并加深对戴维南定理和诺顿定理的理解。

② 掌握测量有源二端网络等效参数的方法。

③ 加深对电路等效概念的理解。

二、实验原理

1. 戴维南定理

任何一个线性有源二端网络,对外部电路来说总可以用一个理想电压源和一个电阻串联来等效,如图 2-3-2 所示。其理想电压源的端电压等于原有源二端网络的开路电压 U_{OC},电阻等于原网络中所有独立电源为零时的入端等效电阻 R_i。

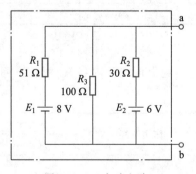

图 2-3-1　实验电路

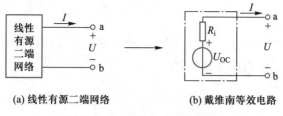

(a) 线性有源二端网络　　　　(b) 戴维南等效电路

图 2-3-2　戴维南定理说明图

2. 诺顿定理

任何一个线性有源二端网络,对外部电路来说都可以用一个理想电流源和一个电阻并联来代替,如图 2-3-3 所示。其理想电流源电流等于原有源二端网络的短路电流 I_{sc},内电阻 R_i 等于原有源二端网络的开路电压 U_{oc} 与短路电流 I_{sc} 之比,与戴维南等效电路中的内电阻的求法相同。

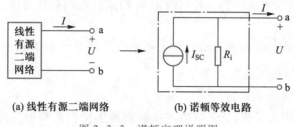

(a) 线性有源二端网络　　　　(b) 诺顿等效电路

图 2-3-3　诺顿定理说明图

3. 有源二端网络等效参数的测量方法

对于有源二端网络的开路电压 U_{oc}、等效电阻 R_i 及短路电流 I_{sc} 可以由实验方法测定。最简单的方法是对有源二端网络进行开路、短路实验,即可测出其开路电压 U_{oc} 及短路电流 I_{sc},则 R_i 可由下式算出

$$R_i = \frac{U_{oc}}{I_{sc}} \tag{2-3-1}$$

本实验中待测的有源二端网络(如图 2-3-1 左边点画线框内的电路),可以短路,直接测出短路电流。但直接短路某些有源二端网络时,将引起短路电流太大以致损坏内部元器件,所以不允许直接短路。现介绍几种其他测定方法。

① 首先测出开路电压 U_{oc},然后在网络端口处接上一个负载电阻 R,测出 R 上的电压 U 及流过 R 的电流 I,因为

$$U = U_{oc} - R_i I$$

所以

$$R_i = \frac{U_{oc} - U}{I} \tag{2-3-2}$$

② 首先测出开路电压 U_{oc},然后在网络端口处接上一个已知阻值的负载电阻 R,测出负载电阻的端电压 U,然后按式(2-3-3)和式(2-3-4)计算出 R_i。

$$U = \frac{U_{oc}}{R_i + R} R \tag{2-3-3}$$

$$R_i = \left(\frac{U_{oc}}{U} - 1 \right) R \qquad (2-3-4)$$

③ 将有源二端网络中的所有独立电源置零，然后在端口处用伏安法测定其入端电阻，即为 R_i（这种方法的缺点是电源的内阻无法保留）。

三、实验内容

1. 按图 2-3-1 接线

如图 2-3-1 所示为一线性有源二端网络，调节直流稳压电源，使两组电源的输出电压分别为 $E_1 = 8$ V，$E_2 = 6$ V（用数字万用表直流电压挡测定），然后关闭电源待用。图中 $R_1 = 51$ Ω，$R_2 = 30$ Ω，$R_3 = 100$ Ω。

2. 测量线性有源二端网络等效电路参数

测出图 2-3-1 所示电路的 a、b 两端的开路电压 U_{oc} 及短路电流 I_{sc}，求出该网络的等效电阻（或者从实验原理所介绍的方法中选一种来测定 R_i 的值），将测量数据填入表 2-3-1 中。

3. 测量原网络的外特性

在图 2-3-1 所示电路的 a、b 两端分别接入负载电阻 $R_L = 20$ Ω 和白炽灯，测出负载所在支路的电流 I_R 和 $I_{灯}$，将测量数据填入表 2-3-1 中。

4. 测量戴维南等效电路的外特性

将直流稳压源和电阻箱串联，相关数值为实验内容 2 中所测得的开路电压 U_{oc} 和入端等效电阻 R_i。按图 2-3-4 所示电路图连接电路，即戴维南等效电路，其中等效电阻由电阻箱调节得到，重复实验内容 2、3，将测量数据填入表 2-3-1 中。

5. 测量诺顿等效电路的外特性

根据实验内容 2 中测得的短路电流 I_{sc} 和入端等效电阻 R_i，按图 2-3-5 中所示电路接线，即诺顿等效电路，其中等效电阻由电阻箱调节得到，重复实验内容 2、3，数据填入表 2-3-1 中。

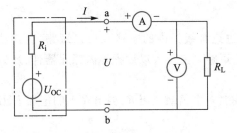

图 2-3-4 戴维南等效电路

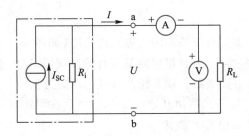

图 2-3-5 诺顿等效电路

表 2-3-1 戴维南定理和诺顿定理

	U_{oc}/V	I_{sc}/mA	R_i/Ω	I_R/mA	$I_{灯}$/mA
原网络测量					
戴维南等效电路测量					
诺顿等效电路测量					

四、注意事项

① 实验时注意电源的输出端不能短路。

② 测量时注意正确设定电流表的量程。

③ 改接电路时要关闭电源操作。

五、实验报告要求

在同一坐标中作出线性有源二端网络、戴维南等效电路和诺顿等效电路外特性曲线,并分析得出结论。

六、思考题

若有源二端网络中含有非线性元件(或负载中含有非线性元件)时,戴维南定理和诺顿定理是否适用?

七、实验设备

① 电工电路实验装置。

② 直流稳压电源。

③ 数字万用表。

④ 电阻箱。

2.4　单相交流电路参数的测定

预习要求

① 阅读有关章节,了解使用单相调压变压器及功率表时应注意的问题。

② 完成下列选择题。

ⓐ 如图 2-4-1 所示,单相调压变压器标有"1"与"2"的端子是调压器的_____(输入、输出)端,应接_____(电源、负载)。端子"1"应接电源的_____(中性线、相线),端子"2"应接电源的_____(中性线、相线),标有"3"与"4"的端子是调压变压器的_____(输入、输出)端,应接_____(电源、负载)。

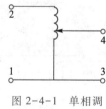

图 2-4-1　单相调压变压器

ⓑ 调压变压器在通电前,手轮应旋转至输出电压_____(为零、任意)位置。

一、实验目的

① 学习单相调压变压器和单相电量仪的使用方法。

② 研究阻抗串联电路中电压、电流及功率三者的关系。

③ 研究感性负载提高功率因数的意义和方法。

④ 了解日光灯的工作原理及其接线。

二、实验原理

1. 电感线圈参数的测量

下面介绍三表法(交流电压表、交流电流表、功率表)测量线圈的电感和电阻值。

测量电路如图 2-4-2 所示,用交流电压表、交流电流表和功率表分别测出元件的电压 U、电流 I 及消耗的有功功率 P,然后通过下列关系式计算出:

阻抗的模
$$|Z| = \frac{U}{I} \tag{2-4-1}$$

功率因数
$$\cos \varphi = \frac{P}{UI} \tag{2-4-2}$$

等效电抗
$$X = \sqrt{\left(\frac{U}{I}\right)^2 - \left(\frac{P}{I^2}\right)^2} = |Z| \sin \varphi \tag{2-4-3}$$

等效电感
$$L = \frac{X}{\omega} = \frac{X}{2\pi f} \tag{2-4-4}$$

2. 感性负载电路功率因数的提高

很多用电设备是感性负载,若负载电压 U_{AB} 保持不变,为了保证负载吸收一定的有功功率 P,则负载电流

$$I = \frac{P}{U_{AB} \cos \varphi} \tag{2-4-5}$$

显然,若负载的功率因数较低,则电路的电流 I 较大,电路损耗较大,需要采用较大容量的电源,因此提高负载的功率因数十分必要。实践中常在感性负载两端并联电容器(如图 2-4-3 所示),使流过电容器的容性电流与负载的感性电流相补偿,提高功率因数,从而使电源容量得到充分的利用。

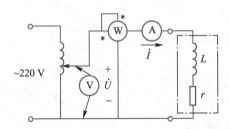

图 2-4-2　三表法测量电感线圈的参数

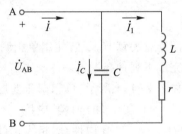

图 2-4-3　并联电容改变感性负载电路的功率因数

三、实验内容

1. 用三表法(本实验中使用单相电量仪分别测量所需电压、电流和功率值)测量电感线圈的参数

按照图 2-4-4 接好电路,$R = 51\ \Omega$,两组电感线圈顺向串联,其标称值分别为 $L_1 =$ _____,$r_1 =$ _____,$L_2 =$ _____,$r_2 =$ _____。(r_1、r_2 为线圈内阻)

视频 2-4-1
单相交流电
路的接线过
程、调节及
测量方法

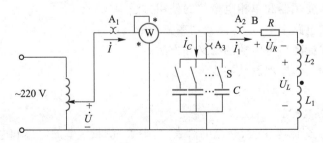

图 2-4-4　实验电路

① 断开电容箱开关 S,接通电源,调节电压使电流表读数为 0.5 A,测量对应的 U、P 值,并记入表 2-4-1 中。

表 2-4-1　断开电容箱开关记录数据

测量数据					计算数据			
P/W	I_1/A	U/V	U_R/V	U_L/V	R/Ω	Z/Ω	L/H	$\cos\varphi$
	0.5							

② 保持 U 的大小不变,合上电容箱开关 S,改变电容 C 的值,使电路的总电流 I 为最小,记下此时的电容值 C_0,并测量相应的电流和有功功率值,记入表 2-4-2 中。

表 2-4-2　合上电容箱开关记录数据

	U/V	P/W	I/A	I_1/A	I_C/A	$\cos\varphi$
$C = 8\ \mu\text{F}$						
$C_0 =$						
$C = 28\ \mu\text{F}$						

2. 日光灯电路

按图 2-4-5 接好电路。合上电源,调节单相调压变压器的手轮使其输出电压为 220 V,此时日光灯应正常点燃发光。若不能起燃,用电压表检查并排除故障(注意此时电压较高),直到日光灯启动为止,测量镇流器两端的电压和日光灯两端的电压。

镇流器两端的电压为_____。

日光灯两端的电压为_____。

四、注意事项

① 本实验使用到 220 V 交流电源,实验中应时刻注意人身及设备的安全。严格遵守完成电路连接后先检查后通电,实验完成后先断电再拆线的操作规则。确保用电和人身安全。

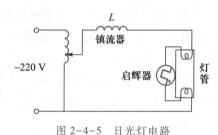

图 2-4-5　日光灯电路

② 各仪表在使用前应先选择合适的量程。

③ 每次在接通电源前,调压器的手轮应置于零位;通电后,调节手轮使得电压从零逐渐增加至所需要的值;使用结束后,也应随手将手轮调回零位,以免发生意外事故。

五、实验报告要求

是否感性负载并联电容的电容量越大,电路的功率因数就越高?试用数据与相量图加以说明。

六、思考题

在感性负载的电路中串联适当的电容亦能改变电压与电流之间的相位差,但为什么不用串联电容的方法来提高功率因数?

七、实验设备

① 电工电路实验装置。

② 单相调压变压器。

2.5 三 相 电 路

预习要求

① 理解三相负载星形联结及三角形联结时的线电压和相电压、线电流和相电流之间的关系。

② 完成下列选择题。

ⓐ 三相星形联结的负载与三相电源相连接时,一般采用_____(三相四线制、三相三线制)接法,若负载不对称,中性线电流_____(等于、不等于)零。三相负载接成三角形时,电路为_____(三相四线制、三相三线制)接法。

ⓑ 在三相四线制中的中性线上_____(能、不能)安装熔断器,不对称负载_____(能、不能)省去中性线。

一、实验目的

① 熟悉三相交流电路中负载的星形(Y)联结及三角形(△)联结时的线电压和相电压、线电流和相电流之间的关系。

② 了解三相四线制中中性线的作用。

二、实验原理

1. 三相四线制电源

对称三相电源由频率相同、幅值相等、初相依次相差 $120°$ 的三个正弦电压源,按一定方式连接而成。目前,我国用电一般采用星形联结、三相四线制供电方式。电源通过三相开关向负载供电,其中,不经过三相开关和熔断器的那根导线称为中性线或零线(N),另外三根称为相线或火线(U、V、W)。

三相电源的相序就是指三相电源的排列顺序,通常情况下的三相电路是正序系统,即相序为 U-V-W 的顺序。实际工作中常需确定相序,即已知是正序系统的情况下,指定某相电源为 U 相,判断另外两相哪相为 V 相和 W 相。

例如,三相电源并网时,其相序必须一致。如图 2-5-1 所示为一简单相序测定电路(相序指示器),它由一只电容器和两只额定功率相同的白炽灯作星形联结,接至三相对称电源上,由于负载不对称,负载中性点将发生位移,各相电压也就不再相等。若设电容所在相为 U 相,则白炽灯比较亮的相为 V 相,白炽灯比较暗的为 W 相。这样就可以方便地确定三相的相序。该相序指示器只能测出相序,不能分辨具体是 U 相、V 相或 W 相。

2. 负载的星形联结

(1) 对称负载

如图 2-5-2 所示为一个三相四线制负载星形联结电路,其中对称负载为 $Z_U = Z_V = Z_W$。该电路的电压和电流之间有下列关系:

相电压 $\left. \begin{array}{l} U_{UN'} = U_{VN'} = U_{WN'} = U_P \\ U_{UV} = U_{VW} = U_{WU} = U_L \end{array} \right\} U_L = \sqrt{3}\, U_P$

线电压

相电流	$I_{UN'} = I_{VN'} = I_{WN'} = I_P$	
线电流	$I_U = I_V = I_W = I_L$	$I_L = I_P$
中性线电流	$I_{NN'} = 0$	
中性线电压	$U_{NN'} = 0$	

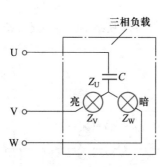

图 2-5-1 测定相序的电路

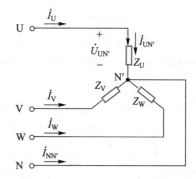

图 2-5-2 三相负载的星形联结(三相四线制)

从上面的式子可以看出,由于负载对称,$I_{NN'} = 0$、$U_{NN'} = 0$,因此对于对称负载四线制星形联结电路,其中性线的存在无关紧要。因而,去掉中性线的对称负载三线制星形联结的电路,其电压和电流之间的关系与对称四线制的相同。

(2)不对称负载

假设图 2-5-2 所示电路为不对称负载,即 $Z_U \neq Z_V \neq Z_W$。对于这种不对称负载四线制星形联结的电路,有以下式子成立

$$\left.\begin{array}{l} U_{UN'} = U_{VN'} = U_{WN'} = U_P \\ U_{UB} = U_{VC} = U_{WA} = U_L \end{array}\right\} U_L = \sqrt{3}\, U_P$$

$$\left.\begin{array}{l} I_U = I_{UN'} = \dfrac{U_P}{|Z_U|} \\[2mm] I_V = I_{VN'} = \dfrac{U_P}{|Z_V|} \\[2mm] I_W = I_{WN'} = \dfrac{U_P}{|Z_W|} \end{array}\right\} I_L = I_P$$

$$I_{NN'} \neq 0,\ U_{NN'} = 0$$

若将电路的中性线去掉,可以得到不对称负载三线制星形联结电路,这种电路由于负载中性点的位移造成各相电压不对称。如果某相负载阻抗大,则该相的相电压有可能超过它的额定电压。因此,日常生活中应该避免出现这种情况。所以,对于不对称负载必须连接中性线,即采用三相四线制,它可以保证各相负载相电压对称,并且使各相负载间互不影响。

3. 负载的三角形联结

如图 2-5-3 所示为三相负载三角形联结电路,电路的电压、电流关系可由以下式子来描述

$$U_L = U_P$$

$$\dot{I}_U = \dot{I}_{UV} - \dot{I}_{WU}$$

$$\dot{I}_V = \dot{I}_{VW} - \dot{I}_{UV}$$

$$\dot{I}_W = \dot{I}_{WU} - \dot{I}_{VW}$$

当负载对称时，　$I_L = \sqrt{3}\,I_P$。

三、实验内容

1. 三相负载的星形联结

实验灯箱内部结构如图 2-5-4 所示，并用三只灯箱作为星形联结的三相负载，按图 2-5-5 所示电路接线。

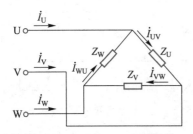

图 2-5-3　三相负载的三角形联结

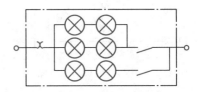

图 2-5-4　实验灯箱内部结构示意图

视频 2-5-1
三相负载星形联结的接线过程和调节方法

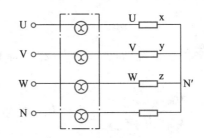

图 2-5-5　灯箱作三相负载星形联结

（1）负载对称（各相开 4 盏白炽灯）

① 测量有中性线时各线电压、相电压、线电流以及中性线电流。

② 测量无中性线时各线电压、相电压、线电流以及电源中性点 N 与负载中性点 N′ 之间的电压 $U_{NN'}$。

（2）负载不对称（各相开的灯分别为 2、4、6 盏）

重复上述测量，并注意观察各相白炽灯的亮度。根据实验结果来分析中性线的作用，将各次测量数据记入表 2-5-1 中。

表 2-5-1　三相负载星形联结测量数据记录表

负载情况		线电压/V			相电压/V			相(线)电流/A			$I_{NN'}$/A	$U_{NN'}$/V
		U_{UV}	U_{VW}	U_{WU}	$U_{UN'}$	$U_{VN'}$	$U_{WN'}$	I_U	I_V	I_W		
对称	有中性线											
	无中性线											

续表

负载情况		线电压/V			相电压/V			相(线)电流/A			$I_{NN'}$/A	$U_{NN'}$/V
		U_{UV}	U_{VW}	U_{WU}	$U_{UN'}$	$U_{VN'}$	$U_{WN'}$	I_U	I_V	I_W		
不对称	有中性线											
	无中性线											

2. 三相负载的三角形联结

按图 2-5-6 所示电路接线。

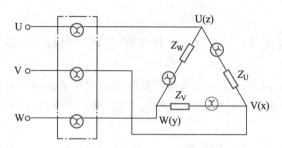

图 2-5-6 灯箱作三相负载三角形联结

① 负载对称,每相开 4 盏白炽灯。

② 负载不对称,Ux、Vy、Wz 分别开 2、4、6 盏白炽灯,测量各线(相)电压、线电流以及相电流,并将测量数据记入表 2-5-2 中。

表 2-5-2 三相负载三角形联结测量数据记录表

负载情况	线(相)电压/V			线电流/A			相电流/A		
	U_{UV}	U_{VW}	U_{WU}	I_U	I_V	I_W	I_{UV}	I_{VW}	I_{WU}
对称									
不对称									

四、注意事项

① 实验采用三相交流电,线电压是 380 V,电源电压较高,实验中应时刻注意人身安全及设备安全。严格遵守完成电路连接后先检查后通电,实验完成后先断电再拆线的操作规则。

② 测量每一项物理量之前,必须看清其所在的位置,切忌盲目测量。

③ 实验中若出现异常现象(如跳闸等),不必惊慌,应立即切断电源,找出故障原因,排除故障后方可继续实验。

④ 测量时注意观察各相白炽灯的亮度变化。

五、实验报告要求

① 整理实验数据,验证对称三相电路线电压与相电压、线电流与相电流的 $\sqrt{3}$ 倍的关系。

② 讨论在负载不对称的星形联结中中性线的作用。并由此说明,在三相四线制中,中性线上为什么不允许接熔断器?

六、思考题

① 为什么实验灯箱会采用白炽灯两两串联的方式？

② 当不对称负载作三角形联结时,线电流是否相等？线电流与相电流之间是否成固定的比例关系？

七、实验设备

电工电路实验装置。

2.6 常用电子仪器的使用

预习要求

① 阅读有关章节,了解数字示波器的工作原理、性能及面板上常用各主要旋钮的作用和调节方法。

② 阅读有关章节,了解函数信号发生器和数字交流毫伏表的使用方法。

③ 掌握用数字示波器测量信号幅度、周期的方法,熟悉正弦波峰峰值与有效值之间的关系。

④ 回答下列问题。

ⓐ 示波器的输入耦合方式:"DC"是_____耦合,"AC"是_____耦合。若要观察带有直流分量的交流信号,应选择_____(DC/AC);仅观察交流时,应选择_____(DC/AC)。

ⓑ 示波器耦合方式中的"⊥"按钮起什么作用？

_____

ⓒ 将"校准信号"的方波输入示波器,信号的频率为 1 kHz,峰峰值为 5 V,从示波器屏幕上观察到的幅度在 Y 轴上占 5 div,一个周期在 X 轴上占 5 div,则 Y 轴灵敏度应设置成_____/div,X 轴时基应设置成_____/div。

ⓓ 交流毫伏表用于测量何种电压？ _____

一、实验目的

① 掌握几种常用电子仪器的使用方法。

② 掌握几种典型信号的幅值、有效值和周期的测量方法。

③ 掌握正弦信号相位差的测量方法。

二、实验原理

1. 使用示波器测量

示波器是现代测量中最常用的电子仪器之一,可以分为模拟示波器和数字示波器两种。示波器是一种电子图示测量仪器,利用它能够直观地观察被测信号的真实波形;利用示波器的 Y 轴灵敏度和 X 轴时基可以测量周期信号的波形参数(幅度、周期和相位差等)。

(1)幅度测量

使用示波器来测量波形参数,首先读取屏幕上波形在垂直方向上的偏转格数,再乘以示波器屏幕下方的 V/div,即可算出幅度值。

当输入恒定直流信号时,显示波形为一条水平线,但它在垂直方向上相对于零电平位置偏转了一段距离,这段距离即代表直流信号电压的大小。

当输入为交流信号时,可以在屏幕上读出波形的幅值或峰峰值的大小。其幅值为正向或负向的最大值,峰峰值是指正向最大值到负向最大值之间的距离。当波形对称时,峰峰值 U_{P-P} 为幅值的 2 倍。

当输入信号中包含交流分量和直流分量时,所显示的波形本身反映了交流分量的变化,将输入耦合方式设置为"AC"时,可以看到交流分量。当设置为"⊥"方式时可以找出零参考点,记下该参考点的位置后,把耦合方式"AC"换到"DC",可以根据波形偏移格数,求出其直流分量,如图 2-6-1 所示。

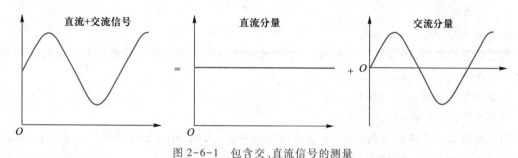

图 2-6-1　包含交、直流信号的测量

（2）时间测量

示波器的扫描速度为 t/div,即在 X 轴方向偏转 1 div 所需要的时间。将被测波形在 X 轴方向的偏转格数乘以 t/div,即可求出时间。

（3）相位差测量

测量两个同频率信号的相位差,可以用双迹法和椭圆截距法两种方法完成。

① 双迹法

调节两个输入通道的位移旋钮,使两条时基线重合,选择作为测量基准的信号为触发源信号,两个被测信号分别从 CH1 和 CH2 输入,在屏幕上可显示出两个信号波形,如图 2-6-2 所示。从图中读出 L_1、L_2 的格数,则它们的相位差为

$$\varphi = \frac{L_1}{L_2} \times 360° \tag{2-6-1}$$

② 椭圆截距法

把两个信号分别从 CH1 和 CH2 输入到示波器中,同时把示波器显示方式设为 X-Y 工作方式,则在屏幕上会显示出一椭圆,如图 2-6-3 所示。测出图中 a、b 的格数,则相位差为

$$\varphi = \arcsin \frac{a}{b} \tag{2-6-2}$$

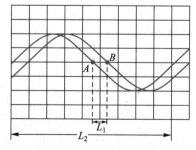

图 2-6-2　双迹法测量相位差

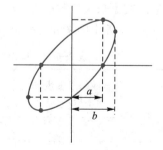

图 2-6-3　椭圆截距法测量相位差

2. 函数信号发生器

函数信号发生器是提供各种激励波形的信号源,一般需要调节以下功能:

① 信号波形。

② 信号频率。

③ 信号源输出幅度。

三、实验内容

1. 熟悉常用电子仪器

熟悉数字示波器、函数信号发生器、数字交流毫伏表等常用电子仪器面板上主要开关和旋钮的名称及作用。

2. 掌握常用电子仪器的使用方法

(1)校准信号的测试

用示波器显示校准信号的波形,测量该电压的幅值、周期,并将测量结果与已知的校准幅值、周期相比较。将测量数据填入表 2-6-1 中。

表 2-6-1 校准信号测试数据记录表

校验挡位	Y 轴(幅值)		X 轴(每周期格数)	
	1 V/div	2 V/div	500 μs/div	200 μs/div
应显示的标准格数				
实际显示的格数				
校验结果				

(2)叠加在直流上的正弦波测试

设置函数信号发生器的偏移参数(直流电平设置,屏幕上显示 OFFSET 值),产生一个叠加在直流电压上的正弦波。由示波器显示该信号波形,要求其直流分量为 1 V,交流分量幅值为 2 V,频率为 1 kHz,如图 2-6-4 所示,简述操作步骤。

(3)几种周期信号的幅值、有效值及频率的测量

调节函数信号发生器,使它的输出信号波形分别为正弦波、方波和三角波,信号的频率为 2 kHz(由函数信号发生器频率指示),信号的有效值由交流毫伏表测量为 1 V,用示波器显示波形,并且测量其周期和峰值,计算出频率和有效值,将测量数据填入表 2-6-2 中。

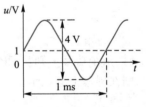

图 2-6-4 叠加在直流
电压上的正弦波

表 2-6-2 周期信号的幅值、有效值及频率测量数据记录表

信号波形	函数信号发生器频率指示/kHz	交流毫伏表指示/V	示波器测量值		计算值	
			周期	幅值	周期	幅值
正弦波	2	1				
方波	2					

续表

信号波形	函数信号发生器频率指示/kHz	交流毫伏表指示/V	示波器测量值		计算值	
			周期	幅值	周期	幅值
三角波	2					

（4）相位差的测量

按照图 2-6-5 所示电路图连接电路,函数信号发生器输出的正弦波频率为 1 kHz,有效值为 3 V(由交流毫伏表测出)。用示波器测量在下列两组参数的情况下 u_i 与 u_C 间的相位差 φ。

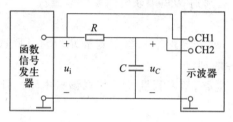

图 2-6-5 相位差测量

视频 2-6-1
相位差电路
的接线过程
和调节方法

① $R = 1 \text{ k}\Omega$,$C = 0.1 \text{ }\mu\text{F}$。
② $R = 2 \text{ k}\Omega$,$C = 0.1 \text{ }\mu\text{F}$。

四、注意事项

（1）爱护仪器

在大致了解示波器、函数信号发生器的使用方法及各旋钮和开关的作用之后,再动手操作。使用这些仪器时,转动各旋钮和拨动开关时不要用力过猛。

（2）示波器的使用注意事项

① 示波器接通电源后需预热数分钟再开始使用。

② 使用过程中,应避免频繁开关电源,以免损坏示波器。暂不用时,只需将屏幕的亮度调暗即可。

③ 示波器的各个输入探头的地线都是和机壳相连的,不能将其接在电路中不同的电位点上。通常示波器的机壳和函数信号发生器的机壳已通过大地连接在一起,所以,示波器和函数信号发生器的地线必须接在相同的电位点上。

五、思考题

① 如果示波器屏幕上显示的信号波形不稳定,应调节哪些旋钮才能得到稳定的波形?

② 用示波器测量直流电压的大小与测量交流电压的幅值相比,在操作方法上有哪些不同?

六、实验设备

① 电工电路实验装置。

② 数字示波器。

③ 函数信号发生器。

④ 数字交流毫伏表。

2.7 频率特性的测量

预习要求

① 了解 *RC* 带通网络和 *RLC* 串联谐振电路的电路特性。

② 确定 *R*、*C* 的参数,使得 *RC* 带通网络的中心频率 f_0 符合任务要求。

③ 确定 *R*、*L*、*C* 的参数,使得 *RLC* 串联谐振电路的谐振频率 f_0 和品质因数 *Q* 的值符合任务要求。(建议电容容量不要大于 1 μF,否则损耗较大。)

④ 实验中可以用哪些方法判别 *RLC* 串联电路发生谐振?

一、实验目的

① 试设计 *RC* 带通网络(*RC* 选频网络),学习测量 *RC* 串、并联选频网络的频率特性的方法,加深对常用 *RC* 网络幅频特性的理解。

② 试设计 *RLC* 串联谐振电路,学习测量 *RLC* 串联谐振电路的频率特性、通频带及 *Q* 值的方法,加深对谐振电路特性的理解。

二、实验原理

正弦交流电路中,网络的响应相量与激励相量之比是频率 ω 的函数,称为正弦稳态下的网络函数,表示为 $H(\mathrm{j}\omega) = \dfrac{\text{响应相量}}{\text{激励相量}} = |H(\mathrm{j}\omega)| \, \mathrm{e}^{\mathrm{j}\varphi(\omega)}$,其模 $|H(\mathrm{j}\omega)|$ 随频率变化的规律称为幅频特性,辐角 $\varphi(\omega)$ 随频率变化的规律称为相频特性。通常,根据 $|H(\mathrm{j}\omega)|$ 随频率变化的趋势,将 *RC* 网络分为低通(low-pass,LP)电路、高通(high-pass,HP)电路、带通(band-pass,BP)电路、带阻(band-stop,BS)电路等。

含有电感、电容和电阻元件的单口网络,当 $f_0 = \dfrac{1}{2\pi\sqrt{LC}}$ 时,电路达到谐振,这种电路为谐振电路。*RLC* 串联谐振电路具有带通滤波特性,其特性参数常用谐振频率 f_0、通频带 *BW* 和品质因数 *Q* 来表示。

三、实验内容

1. 试设计 *RC* 带通网络(*RC* 串、并联选频网络)

使得其中心频率 $f_0 = 1\,000 \sim 3\,000$ Hz,调节信号源,使其输出正弦电压 $U_s = 3$ V,频率调节范围不得小于 200 Hz~20 kHz,测量 *RC* 选频网络的频率特性。

2. *RLC* 串联谐振电路

实验参考电路如图 2-7-1 所示,试设计电路参数 *R*、*C*、*L*,使 *RLC* 串联谐振电路的谐振频率 f_0 在 1 000~5 000 Hz 之间,品质因数 *Q* 在 1~3 之间,调节信号源(功率输出)电压 $U_s = 3$ V(有效值),频率调节范围不得小于 200 Hz~20 kHz,测量 *RLC* 串联谐振电路的频率特性。

四、注意事项

① 信号源的输出应保持幅值稳定。

② 合理选择测试频率点,在靠近中心频率或谐振频率附近适当多取几个点。

五、实验报告要求

① 绘出实验电路图。

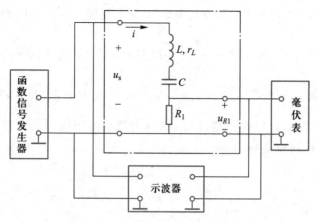

图 2-7-1　*RLC* 串联谐振电路实验图

② 根据测量数据绘出 *RLC* 串联谐振电路的幅频特性曲线。

③ 根据测量数据绘出 *RC* 选频网络的幅频特性曲线和相频特性曲线。

④ 以实验结果说明 *RC* 带通网络的特点。

⑤ 试说明在 *RLC* 串联谐振电路中若改变电阻 *R* 值,对谐振电路的幅频特性有什么影响。

六、实验设备

① 电工电路实验装置。

② 函数信号发生器。

③ 数字示波器。

④ 数字交流毫伏表。

2.8　*RC* 电路的瞬态过程

预习要求

① 了解阶跃信号作用于一阶 *RC* 电路时,电路中电流、电压的变化过程。

② 了解积分、微分电路的工作原理。

③ 根据实验内容所给方波信号的周期 *T*,分别计算出实验内容①、②、③中的参数 *R*、*C* 的值。

一、实验目的

① 研究一阶 *RC* 电路的零状态响应和零输入响应的基本规律和特点。

② 理解时间常数 τ 对响应波形的影响。

③ 了解积分、微分电路的特点。

④ 提高使用示波器和函数信号发生器的能力。

二、实验原理

1. *RC* 电路的方波响应

RC 串联电路如图 2-8-1(a)所示,由阶跃信号激励,实验中用方波来代替,如图 2-8-1(b)

所示。从 $t=0$ 开始，该电路相当于接通直流电源，如果 $\dfrac{T}{2}$ 足够大 $\left(\dfrac{T}{2}>4\tau\right)$，则在 $0\sim\dfrac{T}{2}$ 响应时间范围内，u_C 可以达到稳定值 U_1，这样在 $0\sim\dfrac{T}{2}$ 时间范围内 $u_C(t)$ 即为零状态响应；而从 $t=\dfrac{T}{2}$ 开始，$u_1=0$，因为电源内阻很小，则电容 C 相当于从起始电压 U_1 向 R 放电，若 $\dfrac{T}{2}>4\tau$，在 $\dfrac{T}{2}\sim T$ 时间范围内 C 上电荷可以全部放完，这段时间范围内 $u_C(t)$ 为零输入响应。第二周期重复第一周期，如图 2-8-1(c)所示，如此周而复始。

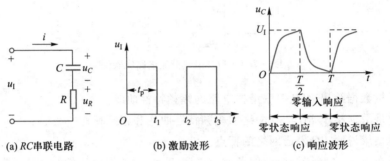

(a) RC串联电路　　　(b) 激励波形　　　(c) 响应波形

图 2-8-1　方波激励下的响应波形

线性系统中，零状态响应与零输入响应之和称为系统的完全响应。即

完全响应=零状态响应+零输入响应

若要观察电流波形，只需观察电阻 R 上的电压 u_R 即可，因为电阻上的电压、电流是线性关系，即 $i=\dfrac{u_R}{R}$。

2. RC 电路的应用

(1) RC 微分电路

如图 2-8-2 所示的电路中，选择适当的电路参数，使得电路的时间常数 $\tau\ll t_p$ (t_p 为矩形脉冲宽度)，于是电阻两端电压 u_R 为正负交替的尖脉冲，如图 2-8-3 所示。

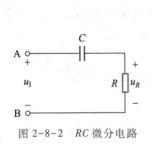

图 2-8-2　RC 微分电路

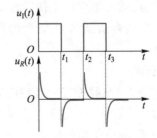

图 2-8-3　RC 微分电路的输入、输出波形

(2) RC 积分电路

如果将 RC 电路的电容两端作为输出端，如图 2-8-4 所示，在电路的时间常数 $\tau\gg t_p$ 条件下，电路的输出电压近似地正比于输入电压对时间的积分。当输入电压为矩形脉冲时，输出电压为

三角波,如图 2-8-5 所示。

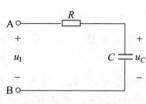

图 2-8-4 RC 积分电路

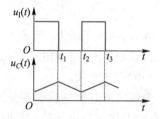

图 2-8-5 RC 积分电路的输入、输出波形

三、实验内容

利用示波器研究 RC 电路的瞬态过程,按照图 2-8-4 所示电路图连接电路,A、B 间接入函数信号发生器输出的方波信号,方波幅值为 4 V,周期为 4 ms,脉冲宽度 t_p 为 2 ms。

① 选用电路参数使 $\tau = RC \ll t_p$,分别观察 u_I、u_R 和 u_C 的波形。

② 选用电路参数使 $\tau = RC = \left(\dfrac{1}{3} \sim \dfrac{1}{5}\right) t_p$,分别观察 u_I、u_R 和 u_C 的波形。

③ 选用电路参数使 $\tau = RC \gg t_p$,分别观察 u_I、u_R 和 u_C 的波形。

四、注意事项

① 使用示波器、函数信号发生器等仪器时,转动各旋钮和拨动开关时不要用力过猛。

② 示波器和函数信号发生器的地线必须接在相同的电位点上(共地)。

五、实验报告要求

① 在坐标纸上绘出被观察的波形,并且标明各参数值。

② 分析一阶电路中电路参数对方波响应的影响。

③ 根据实验结果总结积分电路和微分电路必须具备的两个条件分别是什么。

六、实验设备

① 电工电路实验装置。

② 函数信号发生器。

③ 数字示波器。

2.9 单相变压器

预习要求

① 了解单相变压器的特性。

② 了解测定单相变压器特性的方法。

一、实验目的

① 测定变压器的空载特性及负载特性。

② 测定变压器的功率损失。

③ 测定变压器绕组间的相对极性端。

二、实验原理

在交流电路中变压器用来变换电压、电流及阻抗。变压器一、二次绕组的电压比称为变压器

的电压比 K，即 $K=\dfrac{U_1}{U_2}$。变压器空载时一、二次电压比近似等于一、二次绕组匝数比。

变压器空载时，输入电压 U_1 与输入电流 I_1 之间的关系称为空载特性。由于变压器空载时相当于一个交流铁心线圈，空载电压正比于铁心磁通，空载电流正比于铁心磁动势，所以空载特性就代表了铁心的磁化曲线。

电源电压为额定值时的空载电流值是变压器的质量指标之一，其数值越小，铁心磁通饱和程度就越浅，铁心的发热也较小，变压器的空载功率损耗亦越小。空载功率损耗的大小主要取决于铁心材料的性能及磁通饱和程度。对于小型变压器，一般空载电流为额定电流的 $10\% \sim 20\%$。

变压器接负载时，一次绕组的电流随二次绕组的电流的增大而增加。一、二次绕组的电流之比近似等于它们的匝数比的倒数，即 $\dfrac{1}{K}$。由于一、二次绕组都有阻抗和漏抗，变压器输出电压随着负载的不同而有所变化。变压器输出电压 U_2 与负载电流 I_2 之间的关系称为外特性。

额定负载时的输出电压 U_2 与空载输出电压 U_{20} 之差对空载输出电压 U_{20} 的百分比，称为变压器的电压变化率。即

$$\Delta U = \frac{U_{20}-U_2}{U_{20}} \times 100\% \tag{2-9-1}$$

电压变化率是变压器的一个质量指标，一般小型变压器的 ΔU 值为 $5\% \sim 10\%$。

变压器一、二次绕组的电压极性虽然都是随时间变化的，但在每一瞬间每一绕组的各端有一定的极性（"+"或"-"），因此，把在同一瞬间变压器各绕组上具有相同极性的端点称为同名端或同极性端。

在对变压器绕组进行连接的时候，必须先弄清它们的同名端。如果变压器具有两个或两个以上二次绕组，可以将两个绕组串联以得到较高的电压。如果两个绕组电压相同，也可以将两个绕组并联以得到较大的电流。当线圈串联时，应把一个线圈的末端与另一个线圈的始端相连接，此时输出电压为两线圈电压之和；当线圈并联时，应把两个线圈的始端和始端相连接，末端和末端相连接，此时输出电流为两线圈电流之和。

三、实验内容

1. 测试二次绕组的相对极性

将二次绕组Ⅰ的一端与二次绕组Ⅱ的任一端相连，测量开口两端的电压。如图 2-9-1（a）所示，若测得的电压为两绕组电压之和，则所连接的两端为异极性端（即一个为始端，另一个为末端），这时两个绕组串联。

如图 2-9-1（b）所示，若测得的电压为两绕组电压之差，则所连接的两端为同极性端（即两个连接端同为始端或末端）。

当两个二次绕组电压之差为零时，说明两个二次绕组电压相等，可以把同极性端相连构成如图 2-9-1（c）所示的并联接法。（注意：千万不能用异极性端相连构成并联接法！）

2. 测定变压器的空载特性

将变压器的两个 110 V 绕组并联，如图 2-9-2 所示接到调压器的输出端。通电后，按照表 2-9-1 所列的电压值调节调压器的输出电压，读取空载电流，记入表 2-9-1 内，并在方格纸上绘出空载特性曲线。（注意：勿使电流值超过线圈的额定电流值！）

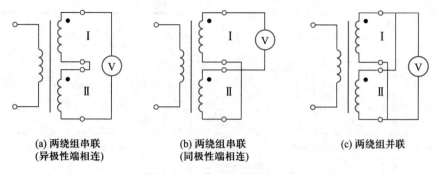

(a) 两绕组串联　　　(b) 两绕组串联　　　(c) 两绕组并联
(异极性端相连)　　　(同极性端相连)

图 2-9-1　绕组极性测定电路

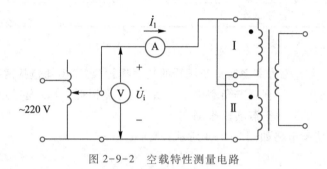

图 2-9-2　空载特性测量电路

表 2-9-1　测量变压器空载特性记录表

U_1/V	0	10	30	50	70	90	100	110	120
I_1/mA									

3. 测量变压器的负载特性

按照图 2-9-3 所示电路图连接电路,然后接通电源。调压器从零开始增大,使变压器的一次绕组端加额定电压 220 V,变压器二次绕组端接白炽灯负载。当负载分别为空载,1、2、3、4、5只白炽灯时,读取电压值及电流,记入表 2-9-2 中,并求出电压比及电压变化率。

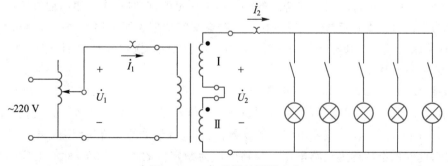

图 2-9-3　负载特性测量电路

表 2-9-2　测量变压器负载特性记录表

			U_2/V	I_2/A	U_1/V	I_1/A
测量	空载					
	负载	1				
		2				
		3				
		4				
		5				
计算			电压比 K		电压变化率 ΔU	

4. 测定变压器的功率损耗

一次绕组和二次绕组的功率之差是变压器的功率损耗,功率损耗包括两部分:绕组内的铜损耗 ΔP_{Cu} 和铁心损耗 ΔP_{Fe}。铜损耗与负载电流有关,是可变损耗,可以通过短路实验来测定。铁心损耗是固定损耗,可以通过空载实验来测定。

（1）空载实验（实验电路如图 2-9-4 所示）

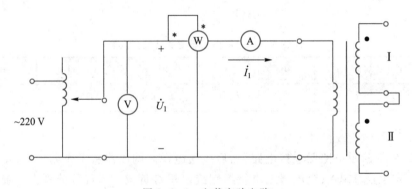

图 2-9-4　空载实验电路

将变压器二次绕组开路,使一次绕组的端电压为额定值,此时一次绕组内通过的电流为空载电流,其值为额定值的 5%~20%,此时接在一次绕组端的功率表所读出的功率,即可代表变压器的铁心损耗。因为铜损耗和电流平方成正比,电流既然很小,铜损耗可略而不计。将 P_1、U_1、I_1 的值记入表 2-9-3 中。

（2）短路实验（实验电路如图 2-9-5 所示）

通电前调压器必须先置于零位,用电流表将二次绕组端短接好。接通电源后把电压慢慢升高到一适当小的电压值,注意观察电流表的读数,当二次绕组端的电流达到额定电流值时就应停止升高电压,此时的电压称为短路电压。短路电压为额定值的 5%~15%,此时的输出功率等于零,铁心损耗也因短路电压很小而忽略不计,所以功率表所测得的功率即为铜损耗。记下 P_1、U_1、I_2 之值于表 2-9-3 中,然后把调压器调为零,切断电源,拆去二次绕组端的短路电流表。

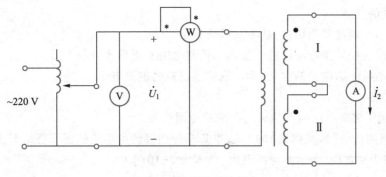

图 2-9-5　短路实验电路

表 2-9-3　空载与短路实验记录表

	空载实验	短路实验
P_1/W	（铁心损耗）	（铜损耗）
U_1/V		
I_1/A		
I_2/A		

四、注意事项

① 每次在接通电源前,调压器的手轮应置于零位;通电后,调节手轮使得电压从零逐渐增加至所需要的值;使用结束后,也应随手将手轮调回零位,以免发生意外事故。

② 各仪表在通电前需选择合适的量程。

五、实验报告要求

① 整理实验数据,并按要求在坐标纸上绘出变压器的空载特性及负载特性曲线。

② 为什么变压器一次绕组端电流随二次绕组端的负载大小而变化? 额定负载时一次绕组端与二次绕组端电流的大小具有什么近似关系?

③ 根据本实验计算变压器的空载损耗、额定负载时的损耗及额定负载时变压器的效率。

注:效率
$$\eta = \frac{P_2}{P_1} = \frac{P_2}{P_2 + \Delta P_{\text{Fe}} + \Delta P_{\text{Cu}}} \tag{2-9-2}$$

式中,P_1 为输入功率,P_2 为输出功率。

六、实验设备

① 电工电路实验装置。

② 数字万用表。

③ 单相调压变压器。

2.10　三相异步电动机的测试与控制

预习要求

复习三相异步电动机的相关内容。

一、实验目的

① 观察常用控制电器的结构,学习其接线方法。

② 学习连接三相异步电动机的直接起动控制电路及正反转控制电路。

③ 了解电动机绝缘电阻的含义,学习测试电动机的绝缘电阻。

二、实验内容

1. 电动机绕组之间及绕组与机壳之间绝缘电阻的测定

将绝缘电阻测试仪(即兆欧表)的 L 端和 E 端分别接到电动机的三个绕组 U、V、W 间及三个绕组 U、V、W 与机壳之间,测出其绝缘电阻,填入表 2-10-1 中。

表 2-10-1　测量绝缘电阻数据记录表

U 与 V 间 /MΩ	V 与 W 间 /MΩ	U 与 W 间 /MΩ	U 与机壳 /MΩ	V 与机壳 /MΩ	W 与机壳 /MΩ

当所测绝缘电阻值都大于 0.5 MΩ 时,电动机符合国家规定的安全标准,可以使用。否则,电动机应停止使用进行修理。

2. 三相异步电动机的直接起动控制

① 观察各控制电器的结构,辨别其接线端,用万用表鉴别按钮和接触器的动断、动合触点(如图 2-10-1 所示)。

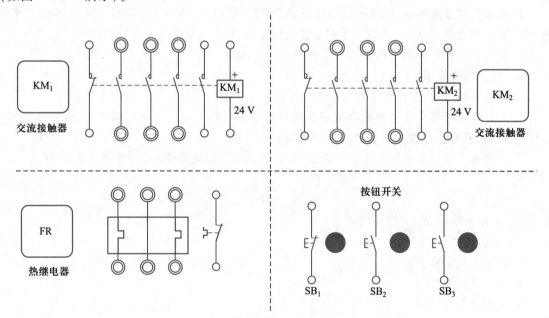

图 2-10-1　继电器接触控制实验板器件分布图

观察电动机的接线盒,记下其铭牌数据。

确定各控制电器及电动机工作时的额定电压,确定实验用的电源电压值。

② 按照图 2-10-2 所示电路图接好电路,其中电动机采用星形联结,检查无误后,接通电源,

进行异步电动机直接起动(按动 SB$_2$)及停车(按动 SB$_1$)操作,观察电动机和交流接触器的工作情况。起动电动机后,利用空气断路器,切断电源,使电动机停转。然后再用空气断路器重新接通电源,观察电动机是否自行起动(不按动 SB$_2$),即检查电路是否具有失电压保护作用。

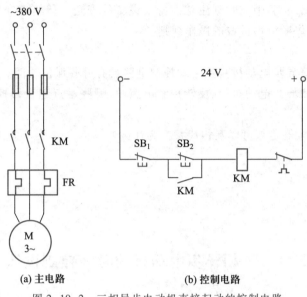

(a) 主电路　　　　(b) 控制电路

图 2-10-2　三相异步电动机直接起动的控制电路

③ 断开电源,拆除控制电路中的自锁触点,再接通电源,操作按钮 SB$_2$,观察电动机的点动工作情况,体会自锁触点的作用。

3. 三相异步电动机的正、反转控制

① 按照图 2-10-3 所示电路图连接电路。

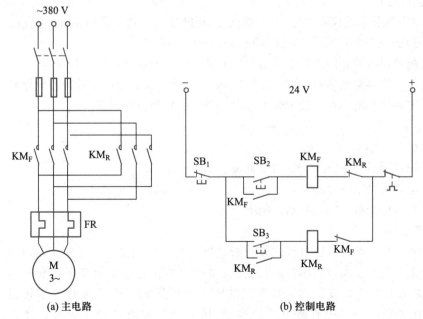

(a) 主电路　　　　　　(b) 控制电路

图 2-10-3　三相异步电动机正、反转控制电路

② 进行电动机的正、反转起动和停止操作,观察各交流接触器的动作情况和电动机的转向变化,体会互锁触点的作用。

三、注意事项

实验电源电压较高,实验中应时刻注意人身及设备的安全。严格遵守完成电路连接后先检查后通电,实验完成后先断电再拆线的操作规则。

四、思考题

① 指出图 2-10-2 异步电动机直接起动控制电路具有哪些保护功能。

② 指出图 2-10-3 异步电动机正、反转控制电路中,哪些触点起自锁控制作用,哪些触点起互锁控制作用。

③ 熔断器和热继电器是否可以互相代替?为什么?

五、实验设备

① 电工电路实验装置。

② 数字万用表。

③ 三相异步电动机。

2.11　三相异步电动机的时间控制设计

预习要求

画出设计的实验电路图。

一、实验目的

① 观察时间继电器的基本结构,学习其接线方法。

② 学习设计简单的继电器接触控制电路。

二、实验内容

设计符合下列要求的控制电路,并连线操作,观察是否达到预定的要求。(因实验时间有限,每组只需完成两个控制电路,①、②和③、④各选一个。)

① 能在两处用按钮控制三相异步电动机起动和停止的继电器接触控制电路。

② 既能使三相异步电动机连续工作,又能使其点动工作的继电器接触控制电路。

③ 按一定顺序起动两台三相异步电动机的继电器接触控制电路。

电路要求:

ⓐ 电动机 M_1 先起动;

ⓑ M_1 起动后半分钟电动机 M_2 自动起动;

ⓒ 两台电动机可以一起停止。

④ 三相异步电动机的能耗制动控制电路。

三、注意事项

能耗制动所需的直流电压由桥式整流板转换交流电压提供。为了使制动时电动机定子绕组中直流电流不至于过大,桥式整流板的交流端必须接在通过单相变压器变换的低压交流电源端。本实验使用的单相变压器高压绕组的额定电压是 220 V,不要将其错接到 380 V 的线电压上。为了调节制动时的直流电流,单相变压器也可以通过调压变压器接 220 V 的交流电源。

四、实验报告要求

① 画出经过实验验证的控制电路原理图。

② 如果实验未能达到预定的要求,分析原因,指出电路或设备中的问题。

五、实验设备

① 电工电路实验装置。

② 数字万用表。

③ 单相调压变压器。

④ 三相异步电动机。

2.12　三相异步电动机的变频调速

预习要求

① 复习三相异步电动机的有关章节。

② 学习三相异步电动机变频调速的原理,掌握电动机转速与电源频率之间的关系。

一、实验目的

① 了解三相异步电动机变频调速试验台的构成及调速原理。

② 学习三相异步电动机变频调速方法。

③ 掌握变频器控制三相异步电动机正、反转的方法。

二、实验原理

三相异步电动机的变频调速是一种理想的调速方法,它使用频率可变及电压可变的三相交流电源对三相异步电动机供电,即利用电源频率的变化来改变电动机旋转磁场的转速,以实现平滑的宽范围的无级调速。

在实际工程应用中,三相异步电动机的速度调节非常重要,不仅可以对机电系统进行有效的速度控制,而且也是节约能源的重要途径之一。

三相异步电动机的转速与其输入电压的频率成正比

$$n = \frac{60f}{p}(1-s) \tag{2-12-1}$$

式中,n 为三相异步电动机的转速;f 为三相异步电动机输入电压的频率;s 为三相异步电动机的转差率;p 为三相异步电动机的极对数。

本次实验中 VFO 变频器将输入的单相 220 V 电源转换成频率可调的三相电源供给电动机,以此达到调节电动机转速的目的。

三、实验内容

图 2-12-1 所示为 ETL-1G 电动机变频调速实验台的操作面板,本实验的内容均在此实验台上完成。

1. 电动机的速度调节

利用变频器可以通过三种方式调节三相异步电动机的速度。

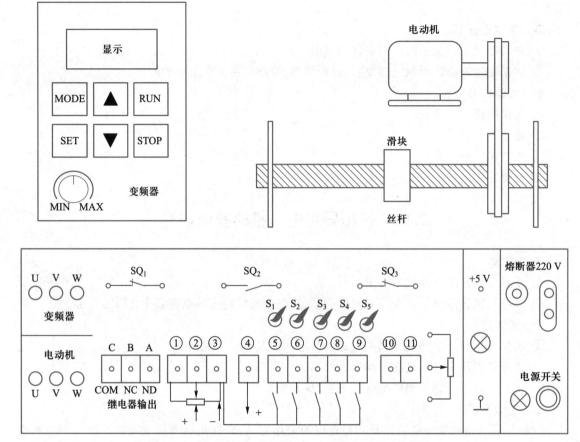

图 2-12-1　ETL-1G 电动机变频调速实验台的操作面板

（1）设定变频器面板模拟调速

步骤如下。

① 实验前面板上的开关 S_1、S_2……均应置于断开状态，连接变频器与电动机的 U、V、W 端（一一对应），并接通 220 V 电源。

② 设置变频器的参数，P08＝0,P09＝0。方法为:按 MODE 键三次,显示器显示 P01,按 ▲ 键直至 P08,再利用 SET 键对 P08 的参数进行设置和修改,P09 的参数设置方法同 P08,SET 键可用于参数及其数值之间的转换。

③ 将变频器面板上的模拟频率设定电位器调至 MIN 位置,且按 MODE 键使显示回到 0.0。

④ 按 RUN 键,缓慢调节设定电位器,观察电动机、丝杆及滑块的运动情况。

⑤ 调节设定电位器,记录显示频率并测量变频器的输出电压,将测量数据记入表 2-12-1 中,并作 U-f 曲线图。

表 2-12-1　模拟调速测量数据记录表

f/Hz	0	2.5	5	7.5	10	15	20	25	30	40	50	60	80	100
U/V														

⑥ 测量过程中,滑块滑至任一端后均会停止,但可以继续测量 f、U 的值。测量结束后应先将变频器面板上的电位器旋至 MIN 位置,再按 STOP 键停机。

（2）变频器面板设定数字调速

步骤如下。

① 设置 P08 = 0,P09 = 1,方法同（1）。

② 按 MODE 键,使显示器显示 Fr,再按 SET 键显示数字频率。此时按▲或▼键可以改变频率数值,并用 SET 键确认频率数值。

③ 按下 RUN 键,电动机转动。

④ 在实验台运行过程中,可以通过 SET、▲、▼键改变变频器的输出频率及电动机的运行速度,并测量变频器的输出电压按表 2-12-2 记录测量数据。

⑤ 停机,并比较分析两种调速方法的结果。

表 2-12-2　数字调速测量数据记录表

f/Hz	0	2.5	5	7.5	10	15	20	25	30	40	50	60	80	100
U/V														

（3）外部设定电位器调频调速

步骤如下。

① 断开 220 V 电源,如图 2-12-2 所示将变频调速实验台的端子①、②、③与电位器相连。

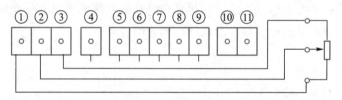

图 2-12-2　外部设定电位器调频调速电路连接图

② 设置参数 P08 = 0,P09 = 2,逆时针调节电位器至最小值。

③ 按 MODE 键,使显示回到 0.0,然后运行并加速,观察电动机、丝杆及滑块的运行情况。

④ 按 STOP 键使实验台停止工作,并将外接电位器调节至最小值（即逆时针方向旋转至最小值）。

2. 电动机变频调速实验台的正、反转

（1）变频器操作面板实现正、反转（以频率 f = 10 Hz 为例）

步骤如下。

① 设置参数 P08 = 0,P09 = 0。

② 调节变频器上的电位器使其频率为 10 Hz,并按 RUN 键启动电动机。

③ 电动机在运行过程中,可以通过变频器的操作面板随意实现正/反转,方法为:

	显示	或者		显示
按 MODE 键 2 次	dr	按 MODE 键 2 次		dr
按 SET 键 1 次	L-F	按 SET 键 1 次		L-r
按▲	L-r	按▼		L-F
按 SET 键确认		按 SET 键确认		

当最后按下确认键时,电动机减速,系统向相反方向运动。

④ 按 STOP 键,停机。

(2) 外部开关控制正、反转(以频率 $f = 10$ Hz 为例)

步骤如下。

① 检查面板上的开关,确定均处于断开状态即向下方向,设置 P08 = 3,P09 = 2,并使外部电位器处于最小位置。

② 调节外部电位器使变频器的频率显示 10 Hz(此时电动机不动)。

③ 闭合 S_1 电动机起动并运行,断开 S_1,电动机减速至停止;闭合 S_2 电动机反转,断开 S_2,电动机停止。

④ 运行过程中,调节电位器可以调节运行速度。

利用该实验台还可以实现变频器自动多速设定运行、不同要求下的继电器信号输出等功能,读者若有兴趣,可以参照变频器使用手册完成。

四、注意事项

① 此变频器是单相输入、三相输出的,绝对不能将 380 V 电源接至变频器的输出端,即 U、V、W 端,否则变频器将会被损坏。

② 实验前,面板上的小开关置于断开状态(即向下方向)。

③ 利用变频器 P66 可以使变频器的所有参数均恢复至出厂时的数值(P66 = 1)。

五、实验报告要求

① 整理实验数据并在坐标纸上绘出三相异步电动机变频调速的 U-f 曲线。

② 分析使用变频器对三相异步电动机进行调速的优点。

六、实验设备

① 电工电路实验装置。

② 电动机变频调速实验台。

第三章　模拟电子技术实验

3.1　单管放大电路

预习要求

① 复习放大电路的有关内容。掌握放大电路的基本组成形式,了解电路参数的变化对放大电路性能的影响。

② 阅读实验教材,了解放大电路主要性能指标的测试方法。

③ 思考如何判断放大电路的截止和饱和失真,当出现这些失真时应如何调整静态工作点。

④ 了解电工电路实验装置的使用,合理安排电路元件和连接线,并能拟好测试方案。

⑤ 阅读本实验所要使用的数字示波器、函数信号发生器、数字交流毫伏表、数字万用表的使用说明书。

一、实验目的

① 学习调整晶体管放大器静态工作点的方法,分析静态工作点改变对放大器性能的影响。

② 掌握放大电路的电压放大倍数、输入电阻和输出电阻、频率特性及通频带的测量方法。

③ 加深理解负反馈放大电路的工作原理及负反馈对放大电路性能的影响。

④ 学习综合使用直流稳压电源、数字示波器、函数信号发生器、数字交流毫伏表和数字万用表。

二、实验原理

晶体管是非线性电流控制型器件,即通过基极电流或发射极电流来控制集电极电流。所谓放大作用,实质上就是一种控制作用。本实验介绍的是由分立元件组成的基本共发射极放大电路,电路如图 3-1-1 所示。要使晶体管处于放大状态,外加电源的极性必须使晶体管的发射结处于正向偏置状态,而集电结处于反向偏置状态。

图 3-1-1 中,各元器件的作用是:T 是 NPN 型晶体管,担负着放大作用;U_{CC} 是集电极回路的电源,为输出信号提供能量;R_C 是集电极电阻,通过 R_C 可以把电流的变化转换成电压的变化

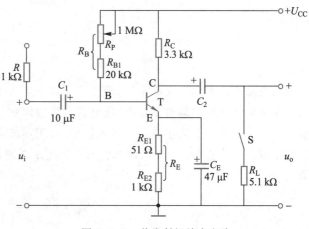

图 3-1-1　共发射极放大电路

并反映在输出端;基极电位 V_B(由 U_{CC} 提供)和基极电阻 R_B,为发射结提供正向偏置电压,同时也决定了基极电流 I_B。C_1、C_2 隔离直流,通过交流,通常称为隔直电容。

1. 静态工作点的调整和测量

放大电路的静态工作点是指放大电路未加输入信号时,晶体管各极的电压(电流)值。对一个放大电路来说,不仅要求把输入信号放大,还要求输出波形不失真,但由于晶体管是非线性元件,如果静态工作点选择不当,或输入信号过大都会引起输出波形失真,因而要调整静态工作点。

为了获得最大不失真输出电压(如图 3-1-2 中的波形 a),必须将静态工作点选在交流负载线的中点(如图 3-1-2 中的 Q 点)。若工作点选得太高(如图 3-1-2 中的 Q_1 点),则会使输出信号产生饱和失真(如图 3-1-2 中的波形 b)。若工作点选得太低(如图 3-1-2 中的 Q_2 点),则会使输出信号产生截止失真(如图 3-1-2 中的波形 c)。

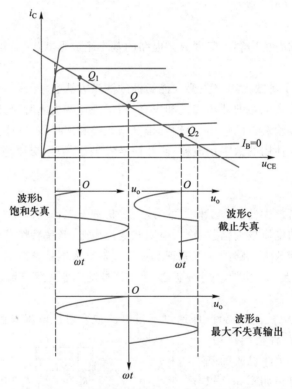

图 3-1-2　静态工作点对输出波形的影响

放大电路直流电源电压确定后,静态工作点主要由基极电流 I_{BQ}(或电压 U_{BEQ})决定,通常通过改变基极电阻来调整静态工作点,集电极电阻也影响静态工作点。调整静态工作点时,一般应在放大电路输入端加上大小合适的输入信号,并用示波器观察放大电路的输出波形。

测量静态工作点时,应去除输入信号,然后分别测量晶体管的各极电位 V_{CQ}、V_{BQ}、V_{EQ} 及电流 I_{CQ}。

$$I_{BQ} = \frac{U_{CC} - U_{BEQ}}{R_B}$$

$$I_{CQ} \approx \beta I_B$$
$$U_{CEQ} = U_{CC} - I_{CQ}R_C$$

其中 U_{BEQ} 一般是已知的,硅管约为 0.7 V,锗管约为 0.3 V。也可以在集电极回路中串联直流毫安表,用测量集电极电流的方法来调整静态工作点。

2. 放大电路主要性能指标及测试方法

（1）电压放大倍数（A_u）的测量

电压放大倍数 A_u 是指输出电压 u_o 和输入电压 u_i 的比值,即 $A_u = \dfrac{u_o}{u_i}$。通常采用交流毫伏表测量电压放大倍数,该表具有较高的输入阻抗和较宽的频率范围,测量时不影响电路的工作状态,具有较高的测量精度。测量电压放大倍数必须在输出电压波形无明显失真的情况（即为放大状态）下进行,因此必须用示波器观察放大电路的输出波形。电压放大倍数为

$$A_u = \frac{u_o}{u_i} = -\beta \frac{R_L'}{r_{be}} \tag{3-1-1}$$

式中

$$R_L' = R_C \mathbin{/\mkern-5mu/} R_L$$

$$r_{be} = 300\ \Omega + (1+\beta)\frac{26\ \text{mV}}{I_E} \tag{3-1-2}$$

（2）输入电阻（r_i）和输出电阻（r_o）的测量

① 输入电阻的测量

放大电路的输入电阻 r_i 是从放大电路的输入端看进去的等效电阻,其值反映了放大电路消耗前级信号功率的大小,是放大电路的重要指标之一。输入电阻等于输入端交流电压 u_i 和电流 i_i 的比值。为了测量放大电路的输入电阻,可将信号源（电压 u_s）和已知的附加电阻 R（1 kΩ）串联后,再接入放大电路输入端,来构成放大电路输入电阻测量电路,如图 3-1-3（a）所示。输入信号的大小应使放大电路正常工作（输出不失真）。此时测量 u_s 和 u_i 的值,根据下列公式即可求出输入电阻

$$r_i = \frac{u_i}{i_i} \tag{3-1-3}$$

$$i_i = \frac{u_s - u_i}{R} \tag{3-1-4}$$

$$r_i = R\frac{u_i}{u_s - u_i} \tag{3-1-5}$$

测量放大电路输入电阻,实际上是通过测量串联在输入回路中已知电阻 R 两端的电压,再依据式（3-1-5）对其进行计算求解出输入电阻 r_i。

② 输出电阻的测量

放大电路的输出电阻 r_o 是从放大电路的输出端看进去的等效电阻,放大电路输出电阻的大小反映了放大电路带负载的能力。当放大电路与负载连接时,对负载来说,放大电路就相当于一个信号源,而这个等效信号源的内阻 r_o 就是放大电路的输出电阻。通常输出电阻 r_o 越小,放大

电路输出等效电路就越接近于理想电压源。一般可以在放大电路正常工作(即输出不失真)时分别测量输出端开路时的电压 u_o 和已知负载电阻 R_L 时的输出电压 u_L,然后根据式(3-1-6)求出输出电阻

$$r_o = R_L \frac{u_o - u_L}{u_L} \tag{3-1-6}$$

输出电阻测量电路如图 3-1-3(b)所示。

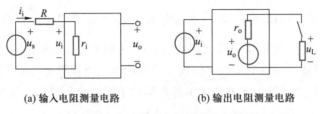

(a) 输入电阻测量电路　　　　　　　(b) 输出电阻测量电路

图 3-1-3　放大电路输入电阻和输出电阻测量电路

通常输入电阻为 $r_i = R_B /\!/ r_{be}$,输出电阻为 $r_o \approx R_C$。

3. 反馈对放大电路性能的影响

反馈是电子技术中的一个重要概念。所谓反馈,就是将放大电路输出信号(电压或电流)的一部分或全部,通过一定的方式送回到放大电路的输入端。反馈过程可以用图 3-1-4 所示的方框图表示,其中方框 A 表示基本放大电路,方框 F 表示输出信号回送到输入端的电路,称为反馈网络。通过反馈网络,可以将输出信号与输入信号联系起来。图中箭头表示信号传输方向,符号"⊕"表示信号叠加,称为比较环节或比较器。引入反馈后,基本放大电路和反馈网络构成一个闭合环路,所以引入反馈的放大电路称为闭环放大电路,而未引入反馈的放大电路称为开环放大电路。

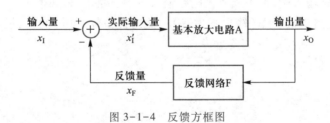

图 3-1-4　反馈方框图

反馈分为正反馈和负反馈。放大电路中采用负反馈,正反馈一般用于振荡电路中。实际的放大电路中几乎都存在负反馈,在放大电路引入负反馈后,可以改善放大电路的性能。

按照输出端取样方式和输入端比较方式的不同,负反馈放大电路可以分为四种基本组态:电压串联负反馈、电压并联负反馈、电流串联负反馈和电流并联负反馈。更多有关负反馈的内容,可以参阅有关理论教材中的介绍。

负反馈对放大电路性能指标参数的影响有如下几点:

① 提高放大电路的稳定性。

② 减小非线性失真和抑制干扰。

③ 扩展频带。

④ 改变输入和输出电阻。

实际上放大电路引入负反馈后,各项性能指标的改善是靠牺牲放大电路的放大倍数换取来的,通过实验即可验证。

4. 幅频特性

放大电路的幅频特性是指输入正弦信号时,放大电路的电压放大倍数随输入信号频率变化的特性,显示该特性的曲线称为幅频特性曲线。在如图 3-1-1 所示的单管放大电路中,由于有耦合电容 C_1 与 C_2、晶体管的结电容以及各元件、导线和地之间的感应而形成的分布电容等电容的存在,导致增益随输入信号频率的变化而变化,即当输入信号频率太高或太低时,输出信号幅度都会下降;而在中间频带范围内,输出信号幅度基本不变,如图 3-1-5 所示。通常电压放大倍数下降到中频电压放大倍数的 $1/\sqrt{2}$,即 0.707 倍(或增益下降 3 dB)时,所对应的上限频率 f_H 和下限频率 f_L 之差为放大电路的通频带 BW,即

$$BW = f_H - f_L$$

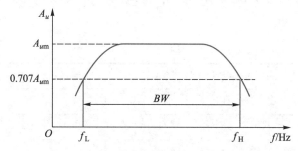

图 3-1-5 放大电路的幅频特性曲线

幅频特性的测试方法有扫频法(使用频率特性测试仪)和逐点变频法两种,本实验采用逐点变频法进行测试,即保持输入信号 u_i 幅度不变,逐点改变输入信号的频率,测量放大电路相应的输出电压 u_o,由 $|A_u| = u_o/u_i$ 计算对应于不同频率下放大电路的电压放大倍数,从而得到放大电路的幅频特性,同时测出放大电路的上限频率 f_H 和下限频率 f_L,即可得到放大电路的通频带 BW。

三、实验内容

1. 调整与测量静态工作点,研究静态工作点改变时对输出波形的影响

实验电路如图 3-1-1 所示。

电路条件:取 $U_{CC} = +12$ V,输入信号为 $U_i = 10$ mV,频率 $f = 1$ kHz;空载(即 $R_L = \infty$);$R_C = 3.3$ kΩ,用导线将集电极与 R_C 接通,基极与 R_{B1} 接通,发射极与公共地端接通。用示波器先观察输入波形是否正常,然后观察输出波形。调节 R_P 使晶体管工作在放大区,且输出波形不失真,记下此时的波形,并测量静态工作点的电压值(测量时应去除 u_i,用数字万用表直流电压挡测量),数据记入表 3-1-1 中 b 行。

① 调节 R_P(R_P 逆时针旋转),使 I_{BQ} 增大,直到输出波形出现明显饱和失真,记下输出波形,并测量静态工作点的电压,数据记入表 3-1-1 中 a 行。

② 调节 R_P(R_P 顺时针旋转),使 I_{BQ} 减小,使晶体管的静态工作点接近截止。为了能明显观察截止时的输出波形,可将 U_i 由原来的 10 mV 增加到 30 mV(或 50 mV)记下输出波形和静态工作

视频 3-1-1 单管交流放大电路的接线过程和调节方法

点的电压。数据记入表 3-1-1 中 c 行。

表 3-1-1　测量静态工作点记录表

	测量值			u_o 输出波形图	判断工作状态
	U_{EQ}/V	U_{BQ}/V	U_{CQ}/V		
a					
b					
c					

2. 测量电压放大倍数,研究集电极电阻及负载电阻改变时对电压放大倍数的影响

电路条件:取 $U_{CC} = +12$ V,静态工作点取 $U_{CEQ} \approx 6$ V(放大器工作在正常放大状态),输入信号为 $U_i = 10$ mV,频率为 $f = 1$ kHz,分别改变 R_C 和 R_L(见表 3-1-2)的值,测量输出电压 U_o,并记入表 3-1-2 中。

表 3-1-2　测量电压放大倍数记录表

	电路条件			测量值	计算 $A_u = \dfrac{U_o}{U_i}$
	$R_C/k\Omega$	$R_L/k\Omega$	U_i/mV	U_o/V	
a	3.3	∞	10		
b	3.3	5.1	10		
c	1	∞	10		
d	1	5.1	10		

3. 测量放大电路的输入电阻 r_i 和输出电阻 r_o

(1) 测量 r_i

将输入信号 u_s 从图 3-1-1 中附加电阻 R 端加入,调节函数信号发生器的输出电压,使经过附加电阻 R 分压后加到放大电路的输入电压 U_i 仍保持 10 mV,此时放大电路仍然为正常工作状态(输出不失真)。测量 U_s 和 U_i,根据式(3-1-5)计算 r_i。

(2) 测量 r_o

可以直接利用表 3-1-2 中的测量结果,依据式(3-1-6)分别计算出 $R_C = 1$ kΩ 和 $R_C = 3.3$ kΩ 时的 r_o。

4. 研究负反馈对放大电路性能的影响

实验电路如图 3-1-6 所示。从图中可以看出,该电路是电流串联负反馈电路。实验时,取发射极电阻为 51 Ω(将 47 μF 电容接在 1 kΩ 电阻两端)。当输入信号增大时,观察有负反馈和无负反馈时输出波形的非线性失真现象。

电路条件:取 $U_{CC} = +12$ V,静态工作点 $U_{CEQ} \approx 6$ V,输入信号频率为 $f = 1$ kHz。将测量结果记入表 3-1-3 中。

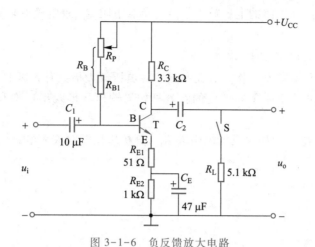

图 3-1-6　负反馈放大电路

表 3-1-3　研究负反馈对放大电路性能的影响

	输入信号 U_i/mV	负反馈	输出电压 U_o/V	输出电压波形
a	10	无		
b	10	有		
c	30	无		
d	30	有		

*5. 测量放大电路的幅频特性

（1）绘制放大电路的幅频特性曲线

保持放大电路输入信号 U_i = 10 mV，改变输入信号频率 f，逐点测出相应的输出电压 U_o，将数据记入自拟数据表格，绘制幅频特性曲线。

在测量中应注意掌握选取测量点的技巧，由图 3-1-5 所示的幅频特性曲线可知，在低频段和高频段，电压放大倍数变化较大，应多测几个点；在中频段，电压放大倍数变化不大，可以少测几个点。

（2）测量放大电路的通频带 BW

改变输入信号频率，测出放大电路的上限频率 f_H 和下限频率 f_L，求得放大电路的通频带 BW。

四、注意事项

① 测量时应将各仪器的接地端与实验装置的地线相连。

② 测量电压放大倍数、输入电阻、输出电阻时一定要在波形不失真的情况下进行。

③ 注意测量过程中电量与仪表量程的选择，以免引起测量错误。如静态工作点各参数是直流量，应选用万用表直流电压挡来测量；输入、输出电压为交流量，应选用数字交流毫伏表来测量。

五、实验报告要求

① 画出实验电路图，整理实验数据。

② 分析引起输出电压波形失真的原因，找出解决办法。

③ 阐述单管电压放大电路的电压放大倍数与负载电阻 R_L、集电极电阻 R_C 的关系。

六、思考题

① 电路中 C_1、C_2 的作用是什么？

② 负载电阻的变化对静态工作点有无影响？对电压放大倍数有无影响？

③ 饱和失真与截止失真是怎样产生的？分析如果输出波形既出现饱和失真又出现截止失真的可能原因。

④ 图 3-1-6 所示电路中如果反馈电阻取 R_{E2}，分析负反馈对放大电路输出性能的影响。

七、实验设备

① 电工电路实验装置。

② 函数信号发生器。

③ 数字示波器。

④ 数字交流毫伏表。

⑤ 数字万用表。

3.2　功率放大电路

预习要求

① 复习有关功率放大电路(OTL)和集成功率放大器的内容。完成实验电路的理论计算，了解电路中每个元器件的作用。

② 思考交越失真产生的原因及怎样克服交越失真。

③ 分析图 3-2-1 所示电路中 R_{P2} 开路或短路时对电路工作的影响。

④ 查阅有关资料，分析 LM386 集成功率放大器的工作原理，了解电路外接元器件的作用，了解集成功率放大器的性能和应用电路。

一、实验目的

① 熟悉 OTL 功率放大电路的原理，了解 OTL 功率放大电路的性能指标。

② 学习使用集成功率放大组件。

③ 学习测试功率放大电路的最大输出功率、效率、输入灵敏度。

二、实验原理

功率放大电路的作用是将信号的功率进行放大。当负载一定时，要求功率放大电路输出功率尽可能大，输出非线性失真尽可能小。常见的功率放大电路有无输出变压器的互补对称功率放大电路(OTL)、无输出电容的互补对称功率放大电路(OCL)、集成功率放大器等。它们的共同特点是电路结构对称，由特性相同的两晶体管轮流导通(互补工作)放大交流信号。OCL 电路由正、负电源供电，OTL 电路由一大容量电容代替对称的负电源供电。集成功率放大器因体积小、重量轻，又便于采用深度负反馈来改善非线性失真，因而得到了广泛的应用。

1. OTL 互补对称功率放大电路

OTL 互补对称功率放大电路是一种目前应用较为广泛的功率放大电路，其特点是单电源供电，输出不需要变压器，只需要一个大电容即可。OTL 互补对称功率放大电路如图 3-2-1 所示。设输入信号 $u_i = U_{imax} \sin \omega t$，当 $0 \leqslant \omega t \leqslant \pi$ 时，输入信号 u_i 的正半周经 T_1 管反相放大后加到 T_2 和

T_3 管的基极,使 T_2 管截止,T_3 管导通,从而在负载电阻上形成输出电压 u_o 的负半周;当 $\pi \leqslant \omega t \leqslant 2\pi$ 时,输入电压的负半周经 T_1 反相放大后加到 T_2 和 T_3 管的基极,使 T_3 管截止,T_2 管导通,从而在负载电阻上形成输出电压 u_o 的正半周。当输入电压周而复始地变化时,输出功率放大管 T_2 与 T_3 交替工作,在负载电阻上合成得到一个完整的正弦波。

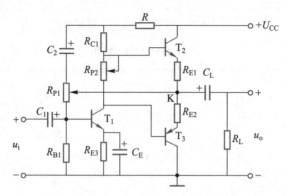

图 3-2-1　OTL 互补对称功率放大电路

C_2 和 R 构成自举电路,用于提高输出电压正半周的幅度,以得到较大的动态范围。

2. 集成功率放大器

集成功率放大器由集成功率放大模块和外围阻容元件组成。它具有电路简单、性能优越、工作可靠、调试方便等优点。集成功率放大器种类很多,本实验采用 LM386 通用型集成芯片。LM386 是美国国家半导体公司生产的音频功率放大器,具有功耗低、工作电压范围宽、所需外围元器件少等特点,广泛应用于电子设备的音频放大电路中。

LM386 采用双列 8 脚塑封结构,工作电压范围为 4~12 V,静态电流为 4 mA,最大输出功率为 660 mW,最大电压增益为 46 dB,输入阻抗为 50 kΩ,输入偏置电流为 250 nA。引脚排列和内部电路如图 3-2-2 所示。

由图 3-2-2 可见,LM386 使用了 10 只晶体管分别构成了输入级、电压增益级和电流驱动级。其中 $T_1 \sim T_6$ 组成 PNP 型复合差分放大电路,T_5、T_6 为镜像恒流源,作为 T_3、T_4 的有源负载,使输入有稳定的增益。电压增益级由接成共发射极状态的 T_7 承担,其负载也是恒流源,整个集成功率放大器的开环增益主要由该级决定。T_8、T_9 复合为一个 PNP 管,和 T_{10} 共同组成互补对称发射极输出电路,以供给负载足够的电流。D_1、D_2 提供了 T_8、T_9、T_{10} 所需的偏置,使末级偏置在甲乙类状态。R_5、R_6、R_7 构成内部反馈环路。

电压增益内置为 20。但在 1 脚和 8 脚之间增加 1 只外接电阻和电容,便可以将电压增益调为任意值,直至 200。

三、实验内容

1. OTL 互补对称功率放大电路的测量

(1) 静态工作点的测试

按照如图 3-2-3 所示电路连接实验电路,电源进线中串入直流毫安表,电位器 R_{P2} 置最小值,R_{P1} 置中间位置。接通 +5 V 电源,观察毫安表的指示,同时用手触摸输出级晶体管,若电流过大或晶体管温升明显,应立即断开电源检查原因,如无异常现象,可以开始测试。

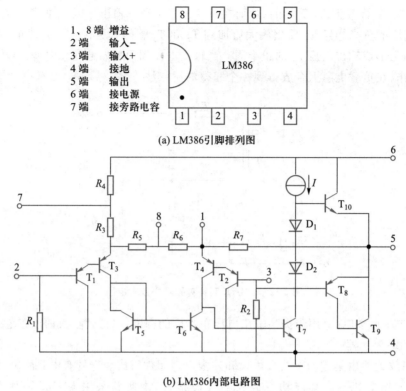

1、8 端 增益
2 端　　输入−
3 端　　输入+
4 端　　接地
5 端　　输出
6 端　　接电源
7 端　　接旁路电容

(a) LM386引脚排列图

(b) LM386内部电路图

图 3-2-2　LM386 引脚排列和内部电路图

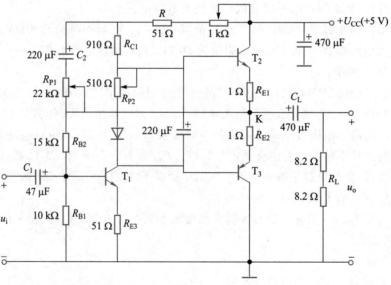

图 3-2-3　OTL 互补对称功率放大电路(实验电路)

① 调节输出中点电位 V_K

用直流电压表测量 K 点的电位,使 $V_K = \dfrac{1}{2} U_{CC}$。

② 调整输出级静态电流并测试各级静态工作点

调节 R_{P2},使 T_2、T_3 管的 $I_{C2} = I_{C3} = 5 \sim 10$ mA。从减小交越失真的角度而言,应适当加大输出级的静态电流;但该电流过大,会使电路的效率降低,一般以 $5 \sim 10$ mA 为宜。由于毫安表串接在电源进线中,因此测得的电流是整个放大电路的电流。但一般 T_1 管的集电极电流 I_{C1} 较小,因而可以把测得的总电流近似当作末级的静态电流。如果要准确得到末级静态电流,则可以从总电流中减去 I_{C1}。

调整输出级静态电流的另一个方法是动态调试法。先使 $R_{P2} = 0$,在输入端输入 $f = 1$ kHz 的正弦信号 u_i,逐渐加大输入信号的幅度,用示波器观察输出波形的变化,至输出波形出现较严重的交越失真(注:没有饱和失真与截止失真);缓慢增大 R_{P2},至输出波形幅度最大且不失真,然后取 $u_i = 0$,此时直流毫安表的读数即为输出级静态电流。一般其数值也应在 $5 \sim 10$ mA;如果此电流过大,则要检查电路。输出级电流调整好后,测量各级静态工作点,并将测量结果记入表 3-2-1 中。

各级静态工作点测试实验数据

$$I_{C2} = I_{C3} = \underline{\hspace{2cm}} \text{ mA}, \quad V_K = 2.5 \text{ V}$$

表 3-2-1   测量各级静态工作点记录表

	T_1	T_2	T_3
V_B/V			
V_E/V			
V_C/V			

(2)最大输出功率 P_{OM} 和效率 η 的测量

① 测量 P_{OM}

输入端输入 $f = 1$ kHz 的正弦信号 u_i,输出端用示波器观察输出电压 u_o 的波形。逐渐增大 u_i,使输出电压的幅度达到最大且波形不失真,用交流毫伏表测出负载 R_L 上的电压 U_{om},则

$$P_{OM} = \frac{U_{om}^2}{R_L} \tag{3-2-1}$$

② 测量 η

当输出电压幅度为最大且波形不失真时,读出直流毫安表中的电流,此电流即为直流电源供给的平均电流 I_{CC}(有一定的误差),由此可以近似求得 $P_E = U_{CC}I_{CC}$,再根据上面测得的 P_{OM},即可求出 η。将测量数据记入表 3-2-2 中。

(3)测量输入灵敏度

根据输入灵敏度的定义,测出输出功率 $P_O = P_{OM}$ 时的输入电压 U_i 即可。将测量数据记入表 3-2-2 中。

表 3-2-2   测量最大输出功率、效率和输入灵敏度记录表

U_i/V	V_K/V	U_{om}/V	A_u	P_{OM}/W	P_E/W	I_{CC}/mA	$\eta = \dfrac{P_{OM}}{P_E}$
测量值							
理论值							

2. LM386 集成功率放大器的应用

① 按照图 3-2-4 所示电路连接实验电路,检查无误后接通电源。在输入端输入正弦信号 $f=1$ kHz,用示波器观察输出波形。逐渐增大输入信号 u_i,使输出电压幅度达到最大且波形不失真。测量集成功率放大器的电压放大倍数、最大输出功率 P_{OM}、电源提供的平均功率 P_E,根据测量值计算效率 η。将测量数据记入表 3-2-3 中。

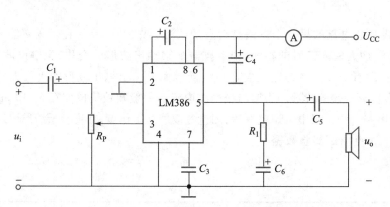

图 3-2-4 LM386 集成功率放大器的应用电路

表 3-2-3 LM386 集成功率放大器测量数据记录表

测量值						计算值
U_i/V	U_{OM}/V	U_{CC}/V	A_u	P_{OM}/W	P_E/W	η

*② 设计一个电路,使 LM386 的放大倍数在 20~200 之间可调。

四、注意事项

① 在调整 R_{P2} 时,一定要注意电位器的旋转方向,不要调得过大,更不能开路,以免损坏输出管。

② 输出管静态电流调整好后,如无特殊情况,不得随意调整 R_{P2} 的位置。

③ 电路工作时严禁负载短路,否则将烧毁集成电路芯片。

④ 输入信号不宜过大。

五、实验报告要求

① 画出实验电路图。

② 整理并分析实验数据。

③ 为了不损坏输出管,调试中应注意哪些问题?

六、思考题

① 为了提高电路的效率 η,可以采取哪些措施?

② 图 3-2-2(b)所示电路中电阻 R_6 短接会对电路产生什么影响?

七、实验设备

① 电工电路实验装置。

② 函数信号发生器。

③ 数字示波器。

④ 数字交流毫伏表。

⑤ 数字万用表。

3.3　集成运算放大器的应用研究之一——运算电路

预习要求

① 复习集成运算放大器工作在线性区的分析依据及特点。熟悉由运算放大器构成的各种运算电路的理论计算方法,计算实验电路的理论值。

② 阅读本实验内容,熟悉测试的方法和要求。

一、实验目的

① 学习集成运算放大器基本线性运算电路的接线与测试。

② 了解用集成运算放大器构成的基本运算电路。

二、实验原理

集成运算放大器是一种直接耦合的高增益放大电路,其用途极为广泛。本实验采用 μA741 集成运算放大器,其引脚排列如图 3-3-1 所示。

高增益的集成运算放大器在深度负反馈的情况下工作于线性区。此时有两条重要结论:

① 集成运算放大器的输入电流近似为 0。

② 集成运算放大器的同相输入端和反相输入端的电位近似相等。

1、5端	调零端
2端	反相输入端
3端	同相输入端
4端	负电源端
6端	输出端
7端	正电源端
8端	空脚

图 3-3-1　μA741 集成运算放大器
引脚排列图

当集成运算放大器处于开环或正反馈时,其工作区域为饱和区,输出电压是正饱和或负饱和值。由此可以很方便地分析出集成运算放大器用于比例运算电路、积分运算电路、微分运算电路和电压比较器等基本电路中的电量关系。

三、实验内容

1. 反相比例放大电路

用集成运算放大器接成反相比例放大电路,其电路如图 3-3-2 所示。图中元件参数如下:$R_1 = 1\ \text{k}\Omega$, $R_f = 10\ \text{k}\Omega$, $R_2 = R_1 /\!/ R_f = \dfrac{1 \times 10}{1 + 10}\ \text{k}\Omega$,输入信号由电工电路实验装置中的直流供电系统-5~5 V 调节到表 3-3-1 中的值供给。用数字万用表直流电压挡测量电压,数据记录格式见表 3-3-1。

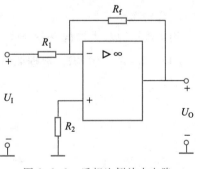

图 3-3-2　反相比例放大电路

表 3-3-1 反相比例放大电路测量数据记录表

U_i/V	-1.2	-1.0	-0.8	-0.6	-0.4	-0.2	0	0.2	0.4	0.6	0.8	1.0	1.2
U_o/V													

2. 反相加法运算电路

用集成运算放大器接成两输入反相加法运算电路,输入直流信号源 U_{I1}、U_{I2} 分别由电工电路实验装置上的两组-5~5 V 直流电源提供。电路如图 3-3-3 所示,图中元件参数为 $R_1 = R_2 = R_3 = R_f = 1$ kΩ。数据记录格式见表 3-3-2。

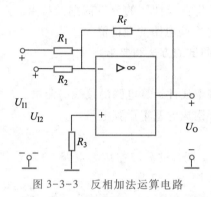

图 3-3-3 反相加法运算电路

表 3-3-2 反相加法运算电路测量数据记录表

测 量			理论计算
U_{I1}/V	U_{I2}/V	U_o/V	$U_o = -(U_{I1}+U_{I2})$/V
0.5	0		
0.5	0.5		
0.5	0.2		
0.5	-0.2		

3. 差分放大电路

用集成运算放大器构成差分放大电路,原理电路如图 3-3-4 所示。图中元件参数如下:$R_1 = R_2 = 1$ kΩ,$R_f = R_3 = 10$ kΩ。数据测量和记录格式见表 3-3-2(自拟记录表格)。

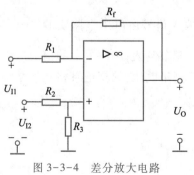

图 3-3-4 差分放大电路

4. 积分运算电路

用电容 C 与集成运算放大器组成积分运算电路,电路如图 3-3-5(a)所示,它的输出电压与输入电压间的关系近似为

视频 3-3-1 积分运算电路的接线过程和测量方法

$$u_O = -\frac{1}{R_1 C}\int U_1 \mathrm{d}t$$

图中 R_1、C 分别取 10 kΩ、10 μF 及 7.5 kΩ、10 μF 两种情况,R_2 取 10 kΩ,SB 为电容器 C 的放电开关。输入信号 U_1 为 1 V 直流电压,将示波器接至电路的输出端,测出输出电压 u_O 的值和其随时间变化的曲线。

本实验采用的方法是观察示波器上光迹随 u_O 的扫描情况。首先将示波器的输入信号耦合方式置 DC 挡,Y 轴标度为 2 V/div,X 轴标度为 200 ms/div。连接好电路,加上输入信号,合上 SB,使电容 C 放电,再断开 SB,电容 C 开始充电,积分电路由零值开始积分。在 $u_O=0$ 时刻将示波器光迹的垂直位置调节在中央水平线上 2 div 处,使光迹沿水平线自左向右扫描。选择合适时机(当光迹移动到离显示屏左边 2 div 处[图 3-3-5(b)中 A 点]时),立即松开 SB(即 $t=0$),u_O 按积分电路规律变化,光迹即随 u_O 向右下方偏移扫描,其形状如图 3-3-5(b)所示。

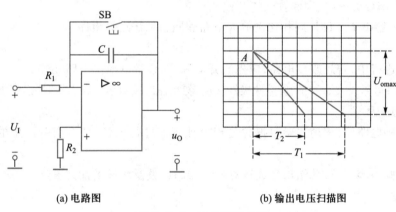

(a) 电路图　　　　　　　(b) 输出电压扫描图

图 3-3-5　积分运算电路

将观察的数据记录于表 3-3-3 中。

表 3-3-3　积分运算电路测量数据记录表

电路条件		测量值	
R_1 = 10 kΩ	C = 10 μF	T_1 =	U_{omax} =
R_1 = 7.5 kΩ	C = 10 μF	T_2 =	U_{omax} =

5. 微分运算电路

微分运算电路如图 3-3-6 所示,其输出为

$$u_O = -R_1 C \frac{\mathrm{d}u_1(t)}{\mathrm{d}t}$$

图 3-3-6 所示的微分运算电路在高频时不稳定,很容易产生自激。在实验中可以采用如图 3-3-7 所示电路消除自激并抑制电路的高频噪声。

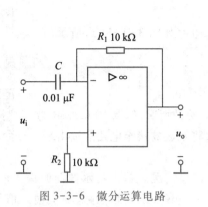

图 3-3-6　微分运算电路

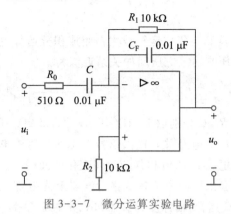

图 3-3-7　微分运算实验电路

按图 3-3-7 连接微分运算实验电路,在电路的输入端输入方波信号,方波信号的幅值为 2 V,根据微分运算电路需满足的条件,即 $T/2 \gg R_1 C$,确定方波信号的周期,用示波器观察电路的输出信号 u_o 的波形。

* 6. 同相比例放大电路、同相加法运算电路

参考实验内容 1、2、3 设计同相比例放大电路和同相加法运算电路。

四、注意事项

① 在实验进行中,若想改接电路,应先断开电源,严禁带电换接电路元件。

② 切记勿将运算放大器的正、负电源极性接反,勿将输出端对地短路,否则将损坏集成电路芯片。

五、实验报告要求

① 画出实验电路图,整理实验数据并与理论计算值进行比较,分析误差产生的原因并提出调整措施。

② 根据实验内容要求,总结出集成运算放大器的调整及测试的注意事项。

六、思考题

① 理想运算放大器具有哪些特点?

② 运算放大器用作模拟运算电路时,"虚短""虚断"能永远满足吗?在什么条件下"虚短""虚断"将不再存在?

③ 在上述运算电路中,为什么要求两输入端所接电阻满足平衡条件?

④ 本实验对输入信号大小的要求是什么?

七、实验设备

① 电工电路实验装置。

② 数字示波器。

③ 数字万用表。

3.4　集成运算放大器的应用研究之二——波形产生与变换

预习要求

① 预习用集成运算放大器构成的波形发生器、比较器、滤波器等电路的理论计算及分析方法。

② 阅读本实验内容,熟悉测试方法和要求。

一、实验目的

① 学习用集成运算放大器构成正弦波、方波和三角波发生器,学习波形发生器的调整和主要指标的测试方法。

② 学习用集成运算放大器构成电压比较器。

③ 学习用集成运算放大器构成有源滤波器,以及电路主要参数的计算和调整方法。

二、实验原理

当集成运算放大器工作在开环或引入正反馈时,其输出电压超出了线性放大范围,输出电压 u_0 与输入电压 u_1 不再存在线性关系,即 $u_0 \neq A_{uo}(u_+ - u_-)$。由于集成运算放大器工作在开环状态,即使输入端加一微小的电压,也足以使输出电压达到饱和状态,即其输出电压和输入电压的关系为当 $u_+ > u_-$ 时,$u_0 = +U_{O(sat)}$;当 $u_+ < u_-$ 时,$u_0 = -U_{O(sat)}$。

其中 $+U_{O(sat)}$ 和 $-U_{O(sat)}$ 为输出电压的饱和值,此时集成运算放大器工作在非线性状态。集成运算放大器的非线性应用主要是在信号处理和波形产生方面。

三、实验内容

1. 正弦波发生器

用集成运算放大器组件组成 RC 串并联选频网络正弦波发生器,其电路如图 3-4-1 所示。由图可见,正弦波发生器由放大器和反馈网络组成。反馈电路包括 R_1 和 R_f 组成的负反馈网络以及由 RC 串并联组成的具有选频特性的正反馈网络两部分。其中,引入正反馈是为了满足振荡的条件,形成振荡。引入负反馈是为了改善正弦波发生器的性能。正、负反馈网络的反馈元件正好组成一个电桥,接在运算放大器的输入和输出各端口之间,故该电路也称为 RC 桥式振荡器。

电路的正反馈系数为

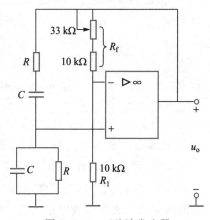

图 3-4-1　正弦波发生器

$$F_+ = \cfrac{1}{3 + \mathrm{j}\left(\cfrac{\omega}{\omega_0} - \cfrac{\omega_0}{\omega}\right)} \qquad (3-4-1)$$

其中,$\omega_0 = 1/RC$。当 $\omega = \omega_0$ 时,$F_+ = 1/3$,$\varphi_F = 0$,即有 $\varphi_F + \varphi_A = 2n\pi$,满足正弦波发生的相位平衡条件。

由运算放大器组成的电压串联负反馈放大电路的放大倍数为

$$A_u = 1 + \frac{R_f}{R_1} \qquad (3-4-2)$$

要使电路起振,A_u 应略大于 3,即有

$$\frac{R_f}{R_1} \geqslant 2 \qquad (3-4-3)$$

电路的振荡频率为

$$f_0 = \frac{1}{2\pi RC} \qquad (3-4-4)$$

图 3-4-1 中 R、C 分别为 10 kΩ 和 0.01 μF，调整反馈电阻 R_f 可以使电路起振，且波形失真最小。根据波形分别测出其周期 T 和输出电压的峰峰值 U_{P-P}。根据测量周期算出频率 f，并且与计算出的理论值进行比较。

如果电路不能起振，则说明负反馈太强，应适当增大 R_f；如果波形失真严重，则应适当减小 R_f。

2. 电压比较器

电压比较器电路用来检测运算放大器两输入端相对电压的高低状态，与一般放大电路不同的是电压比较器电路没有引入负反馈，电路如图 3-4-2（a）所示。运算放大器的两输入端中，一端接固定比较基准电压 U_{REF}，另一端接被比较的输入电压 u_I。由于运算放大器处于开环工作状态，只要 u_I 稍高或稍低于 U_{REF}，输出电压 u_O 即为正向饱和电压 U_{Omax} 或负向饱和电压 U_{Omin}，电压比较器特性如图 3-4-2(b)所示。

最简单的比较器为过零比较器，电路如图 3-4-2(a)所示，图中 R_1、R_2 均为 1 kΩ，直流参考电压 U_{REF} 及输入电压 u_I 分别由电工电路实验装置上的直流电源提供。

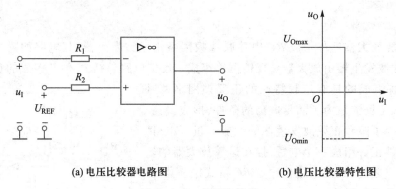

(a) 电压比较器电路图　　　　　(b) 电压比较器特性图

图 3-4-2　电压比较器

① 直流参考电压 U_{REF} 为 0.5 V，无正反馈。

实验时，可以用示波器作输出电压指示器，调节 u_I，上升阶段从 0～1 V 调节，下降阶段从 1～0 V 调节，当 u_I 大小接近参考电压 U_{REF} 值时，动作要慢，以便能准确地测量出输出电压突变时输入电压的值。将测量数据记入表 3-4-1 中。

表 3-4-1　电压比较器测量数据记录表

电路条件	u_I 上升阶段 （从 0~1 V 慢慢调节）			u_I 下降阶段 （从 1~0 V 慢慢调节）		
参考电压	u_I	0 V		1.0 V	u_I	1.0 V		0 V
U_{REF} = 0.5 V	u_O		突变		u_O		突变	

*② 设计一直流参考电压 U_{REF} 为 0.5 V，引入正反馈（R_f = 100 kΩ）的电压比较器。

3. 方波发生电路

用集成运算放大器组成方波发生电路，电路如图 3-4-3 所示，图中元件参数如下：R_f =

$10\text{ k}\Omega+100\text{ k}\Omega$, $C_f=0.01\text{ μF}$, $R_1=R_2=1\text{ k}\Omega$, $R_3=10\text{ k}\Omega$, 稳压二极管选用 2DW 型($U_z=6\text{ V}$)。调节电位器($100\text{ k}\Omega$)为最小值和最大值两种情况,分别用示波器测量方波的周期和幅度,并将测得的周期与理论公式 $T\approx 2R_fC_f\ln\left(1+\dfrac{2R_2}{R_1}\right)$ 的计算结果进行比较。

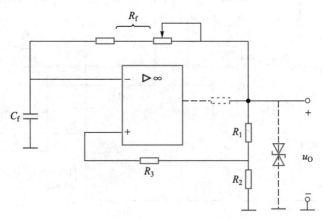

图 3-4-3　方波发生电路

4. 方波-三角波发生电路

电路如图 3-4-4 所示,它由集成运算放大器 A_1 和电阻 R_1、R_2 构成的同相迟滞比较器,集成运算放大器 A_2 和 R_f、R_{P2}、C_f 构成的反相有源积分电路组成。其输出信号周期为

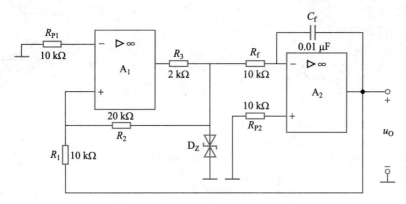

图 3-4-4　方波-三角波发生电路

$$T=4R_fC_f\frac{R_1}{R_2} \tag{3-4-5}$$

本电路的输出为三角波,若改变 R_{P1} 的参考电位,则输出的三角波直流电平将随之变化。此电路前一级的输出为方波,故本电路又称为方波-三角波发生电路。

5. 全波整流电路

将正负交变的电压转换成单极性的电压,称为整流。整流电路最常用的元件是具有单向导电性的元件,如二极管。采用二极管的整流电路将在本章 3.5 中详细介绍,这里主要讨论采用运算放大器将交变信号变换为单极性信号的电路。采用集成运算放大器的全波整流电路如图 3-4-5 所示。

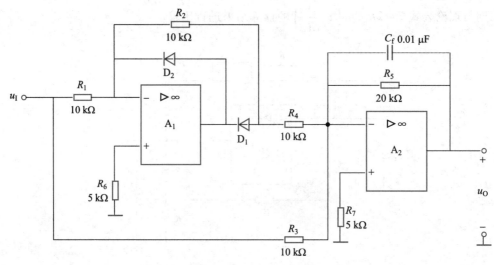

图 3-4-5 全波整流电路

6. 有源低通滤波电路

用集成运算放大器组成的一阶有源低通滤波电路如图 3-4-6 所示,本实验将测试其幅频特性。电路中元件参数如下: $C_f = 0.01 \ \mu F$, $R_f = 10 \ k\Omega$, $R_1 = 1 \ k\Omega$, $R_2 = 1 \ k\Omega$。

理论分析的截止频率为

$$f_0 = \frac{1}{2\pi R_f C_f} \qquad (3-4-6)$$

通带内

$$|A_{uf}| = \frac{\dfrac{R_1}{R_2}}{\sqrt{1+\left(\dfrac{f}{f_0}\right)^2}} \qquad (3-4-7)$$

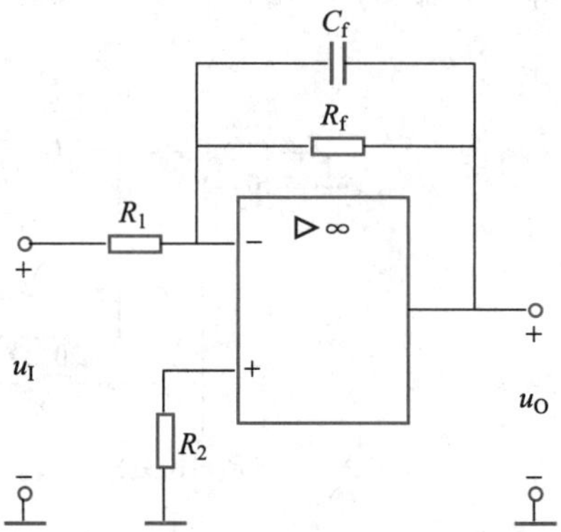

图 3-4-6 一阶有源低通滤波电路

实验时,频率连续可调的正弦输入信号由函数信号发生器供给,需注意频率改变时应保持 $U_i = 0.2 \ V$,实验数据记入表 3-4-2 中。

表 3-4-2 有源低通滤波电路测量数据

f	20 Hz	80 Hz	100 Hz	200 Hz	500 Hz	1 kHz	f_0	2 kHz	5 kHz	10 kHz	20 kHz
U_o/V											
$A_{uf} = \dfrac{U_o}{U_i}$											

根据实验测量结果绘出幅频特性曲线,纵坐标为 A_{uf},横坐标为 f, f 用对数坐标。

经过实验 3.3 和实验 3.4 的学习后读者可以自行设计更多的集成运算放大器的线性和非线性应用电路。

四、注意事项

① 在实验进行中,若改接电路,应先断开电源,严禁带电换接电路元器件。

② 切记勿将正、负电源极性接反,勿将输出端短路,否则将损坏集成电路芯片。

五、实验报告要求

① 整理实验数据,根据实验任务要求绘出电路的输出波形图或幅频特性曲线,并分析实验结果。

② 总结集成运算放大器非线性应用的条件及特点。

六、思考题

① 正弦波发生器电路的输出 U_{p-p} 主要由什么因素决定?

② 图 3-4-3、图 3-4-4 中,电路参数变化对产生的方波和三角波的电压幅值和频率有什么影响?

七、实验设备

① 电工电路实验装置。

② 函数信号发生器。

③ 数字示波器。

④ 数字交流毫伏表。

⑤ 数字万用表。

3.5　整流、滤波、稳压电路

预习要求

① 认真阅读本实验教材的有关内容,了解实验内容、实验方法。

② 查阅有关三端式稳压器件的资料,了解其功能及使用方法。

③ 了解整流、滤波与稳压电路的特点。

一、实验目的

① 研究单相桥式整流电路的输入、输出波形及数量关系,观察分析电容滤波电路的特点。

② 了解三端集成稳压器的使用方法。

③ 学习直流稳压电源主要质量指标的测量方法。

二、实验原理

电子设备中都需要稳定的直流电源供电,一般采用将交流电转换为直流电的直流稳压电源。各种直流稳压电源一般都由变压电路、整流电路、滤波电路、稳压电路等几个主要部分组成,其原理方框图如图 3-5-1 所示。

1. 整流、滤波、稳压电路

整流电路的作用是利用二极管的单向导电性,将交流电转换成单向的电流或电压。整流电路的形式较多,而在小功率的整流电路中使用较多的是桥式整流电路,如图 3-5-2 所示。

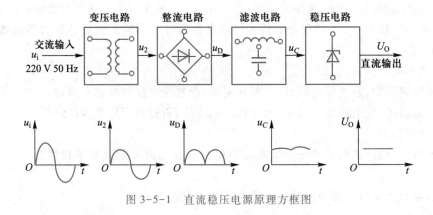

图 3-5-1　直流稳压电源原理方框图

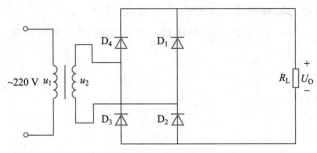

图 3-5-2　单相桥式整流电路

其中变压器把 220 V 交流电转换成所需的交流电压,二极管则起整流的作用。经过整流后,负载上得到的是单向脉动的电压。这种脉动很大的电压既包含直流成分,也包含基波、各次谐波等交流成分。但在大多数场合只有前者才是实际所需要的。因此,一般都要接低通滤波电路将交流成分滤除掉。

滤波电路主要利用电感和电容的储能作用,使输出电压及电流的脉动趋于平滑。由于电容较电感体积小、成本低,因此小功率的直流电源多采用电容滤波电路,如图 3-5-3 所示。

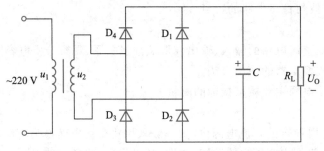

图 3-5-3　单相桥式整流、滤波电路

经过整流、滤波后的直流电压,易受电网电压波动和负载电流变化的影响,因此必须进一步通过稳压电路来获得稳定的直流输出电压。

常用的稳压电路有稳压管稳压电路、分立元器件组成的串联反馈式稳压电路和开关型稳压电路。

2. 稳压电路的技术指标

稳压电路的技术指标分为两种:一种是特性指标,包括允许的输入电压、输出电压、输出电流及输出电压调节范围等;另一种是稳压质量指标,用来衡量输出直流电压的稳定程度,包括稳压系数、输出电阻、温度系数及纹波电压等。以下为常用的稳压电路质量指标的定义。

(1) 稳压系数 S_r

稳压系数又称输入稳定系数,它反映了稳压电路输入电压 U_I 变化时输出电压 U_O 维持不变的能力。S_r 越小,说明稳压性能越好。S_r 定义为当环境温度 $T(℃)$ 与负载 R_L 不变时,输出电压 U_O 的相对变化量与输入电压 U_I 的相对变化量之比,即

$$S_r = \frac{\Delta U_O / U_O}{\Delta U_I / U_I} \bigg|_{\substack{\Delta T=0 \\ \Delta R_L=0}} = \frac{\Delta U_O}{\Delta U_I} \cdot \frac{U_I}{U_O} \bigg|_{\substack{\Delta T=0 \\ \Delta R_L=0}} \tag{3-5-1}$$

(2) 电压调整率 S_U

电压调整率是仅考虑由输入电压的变化引起的输出电压的相对变化量,即

$$S_U = \frac{\Delta U_O}{U_O} \bigg|_{\substack{\Delta I_O=0 \\ \Delta T=0}} \times 100\% \tag{3-5-2}$$

电压调整率也可以定义为:在温度和负载恒定的条件下,输入电压变化 10% 时,输出电压的变化。

(3) 电流调整率 S_I

S_I 定义为输出电流 I_O 由 0 变到最大值时,输出电压的相对变化量,即

$$S_I = \frac{\Delta U_O}{U_O} \bigg|_{\substack{\Delta T=0 \\ \Delta R_L=0}} \times 100\% \tag{3-5-3}$$

(4) 输出电阻 R_O

R_O 定义为输入电压与环境温度不变时,输出电压的变化量与输出电流的变化量之比,即

$$R_O = \left| \frac{\Delta U_O}{\Delta I_O} \right| \bigg|_{\substack{\Delta T=0 \\ \Delta U_I=0}} \tag{3-5-4}$$

(5) 温度系数 S_T

S_T 定义为在规定的温度范围内及 $\Delta U_I = 0$、$\Delta R_L = 0$ 条件下,单位温度变化所引起的输出电压的变化量,即

$$S_T = \frac{\Delta U_O}{\Delta T} \bigg|_{\substack{\Delta U_I=0 \\ \Delta R_L=0}} \tag{3-5-5}$$

(6) 纹波抑制比 S_{rip}

S_{rip} 定义为输入纹波电压的峰峰值 U_{IMM} 和输出纹波电压的峰峰值 U_{OMM} 之比(取对数),即

$$S_{rip} = 20 \lg \frac{U_{IMM}}{U_{OMM}} \bigg|_{\substack{\Delta T=0 \\ \Delta R_L=0}} \tag{3-5-6}$$

3. 三端集成稳压器

随着集成电路工艺的发展,现在已经可以将稳压电路制作在一块硅片上,形成集成稳压器。这种稳压器的种类很多,具体电路结构也各有差异,最简单的集成稳压器只有 3 个引脚(输入端、

输出端和公共端),这样的组件常称为三端集成稳压器。三端集成稳压器具有体积小、性能好、成本低、可靠性高、使用简便等优点,在实际中得到了广泛的应用。

三端稳压器分为固定式和可调式两大类。输出电压固定的三端集成稳压器有正电压输出(7800 系列)和负电压输出(7900 系列)两大类。最大输出电流 0.1 A(7800L 系列)、0.25 A(78DL00 系列)、0.3 A(78N00 系列)、0.5 A(78M00 系列)、1.5 A(7800 系列)、3 A(78T00 系列)、5 A(78H00 系列)、10 A(78P00 系列),共有 8 种规格以供选择。输出电压一般有 5 V、12 V、15 V、18 V、20 V、24 V 等多种,可以完全满足各种大规模集成电路芯片供电电源的要求。三端固定式集成稳压器使用方便,不需要做任何调整,外围电路简单、工作可靠,适用于制作通用标称值电压的稳压电源。其缺点是电压不能调整,不能直接获得非标称电压,输出电压的稳定性还不够高。

W7800 系列三端固定式集成稳压器外形图如图 3-5-4(a)所示,接线图如图 3-5-4(b)所示。

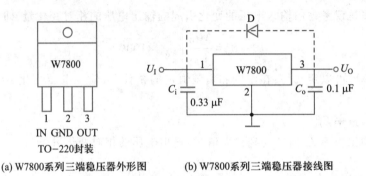

(a) W7800系列三端稳压器外形图　　(b) W7800系列三端稳压器接线图

图 3-5-4　W7800 系列稳压器

图 3-5-4(b)中 C_i 和 C_o 用来减少输入、输出电压的脉动,改善负载的瞬态响应。当输出电压较高,且 C_o 的容量较大时,必须在输入端和输出端之间跨接一个保护二极管 D。否则,一旦输入端短路时,未经放电的 C_o 上的端电压 U_O 将通过稳压器内输出晶体管的发射结(反向)和集电结(正向)放电。通常,当 $U_O>6$ V 时,输出管的发射结便有被击穿的可能,接上二极管 D 以后,C_o 可以通过 D 放电。

三端可调式集成稳压器亦分正、负电压输出两种。典型产品有正电压输出的 LM117、LM217、LM317 系列,负电压输出的 LM137、LM237、LM337 系列等,分别可以输出 1.2 ~ 37 V、-1.2 ~ -37 V 连续可调电压。有关三端可调式集成稳压器的主要指标读者可以查阅相关资料。

三、实验内容

1. 整流滤波电路

按照图 3-5-3 所示电路连接线路。分别观察没有滤波电容、有滤波电容(实验系统中给定 100 μF、470 μF),负载电阻 R_L 为 2 kΩ 和 100 Ω 这 6 种情况下的 U_2、U_o 波形,并用数字万用表测量上述各种情况下的 U_2(有效值)和 U_o(平均值)的值,并将测量数据记入表 3-5-1 中。

表 3-5-1　整流滤波电路测量记录表

电路图	测量条件		测量结果		
			U_2/V	U_0/V	u_0 波形图
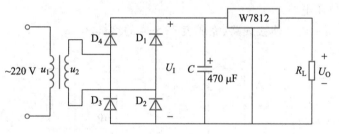	$C=0$	$R_L=2\ \text{k}\Omega$			
		$R_L=100\ \Omega$			
	$C=100\ \mu\text{F}$	$R_L=2\ \text{k}\Omega$			
		$R_L=100\ \Omega$			
	$C=470\ \mu\text{F}$	$R_L=2\ \text{k}\Omega$			
		$R_L=100\ \Omega$			

2. 稳压器电路

按照图 3-5-5 所示电路图连接电路,本实验采用 W7812 系列三端集成稳压器,测量直流稳压电源的输出电压的相对变化量、输出电阻、输出纹波电压等几项质量指标。

视频 3-5-1 整流、滤波、稳压电路的接线过程和测量方法

图 3-5-5　单相桥式整流、滤波、稳压电路

（1）测量输出电阻 R_0

保持输入电压 220 V 不变,改变负载电阻,使负载电流在 $0\sim I_{0\max}$ 范围内变化,测出输出电压相应的变化量 ΔU_0,从而求得

$$R_0 = \left| \frac{\Delta U_0}{\Delta I_0} \right| \tag{3-5-7}$$

将测量数据记录于表 3-5-2 中。

表 3-5-2　稳压电源输出电阻测量记录表

负载	测量结果		计算结果	
R_L/Ω	U_1/V	U_0/V	I_0/mA	R_0/Ω
∞				
100				

*(2) 测量稳压电源的电压调整率 S_U

通常交流电网电压允许有±10%的波动，即输入电压有±10%的变化，测出对应的输出电压相对变化量，即可求出稳压电源的稳压系数 S_U。实验中用调压变压器二次输出电压的改变来模拟电网电压的变化，调整二次侧的输出电压分别为 242 V 和 198 V，并保持负载 R_L 不变，分别测出相应的 ΔU_o，从而可以得出 242 V 和 198 V 时的输出电压相对变化量。将测量数据记入表 3-5-3 中。

表 3-5-3　稳压电源的电压调整率测量记录表

U_1/V	计算值			
	U_2/V	U_1/V	U_o/V	S_U
198 V				
220 V				
242 V				

*(3) 测量纹波电压

在带负载和不带负载两种情况下，用交流毫伏表测量输入纹波电压 U_i 和输出纹波电压 U_o，比较它们的量值关系。

3. 集成稳压电源功能扩展电路

(1) 扩大输出电压电路

按照图 3-5-6 所示电路连接线路，完成表 3-5-4 的测量。

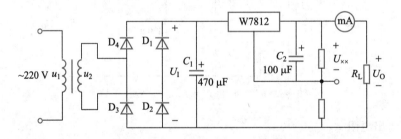

图 3-5-6　扩大输出电压电路

表 3-5-4　扩大输出电压电路测量数据记录表

负载	测量值				计算值	
R_L/Ω	U_2/V	U_1/V	U_{xx}/V	U_o/V	I_o/mA	R_o/Ω
∞						
100						

(2) 恒流输出电路

按照图 3-5-7 所示电路连接线路，完成表 3-5-5 的测量。

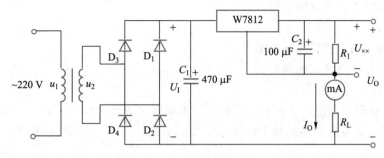

图 3-5-7　恒流输出电路

表 3-5-5　恒流输出电路测量数据记录表

负载	测量值				计算值	
R_L/Ω	U_2/V	U_I/V	U_{xx}/V	U_0/V	I_0/mA	$\Delta I_0/mA$
∞						
100						

图 3-5-6 和图 3-5-7 中部分元器件参数自行设计确定。

四、注意事项

① 实验中不能带电接线,实验电流较大,输出端不能短路,否则会烧毁实验器件。

② 整流桥堆要分清交流输入端和直流输出端,否则会造成变压器短路。

③ 滤波电容需分清正负极,正端接高电位,负端接低电位,否则通电电容会发生爆裂。

④ 本次实验中电路的公共端不与模拟电路实验装置的接地端连在一起。

⑤ 实验中测量仪表要注意万用表交、直流电压挡的选择。

五、实验报告要求

整理实验测量数据,对所测各项结果进行分析,总结整流、滤波、稳压电路各自的特点。

六、思考题

① 在实验中,能否用双踪示波器同时观察 u_2 和 U_0 的波形,为什么?

② 在桥式整流电路中,若某个整流二极管分别发生开路、短路或反接等情况,则电路将会分别产生什么问题?

③ 如果负载短路,会产生什么问题?

七、实验设备

① 电工电路实验装置。

② 数字示波器。

③ 数字万用表。

3.6　函数信号发生器的设计

预习要求

① 预习参考电路图中所需的基本理论知识。

② 复习运算放大器的应用电路。

一、实验目的

① 培养综合应用运算放大器的能力。

② 训练实际接线与调试电路的能力。

二、实验原理

函数信号发生器是指能产生两种或两种以上不同输出波形的信号发生器。函数信号发生器可以利用运算放大器组成的各种基本电路来实现。如图 3-6-1 所示为一函数信号发生器的参考电路图。

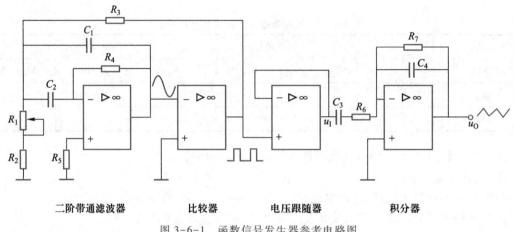

图 3-6-1 函数信号发生器参考电路图

从图 3-6-1 中可以看出,由两级运算放大器构成一振荡电路,第二级输出得到方波,该方波通过带通滤波器的选频作用在第一级输出端得到基本的正弦波。输出正弦波的频率为

$$f_{\text{out}} = \frac{1}{2\pi\sqrt{R' \cdot R_4 \cdot C_1 \cdot C_2}} \tag{3-6-1}$$

式中

$$R' = \frac{(R_1 + R_2) \cdot R_3}{R_1 + R_2 + R_3}$$

R_2 可以看作 R_1 的一部分,但因其阻值太小,计算频率时可以忽略,它只是用来避免反馈对地短路(当 R_1 的动臂滑到上端时)。由于 R_1 可调,从而可以改变振荡器的频率 f_{out}。比较器的输出送入电压跟随器,以防振荡器过载,同样也有利于防止由负载变化而引起振荡器频率发生变化。电压跟随器输出馈送到积分器,以产生三角波。因此,此电路可以称为三函数信号发生器,电容 C_3 用作隔离直流分量(正负电源不对称),电阻 R_7 是用来限制电路低频增益的,否则运算放大器的失调电压可能使积分器输出饱和。积分器输出与输入关系如下

$$u_0 = -\frac{1}{R_6 C_4} \int_0^t u_1 \mathrm{d}t \tag{3-6-2}$$

该式成立的条件是信号频率必须远大于 $f_c = \dfrac{1}{2\pi R_7 C_4}$,而对于远小于 f_c 的输入信号,积分器近

似为反相比例放大器,此时输出与输入关系为

$$u_0 = -\frac{R_7}{R_6} \cdot u_1 \tag{3-6-3}$$

此电路的运算放大器可以采用 LM324,亦可以采用 μA741,电路采用正负 12 V 直流电源供电,LM324 集成电路芯片的引脚排列如图 3-6-2 所示。

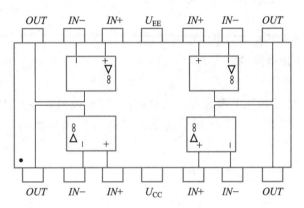

图 3-6-2　LM324 集成电路芯片引脚排列图

可提供的元件参数:$R_1 = 51$ kΩ,$R_2 = 100$ Ω,$R_3 = 1$ MΩ,$R_4 = 1$ MΩ,$R_5 = 51$ kΩ,$R_6 = 100$ kΩ,$R_7 = 510$ kΩ,C_1、$C_2 = 0.1$ μF,C_3、$C_4 = 1$ μF。

三、实验内容

按照如图 3-6-1 所示的参考电路或自行设计的电路在面包板上接线,调试和测量函数信号发生器的各级输出波形的幅值和频率。

图 3-6-1 中调节电位器 R_1(51 kΩ),可以改变 f_{out},其范围为 7.5~150 Hz,减小 C_1,C_2 的值也可以提高 f_{out}。

四、实验报告要求

① 画出所设计的实验电路图,完成各部分的参数计算。

② 测量输出的方波、正弦波、三角波的幅值大小;测量频率的调节范围,分析改变哪些元器件参数可以改变电路的频率大小。

③ 总结调试经验,在调整三角波幅值的时候,注意波形的变化情况,并说明变化的原因。

④ 提出完善该电路的设想和建议。

⑤ 列出元器件清单。

五、实验设备

① 直流稳压电源。

② 数字示波器。

③ 数字万用表。

④ 面包板。

3.7 定时电路的设计

预习要求

① 预习实验参考电路图中所需的基本理论知识,读懂参考电路图。

② 设计用发光二极管显示继电器的通、断电路。

一、实验目的

① 熟练掌握运算放大器在实际电路中的应用。

② 提高设计实际应用电路的能力。

二、实验原理

在实际生活中常常需要控制某些设备的工作时间,时间范围在零点几秒到几十秒的电路常用运算放大器和若干执行元器件来组成。这里列举一实现该功能的实用电路,如图 3-7-1 所示。

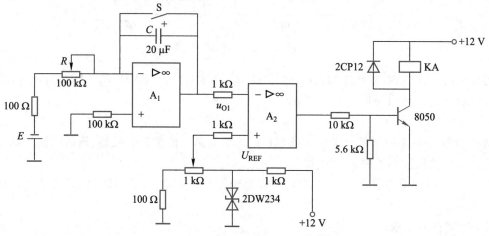

图 3-7-1 曝光定时电路参考电路图

图 3-7-1 中以运算放大器 A_1 为中心构成积分电路,增长规律为

$$u_{O1} = \frac{1}{RC}\int E\mathrm{d}t = \frac{E}{RC}t \tag{3-7-1}$$

由运算放大器 A_2 组成比较器,其反向端所接入的是随时间呈线性增长的 u_{O1},同相端是可调的基准电压 U_{REF},当 $u_{O1} < U_{REF}$ 时,A_2 输出为正,晶体管 8050 导通,继电器 KA 的线圈通电;但当 $u_{O1} > U_{REF}$ 时,A_2 输出为负,8050 截止,继电器 KA 的线圈断电,使定时端的电源断电,停止工作。继电器 KA 的线圈两端并联的二极管用来防止线圈由通电变为断电时产生高电压而损坏晶体管,开关 S 为积分器复位开关。本电路的定时时间为

$$T = \frac{U_{REF}}{E}RC \tag{3-7-2}$$

调节电阻 R 或电容 C,可以改变 u_{O1} 的增长速度,从而改变定时时间,也可以调节电位器以改

变基准电压 U_{REF} 的数值,从而改变定时时间。

三、实验内容

在面包板上用所给的元器件和电路图连接电路进行调试,为简便起见,省去开关 S,可以用导线直接短接电容来实现对电容 C 的放电。使用电路中继电器的动合(或动断)触头控制工作电源的通电、断电。为了形象说明继电器的通、断,可以利用继电器动合(或动断)触头控制发光二极管的亮暗。具体电路和使用元器件需自行设计完成。

四、实验报告要求

① 画出完整的实验电路图。

② 该电路定时时间的变化与哪些元器件有关? 分析理论计算与实际调试结果的差异及解决方法。

③ 提出完善该电路的设想和建议。

④ 列出元器件清单。

五、实验设备

① 直流稳压电源。

② 数字示波器。

③ 数字万用表。

④ 面包板。

3.8　温度控制器的设计

预习要求

① 预习参考电路图中所需的基本理论知识。

② 查阅温度传感器的相关应用电路。

一、实验目的

① 了解常用的控制器件和传感器件的使用方法。

② 掌握控制电路的设计、调试方法。

二、实验原理

温度控制器是实现测温和控温的电路,通过对温度控制电路的设计、安装和调试,了解温度传感器的性能,学习温度控制器在实际电路中的应用。

温度控制器的原理方框图如图 3-8-1 所示。图中温度检测电路由温度传感器完成温度-电流和温度-电压的转换,常用的温度传感器有热敏电阻和集成温度传感器。放大、比较电路可以由运算放大电路实现,执行部件通常由继电器和晶闸管组成。

三、实验内容

参考电路如图 3-8-2 所示,本电路可以实现对温度的设定、控制,电路具有简洁、取材方便、制作容易、性能可靠等特点。通过本电路的分析,读者可以自行设计其他类似的控制电路。

该温度控制器的温度检测电路由热敏电阻 R_T、电阻 R_1、电阻 R_2、电位器 R_P、发光二极管 D_3、三端精密集成稳压电路和晶闸管 T 组成。当被测温度低于 R_P 的设定温度值时,R_T 的阻值较大,IC 的控制电压高于其开启电压,IC 导通,使 D_3 点亮,T 受触发而导通,电热器件 EH 通电开始升

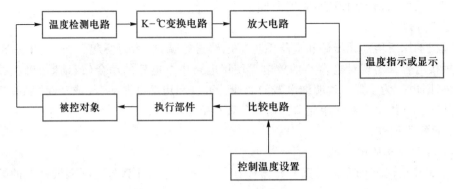

图 3-8-1 温度控制器原理方框图

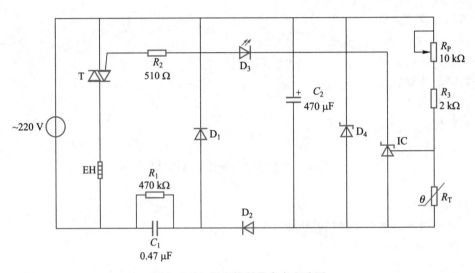

图 3-8-2 温度控制器参考电路图

温,随着温度的不断升高,R_T 的阻值开始减小,同时 IC 的控制电压也随之下降,当被测温度高于设定温度时,IC 截止,使 D_3 熄灭,T 管关断,EH 断电而停止工作。随后温度开始缓慢下降,当被测温度低于设定温度时,IC 又开始导通,EH 亦开始通电升温。如此循环工作,将被测温度控制在设定值。

四、元器件选择

R_1 选用 1 W 的金属膜电阻,R_2、R_3 均选用 $\frac{1}{2}$ W 的金属膜电阻。

R_P 选用 10 kΩ 的多圈电位器。

R_T 选用 MF52E 型 NTC 电阻,其常温(25℃)阻值为 5 kΩ 左右。

C_1 选用耐压值大于 400 V 的涤纶电容器或聚丙烯(CBB)电容器。

C_2 选用耐压值大于 16 V 的铝电解电容器。

D_1、D_2 选用 1N4007 型硅稳压二极管。

T 选用 TLC336A 或 BCM3AM(3 A,600 V)的双向晶闸管。

IC 选用 TL 431 型三端稳压集成电路。

EH 加热设备,功率小于 1 000 W。

五、实验报告要求

① 绘出所设计的实验电路图。

② 理论分析电路的工作原理,列出电路关键参数。

③ 总结调试体会。

④ 完善该电路的设想和建议。

⑤ 列出所用仪器设备及元器件清单。

3.9　手机涓流充电电路设计

预习要求

查阅手机充电时涓流充电的基本理论知识。

一、实验目的

① 设计手机充电时的涓流充电电路,提高设计电路的能力。

② 训练在实验中分析问题、解决问题的能力。

二、实验原理

手机电池充电全过程包括快速充电、连续式充电、涓流充电三个阶段。经过前两个阶段之后,虽然系统电量显示 100%,但实际上电池并未真正达到饱和状态。此时剩余的容量只能靠微小的脉冲电流补充,这个阶段通常需要 30~40 min。至三个阶段全部完成,电池才能真正达到电量饱和的良好状态。

快速充电:能够迅速地将电池充到 80%,但仍需进行连续式充电和涓流充电才能完全充满。

连续式充电:充电电流逐渐减小,确保电池进入充满临界状态,要获得最佳续航能力,还需要进行涓流充电。

涓流充电:微小的电流充电,确保电池真正饱和,延长电池使用时间。

手机充电开始时电流最大,随着手机电池电压的变高,充电电流渐渐减小进入涓流充电状态,涓流充电时的电流约为 5 mA。

手机充电器在本质上相当于一个直流稳压电源,且手机充电时的输入电压为 5 V,因此,手机充电器涓流充电电路的功能包含 5 V 直流电源、涓流充电、充满自动断电,其原理框图如图 3-9-1 所示。

图 3-9-1　手机充电器涓流充电电路的原理框图

1. 5 V 直流电源电路

5 V 直流电源电路将 220 V 交流电压变换为 5 V 直流电压,具体功能包含降压、整流、滤波、稳压。

2. 涓流充电电路

可利用晶体管工作在饱和或截止时的开关特性结合集成运算放大器构成的电压比较器来控制充电电流的大小。

3. 充满自动断电电路

当电池电量充满,启动自动断电电路,以防电池过冲而损坏。

三、实验任务

设计手机充电时的涓流充电电路,用5 V直流电压给电池充电,当电池电压高于4.2 V时,开始涓流充电,当电池电压高于4.7 V时停止充电。

四、实验报告要求

① 根据实验原理,画出各单元电路图及总电路图,叙述各单元电路的工作原理。

② 列出选择的元器件

③ 写出心得体会。

3.10 入侵式无线门磁报警器的设计

预习要求

① 查阅入侵式无线门磁报警器的理论知识。

② 复习晶体管、继电器、555 定时器等器件的原理与应用。

一、实验目的

① 设计入侵式无线门磁报警器,提高设计综合电路的能力。

② 训练连接电路和调试电路的能力。

二、设计要求及方案

入侵式无线门磁报警器,用来探测门窗是否被非法打开。当门窗被入侵者打开,报警器就会报警,报警器具体功能应包含:

① 报警时发光发声。

② 当有人强行打开门窗后又关上,报警器仍会报警。

③ 报警器可延时启动,保证主人有足够时间关门离开。

④ 当主人回来开门应延时报警,保证主人有足够时间关闭报警器。

⑤ 需通过键盘输入正确的密码来关闭报警器,让报警失效。

入侵式无线门磁报警器的设计方案如图 3-10-1 所示。

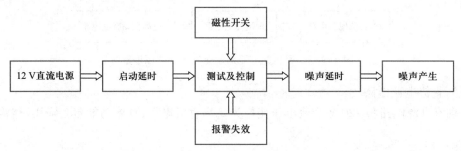

图 3-10-1　入侵式无线门磁报警器设计方案

三、实验任务

根据设计方案要求,设计入侵式无线门磁报警器的电路并予以实现。

四、实验报告要求

① 根据设计方案要求,画出各单元电路图及总电路图,叙述各单元电路的工作原理。

② 列出选择的元器件。

③ 写出心得体会。

第四章　数字电子技术实验

4.1　TTL 集成门电路逻辑功能测试

预习要求

① 熟悉并了解实验所用各芯片的引脚排列图。

② 熟悉门电路的工作原理及相应的逻辑表达式。

③ 认识门电路对信号的控制作用。

一、实验目的

① 了解 TTL 门电路的引脚分布和使用方法。

② 掌握 TTL 门电路逻辑功能的测试方法。

二、实验原理

集成门电路是最简单、最基本的数字集成电路,任何复杂的组合电路和时序电路都可以用逻辑门通过适当的组合连接而成。TTL 集成门电路因其工作速度快、输出幅度大、种类多、不易损坏等特点而获得广泛使用。

与非门是一种应用最为广泛的基本逻辑门电路,常用 TTL 系列**与非门** 74LS00、74LS20 的图形符号和引脚排列如图 4-1-1、图 4-1-2 所示。74LS00 是四 2 输入**与非门**,它共有四个独立的**与非门**,每个**与非门**有两个输入端 A、B 和一个输出端 Y。74LS20 是二 4 输入**与非门**,它共有两个独立的**与非门**,每个**与非门**有四个输入端 A、B、C、D 和一个输出端 Y。当**与非门**的所有输入端均为高电平时,输出为低电平,对于其他输入组合,输出均为高电平。

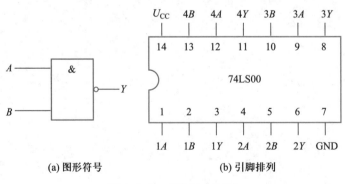

(a) 图形符号　　　　　　　　　　(b) 引脚排列

图 4-1-1　与非门 74LS00

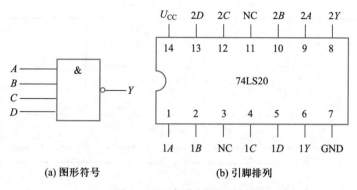

图 4-1-2　与非门 74LS20

　　由**与非门**可以转换成任何形式的其他基本逻辑门。例如,利用**与非门**实现非门,通常有两种方法,如图 4-1-3 所示。图 4-1-3(a)是将**与非门**的一个输入端作为非门的输入端,其余输入端均接高电平;图 4-1-3(b)是将**与非门**的所有输入端连在一起作为非门的输入端。利用**与非门**实现**与门**、**或门**的电路分别如图 4-1-4、图 4-1-5 所示。

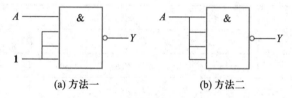

图 4-1-3　利用与非门 74LS20 实现非门

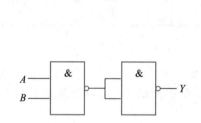

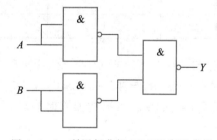

图 4-1-4　利用与非门 74LS00 实现与门　　　　图 4-1-5　利用与非门 74LS00 实现或门

三、实验内容

1. 74LS00 与非门逻辑功能的测试

　　找出 74LS00 模块。选择其中一个**与非门**,将其输入端 A、B 接逻辑开关,输出端 Y 接 LED 发光二极管,U_{CC} 接 +5 V,GND 接地。按表 4-1-1 所示改变输入端逻辑开关状态,观察发光二极管状态并记录输出端逻辑结果,LED 亮则输出为逻辑 **1**,不亮则为逻辑 **0**。要求逐一验证 74LS00 中的四个**与非门**。

表 4-1-1　74LS00 功能测试表

输入端		输出端
A	*B*	*Y*
0	0	
0	1	
1	0	
1	1	

2. 74LS20 与非门逻辑功能的测试

74LS20 中每个与非门均有四个输入端,共 16 种输入组合。在实际测试时,只需要对 **1111**、**0111**、**1011**、**1101**、**1110** 五项进行检测就可判断其逻辑功能是否正常。实验步骤同上,按表 4-1-2 所示改变输入端逻辑开关状态,观察发光二极管状态并记录输出端逻辑结果。要求逐一验证 74LS20 中的两个与非门。

表 4-1-2　74LS20 功能测试表

输入端				输出端
A	*B*	*C*	*D*	*Y*
1	1	1	1	
0	1	1	1	
1	0	1	1	
1	1	0	1	
1	1	1	0	

3. 观察与非门对脉冲的封锁控制作用(动态测试)

如表 4-1-3 所示,与非门(74LS00)输入端 *A* 接固定电平(+5 V 或 0 V),另一输入端 *B* 接连续脉冲(频率 *f* = 1 kHz),用示波器同时观察输入端 *B* 和输出端 *Y* 的信号,并将观察结果记录在表 4-1-3 中。

表 4-1-3　74LS00 与非门动态测试表

输入端 *A*	输入端 *B*	输出端 *Y*
1	⊓⊓⊓	
0	⊓⊓⊓	

4. 利用与非门实现其他形式的逻辑门

根据实验原理,利用与非门分别实现与门、或门、非门、异或门等。要求绘制对应的电路原理图,自拟实验步骤,并进行实验验证。

四、注意事项

① 塑封双列直插式集成电路的定位标记通常是弧形凹口、圆形凹坑或小圆圈。接插集成芯片时,要认清定位标志,不得插反。

② 让芯片的字母和数字正对自己,左下角的第一个引脚为芯片的第 1 引脚,然后逆时针依次为 2、3、…、n 脚。使用时,查找芯片手册即可清楚各引脚的功能。

③ 集成芯片必须正确接入电源和地。在标准型 TTL 集成电路中,电源端 U_{cc} 一般位于左上端,接地端 GND 一般位于右下端。电源极性绝对不允许接错。

④ 逻辑门电路输出端不允许直接接+5 V 或地,否则将损坏器件,这就要求在接线、拆线或改接电路时,一定要断开电源。

五、实验报告要求

记录、整理实验结果,并对实验结果进行分析。

六、思考题

① 怎样判断门电路逻辑功能是否正常?

② 与非门一个输入端接连续脉冲,其余端什么状态时允许脉冲通过?什么状态时禁止脉冲通过?

七、实验设备

① 电工电路实验装置。

② 数字示波器。

③ 数字万用表。

4.2 组合逻辑电路的设计

预习要求

① 复习组合逻辑电路的一般设计方法。

② 熟悉集成芯片 74LS00、74LS20、74LS86 等的引脚排列和逻辑功能。

③ 根据实验内容要求设计组合逻辑电路,列出真值表、写出逻辑表达式并画出逻辑电路图。

一、实验目的

① 掌握利用小规模集成电路实现组合逻辑电路的一般设计方法。

② 掌握组合逻辑电路的功能测试方法。

二、实验原理

逻辑电路可分为组合逻辑电路和时序逻辑电路两大类。电路在任何时刻的输出状态,仅取决于该时刻输入状态的组合,而与电路原先状态无关的逻辑电路称为组合逻辑电路。它由门电路组成,并且门电路之间没有反馈。本实验主要介绍基于小规模集成电路(SSI)的组合逻辑电路的设计与测试。

基于 SSI 设计组合逻辑电路,就是根据已给定的实际逻辑要求,设计出具体的逻辑电路图,其一般步骤如下:

① 根据设计任务的要求建立输入、输出变量,并列出真值表。

② 由真值表写出逻辑表达式。

③ 用逻辑代数或卡诺图化简法求出简化的逻辑表达式,并按实际选用的基本逻辑门修改逻辑表达式。

④ 根据简化后的逻辑表达式,画出逻辑电路图。

⑤ 根据逻辑电路图连接电路,调试并验证所设计的电路。

下面以三人表决器为例介绍组合逻辑电路的一般设计过程,要求用**与非门** 74LS00 和 74LS20 实现。三人表决电路的逻辑框图如图 4-2-1 所示。表决器的输入端 A、B、C 分别代表三个投票人的态度,**1** 表示同意,**0** 表示反对。表决器的输出端 $Y=1$ 表示决议通过,$Y=0$ 表示决议被否决。

图 4-2-1 三人表决电路的逻辑框图

按照少数服从多数的原则,列出三人表决器的真值表如表 4-2-1 所示。

表 4-2-1 三人表决器真值表

输入			输出
A	B	C	Y
0	0	0	0
0	0	1	0
0	1	0	0
0	1	1	1
1	0	0	0
1	0	1	1
1	1	0	1
1	1	1	1

由真值表写出三人表决电路的逻辑表达式,并化简成与非门的形式

$$Y = \overline{A}BC + A\overline{B}C + AB\overline{C} + ABC = AB + BC + AC$$

$$= \overline{\overline{AB + BC + AC}} = \overline{\overline{AB} \cdot \overline{BC} \cdot \overline{AC}}$$

由逻辑表达式画出逻辑电路图,如图 4-2-2 所示。

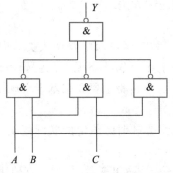

图 4-2-2 三人表决器逻辑电路

三、实验内容

1. 验证三人表决器电路的逻辑功能

按图 4-2-2 所示接线,其中输入端 A、B、C 接逻辑开关,输出端 Y 接发光二极管。按真值表 4-2-1 所示,逐次改变输入变量状态,观察并记录输出逻辑结果,验证其逻辑功能。

2. 设计一个半加器电路(用异或门 74LS86 和与非门 74LS00 实现)

半加器是不考虑低位进位,只求本位和的运算电路。其逻辑框图如图 4-2-3 所示,其中 A 是被加数,B 是加数,S 是和数,C 是进位数。其真值表见表 4-2-2。按要求写出逻辑表达式,绘制逻辑电路图,连接电路并进行功能验证。

图 4-2-3　半加器逻辑框图

表 4-2-2　半加器真值表

输入端		输出端	
A	B	S	C
0	0	0	0
0	1	1	0
1	0	1	0
1	1	0	1

3. 设计一个全加器电路(用异或门 74LS86 和与非门 74LS00 实现)

全加器在求本位和时,考虑低位的进位,其逻辑框图如图 4-2-4 所示。用 A_i、B_i 表示本位的两个加数,C_{i-1} 表示来自低位的进位数,S_i 表示相加后的本位和,C_i 表示向高位的进位数。其真值表见表 4-2-3。按要求写出逻辑表达式,绘制逻辑电路图,连接电路并进行功能验证。

图 4-2-4　全加器逻辑框图

表 4-2-3　全加器真值表

输入端			输出端	
A_i	B_i	C_{i-1}	S_i	C_i
0	0	0	0	0
0	0	1	1	0
0	1	0	1	0
0	1	1	0	1
1	0	0	1	0
1	0	1	0	1
1	1	0	0	1
1	1	1	1	1

4. 设计一个三人抢答显示电路(用与非门实现)

三人抢答显示电路中有三组竞赛者参加抢答竞赛,每组竞赛者都有一个抢答按钮,竞赛者要抢答问题需抢先按动开关,抢先回答者对应的显示器发光,而后按动开关者无效。用 A、B、C 分别代表三组竞赛者,Y_1、Y_2、Y_3 分别表示 A、B、C 三组的抢答显示指示灯。首先拨动开关者为 **1**,则 A、B、C 只有三种状态,即 **100**、**010**、**001**。在抢答者拨动开关后,必须用它的输出同时去切断另两组的输出信号,其真值表见表 4-2-4。按要求写出逻辑表达式,绘制逻辑电路图,连接电路并进行功能验证。注意每次抢答结束,A、B、C 必须回 **0**。

表 4-2-4　三人抢答显示电路真值表

输入端			输出端		
A	B	C	Y_1	Y_2	Y_3
1	0	0	1	0	0
0	1	0	0	1	0
0	0	1	0	0	1

四、注意事项

① 实验前需逐个测试芯片中各门电路是否正常工作,以确保组合逻辑电路中所使用门电路的逻辑功能均完好。

② 理论上 TTL 电平悬空相当于输入高电平,但悬空时电路易受外界干扰,导致其逻辑功能不正常。因此,对于较复杂的电路,不允许做悬空处理。

③ 使用集成门电路时,对于多余的输入端,可在不影响逻辑功能的前提下将其接电源、地或与其他输入端并联使用。

五、实验报告要求

① 写出实验内容的设计过程,画出设计的电路图。

② 分析实验中出现的问题。

六、思考题

① 在进行组合逻辑电路设计时,什么是最佳设计方案?

② 简述组合逻辑电路的设计体会。

七、实验设备

① 电工电路实验装置。

② 数字万用表。

4.3　译码器和数据选择器的应用

预习要求

① 熟悉中规模集成电路 74LS138、74LS151 的逻辑功能。

② 根据实验内容要求设计组合逻辑电路。

一、实验目的

① 掌握 3 线-8 线译码器 74LS138 的逻辑功能和使用方法。

② 掌握 8 选 1 数据选择器 74LS151 的逻辑功能和使用方法。

③ 掌握中规模集成电路设计组合逻辑电路的方法。

二、实验原理

编码器、译码器、数据分配器、数据选择器、比较器等都是常用的中规模集成电路(MSI)。MSI 大部分是多输入、多输出的逻辑电路,其输出与输入信号间有固定的函数关系,因此使用 MSI 可以直接实现组合逻辑函数,并且所用的组合逻辑电路元件少,连线简单,省时省力,可靠性也高,是进行组合逻辑电路设计的一种重要方法。一般来说,单输出函数采用数据选择器实现,多输出函数采用译码器和附加逻辑门实现。

1. 译码器

译码是将二进制代码译成一个输出信号,以表示原来的信号形式。常用的译码器有二进制译码器、二-十进制译码器和二-十进制显示译码器。

3 线-8 线译码器 74LS138 是一种常用的二进制译码器,其引脚排列如图 4-3-1 所示,功能见表 4-3-1。A_2、A_1、A_0 为地址输入端,高电平有效,其中 A_2 是高位,A_0 是低位。$\overline{Y}_0 \sim \overline{Y}_7$ 为 8 路输出端,低电平有效。S_1、$\overline{S}_2$、$\overline{S}_3$ 为使能端,仅当 $S_1 = 1$,$\overline{S}_2 \overline{S}_3 = 0$ 时,译码器正常工作,地址码所指定的输出端为低电平,其他所有输出均为高电平;否则,禁止译码,输出均为无效高电平。利用使能端 S_1、$\overline{S}_2$、$\overline{S}_3$,可将 74LS138 级联成 24 线译码器;若外接一个反相器还可级联成 32 线译码器。

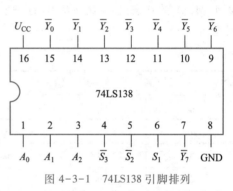

图 4-3-1　74LS138 引脚排列

表 4-3-1　74LS138 功能表

使能输入		译码输入			输出							
S_1	$\overline{S}_2 \overline{S}_3$	A_2	A_1	A_0	$\overline{Y}_0$	$\overline{Y}_1$	$\overline{Y}_2$	$\overline{Y}_3$	$\overline{Y}_4$	$\overline{Y}_5$	$\overline{Y}_6$	$\overline{Y}_7$
×	1	×	×	×	1	1	1	1	1	1	1	1
0	×	×	×	×	1	1	1	1	1	1	1	1
1	0	0	0	0	0	1	1	1	1	1	1	1
1	0	0	0	1	1	0	1	1	1	1	1	1
1	0	0	1	0	1	1	0	1	1	1	1	1
1	0	0	1	1	1	1	1	0	1	1	1	1
1	0	1	0	0	1	1	1	1	0	1	1	1
1	0	1	0	1	1	1	1	1	1	0	1	1
1	0	1	1	0	1	1	1	1	1	1	0	1
1	0	1	1	1	1	1	1	1	1	1	1	0

利用 74LS138 实现逻辑函数的方法是将输入信号由译码器的地址端输入。一块 74LS138 可以实现任何一个三变量输入的逻辑函数,两块 74LS138 则可以实现任何一个四变量输入的逻辑函数。

2. 数据选择器

数据选择器是在选择控制端的控制下,从多个输入数据中选择一个作为输出,从而实现多路输入、一路输出的中规模集成电路。数据选择器有 2 选 1、4 选 1、8 选 1、16 选 1 等类型。

8 选 1 数据选择器 74LS151 的引脚排列如图 4-3-2 所示,功能见表 4-3-2。A_2、A_1、A_0 为选择控制端,高电平有效,其中 A_2 是高位,A_0 是低位。$D_0 \sim D_7$ 为 8 路数据输入端,Y 和 $\overline{Y}$ 为两个互补输出端。$\overline{G}$ 为使能输入端,低电平有效。当 $\overline{G} = 1$ 时,数据选择被禁止,输出低电平,$Y = 0$。当 $\overline{G} = 0$ 时,数据选择器工作,根据选择控制端 A_2、A_1、A_0 的状态选择 $D_0 \sim D_7$ 中的一个数据并传输到输出端。

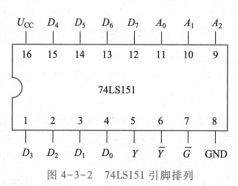

图 4-3-2 74LS151 引脚排列

表 4-3-2 74LS151 功能表

输入				输出	
$\overline{G}$	A_2	A_1	A_0	Y	$\overline{Y}$
1	×	×	×	0	1
0	0	0	0	D_0	$\overline{D_0}$
0	0	0	1	D_1	$\overline{D_1}$
0	0	1	0	D_2	$\overline{D_2}$
0	0	1	1	D_3	$\overline{D_3}$
0	1	0	0	D_4	$\overline{D_4}$
0	1	0	1	D_5	$\overline{D_5}$
0	1	1	0	D_6	$\overline{D_6}$
0	1	1	1	D_7	$\overline{D_7}$

利用 74LS151 和一些基本的逻辑门,可以实现 3 个或 4 个逻辑变量的逻辑函数。

三、实验内容

1. 3 线-8 线译码器 74LS138 逻辑功能的测试及应用

(1) 逻辑功能的测试

将 74LS138 的 A_2、A_1、A_0、S_1、$\overline{S_2}$、$\overline{S_3}$ 分别接逻辑开关,输出端 $\overline{Y_0} \sim \overline{Y_7}$ 接发光二极管。接通电源后,按表 4-3-1 所示进行逻辑功能的测试。

(2) 设计一个三人表决器电路

参考 4.2 节实验中三人表决器电路的真值表和设计分析,根据 74LS138 的逻辑功能,写出表

决器的逻辑函数为

$$Y = \overline{A}BC + A\overline{B}C + AB\overline{C} + ABC = Y_3 + Y_5 + Y_6 + Y_7 = \overline{\overline{Y_3} \cdot \overline{Y_5} \cdot \overline{Y_6} \cdot \overline{Y_7}}$$

根据逻辑函数,绘制表决器的逻辑电路如图 4-3-3 所示。

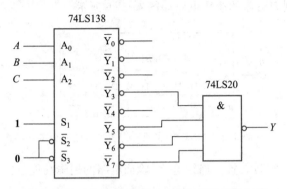

图 4-3-3 74LS138 实现三人表决器的逻辑电路

根据图 4-3-3 所示,在实验装置上连接电路,按照表决器电路真值表,逐次改变输入变量,观察并记录输出逻辑结果,验证其逻辑功能。

（3）设计一个全加器电路

参考 4.2 节实验中全加器电路的真值表和设计分析,根据 74LS138 的逻辑功能,写出全加器的逻辑函数,绘制电路原理图,并在实验装置上连接电路,验证其逻辑功能。

（4）应用两片 74LS138 构成 4 线-16 线译码器

参考电路如图 4-3-4 所示。地址输入端 $A_3 \sim A_0$ 分别接逻辑开关,输出端 $\overline{Y_0} \sim \overline{Y_{15}}$ 接发光二极管。接通电源后,$A_3 \sim A_0$ 端依次输入 0000~1111,观察输出端信号,并自拟表格记录观察结果。

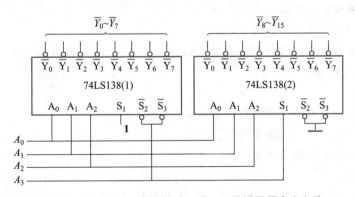

图 4-3-4 两片 74LS138 构成 4 线-16 线译码器参考电路

2. 数据选择器 74LS151 逻辑功能的测试及应用

（1）逻辑功能的测试

将 74LS151 的 A_2、A_1、A_0、$\overline{G}$、$D_0 \sim D_7$ 接逻辑开关,输出端 Y 接发光二极管,按表 4-3-2 所示进行逻辑功能的测试。

（2）设计一个三人表决器电路

根据 74LS151 的功能，写出表决器电路的逻辑函数为

$$Y = \overline{A}BC + A\overline{B}C + AB\overline{C} + ABC$$

根据逻辑函数，绘制表决器的逻辑电路如图 4-3-5 所示。

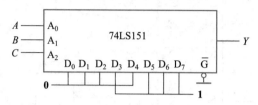

图 4-3-5　74LS151 实现三人表决器的逻辑电路

按图 4-3-5 所示，在实验装置上连接电路，验证电路的逻辑功能。

四、实验报告要求

① 根据所选器件，写出设计过程并画出逻辑电路图。

② 测试电路输入、输出的对应关系，并整理成表格。

③ 总结用 74LS138、74LS151 设计组合逻辑电路的方法。

五、实验设备

① 电工电路实验装置。

② 数字万用表。

4.4　集成触发器及其应用

预习要求

① 复习各类触发器的逻辑功能。

② 根据实验内容的要求设计相关电路。

③ 理解一些基本概念：置位和复位，电平触发和边沿触发，上升沿触发和下降沿触发，锁存器和寄存器，计数与分频。

一、实验目的

① 掌握各类集成触发器的逻辑功能和使用方法。

② 熟悉各类触发器之间的相互转换。

③ 练习用集成触发器构成时序电路。

二、实验原理

双稳态触发器（flip-flop，FF）简称触发器，是一个具有记忆功能的二进制信息存储器件，是构成各种时序电路的基本逻辑单元。

触发器有两个稳定状态，用逻辑状态 **1** 和 **0** 表示。在一定外界信号作用下，可以从一个稳定状态翻转到另一个稳定状态；无外加信号作用时，将维持原状态不变。触发器的触发方式有电平触发和边沿触发两类。锁存器由电平触发的触发器构成，而寄存器由边沿触发的触发器构成。

触发器有 Q 和 $\overline{Q}$ 两个互补的输出端。通常把 $Q=0$、$\overline{Q}=1$ 的状态称为触发器的 **0** 状态，而把 $Q=1$、

$\bar{Q}=0$ 的状态称为触发器的 **1** 状态。

常用的触发器有 RS 触发器、D 触发器、JK 触发器、T 触发器和 T' 触发器。本实验主要介绍 D 触发器和 JK 触发器。二者是最常用的触发器,它们之间可进行功能的转换,其他功能的触发器也可由 D 触发器和 JK 触发器转换得到。

1. 双上升沿 D 触发器 74LS74

74LS74 是上升沿触发的边沿触发器,每个芯片含有两个独立的 D 触发器。其图形符号和引脚排列如图 4-4-1 所示,功能见表 4-4-1。$\bar{R}_D$ 为异步复位端,$\bar{S}_D$ 为异步置位端,均为低电平有效。当 $\bar{R}_D=0$、$\bar{S}_D=1$ 时,触发器直接被置 **0**。当 $\bar{R}_D=1$、$\bar{S}_D=0$ 时,触发器直接被置 **1**。只有当 $\bar{R}_D=\bar{S}_D=1$ 时,才呈现 D 触发器的功能特点。此时其状态方程为 $Q^{n+1}=D$,其中 D 为数据输入端,即在时钟的上升沿时刻,触发器输出 Q 根据输入 D 的状态而改变。在输入信号为单端的情况下,使用 D 触发器更为方便。

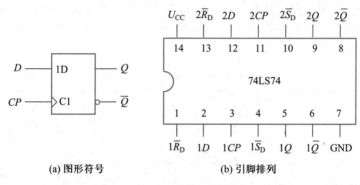

(a) 图形符号　　　　(b) 引脚排列

图 4-4-1　双上升沿 D 触发器 74LS74

表 4-4-1　74LS74 功能表

输入				输出		功能说明
$\bar{R}_D$	$\bar{S}_D$	CP	D	Q^{n+1}	$\bar{Q}^{n+1}$	
0	**1**	×	×	**0**	**1**	直接置 0
1	**0**	×	×	**1**	**0**	直接置 1
0	**0**	×	×	Φ	Φ	不定状态
1	**1**	↑	**1**	**1**	**0**	直接置 1
1	**1**	↑	**0**	**0**	**1**	直接置 0
1	**1**	↓	×	Q^n	$\bar{Q}^n$	保持不变

2. 双下降沿 JK 触发器 74LS112

JK 触发器有主从型和边沿型两种。74LS112 是下降沿触发的边沿触发器,每个芯片含有两个独立的 JK 触发器。其图形符号和引脚排列如图 4-4-2 所示。该触发器也有异步复位端 $\bar{R}_D$ 和异步置位端 $\bar{S}_D$,J、K 为数据输入端。

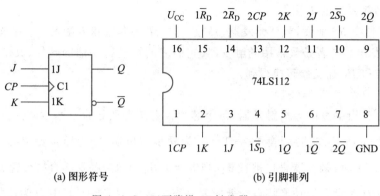

(a) 图形符号   (b) 引脚排列

图 4-4-2 双下降沿 JK 触发器 74LS112

74LS112 的状态方程为 $Q^{n+1} = J\overline{Q^n} + \overline{K}Q^n$，功能见表 4-4-2。在时钟脉冲 CP 的作用下，$J = K = 0$，触发器保持；$J = K = 1$，触发器计数翻转；$J \neq K$，触发器按照 J 的状态改变。JK 触发器是一种全功能触发器，它具有保持、置 0、置 1 和计数（翻转）4 种功能。在输入信号是双端的情况下，使用 JK 触发器更为方便。

表 4-4-2 74LS112 功能表

输入					输出		功能说明
$\overline{R}_D$	$\overline{S}_D$	CP	J	K	Q^{n+1}	$\overline{Q}^{n+1}$	
0	**1**	×	×	×	**0**	**1**	直接置 0
1	**0**	×	×	×	**1**	**0**	直接置 1
0	**0**	×	×	×	Φ	Φ	不定状态
1	**1**	↓	**0**	**0**	Q^n	$\overline{Q}^n$	保持不变
1	**1**	↓	**1**	**0**	**1**	**0**	直接置 1
1	**1**	↓	**0**	**1**	**0**	**1**	直接置 0
1	**1**	↓	**1**	**1**	$\overline{Q}^n$	Q^n	翻转
1	**1**	↑	×	×	Q^n	$\overline{Q}^n$	保持不变

3. 触发器逻辑功能的转换

T 触发器和 T' 触发器也是计数电路中常用的触发器。但是现有产品中没有 T 和 T' 触发器，需要时可以通过转换得到。如图 4-4-3 所示，将 JK 触发器的 J、K 两端连在一起，得到 T 触发器；将 JK 触发器的 J、K 端连在一起并接高电平，或将 D 触发器的 D 和 $\overline{Q}$ 两端连在一起，均得到 T' 触发器。

T 触发器的状态方程为 $Q^{n+1} = T^n\overline{Q}^n + \overline{T}^n Q^n$，它具有计数和保持的功能，即 $T = 0$ 时，触发器保持，$T = 1$ 时，触发器计数翻转。T' 触发器的状态方程为 $Q^{n+1} = \overline{Q}^n$，它只有计数功能，即 CP 每次作用，触发器都翻转。

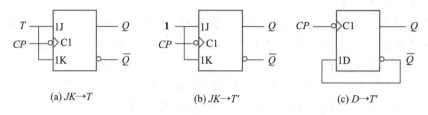

图 4-4-3　T 和 T' 触发器

令 JK 触发器的 $J=D$、$K=\overline{D}$ 时,得到 D 触发器,如图 4-4-4 所示。

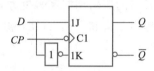

图 4-4-4　JK 触发器→D 触发器

三、实验内容

1. 双 D 触发器 74LS74 的逻辑功能及其应用

（1）测试 D 触发器的逻辑功能

将 D、$\overline{S}_D$、$\overline{R}_D$ 分别接逻辑开关,CP 端输入单次脉冲源,输出端 Q、$\overline{Q}$ 接发光二极管,按表 4-4-1 所示测试其逻辑功能。注意观察输出端 Q 的状态是在 CP 的哪个边沿翻转的。

（2）用 D 触发器构成两位异步二进制减法计数器

如图 4-4-5 所示,将 74LS74 中两个 D 触发器的 D 与 $\overline{Q}$ 相连构成 T' 触发器,再将低位触发器的 Q 端与高位触发器的 CP 端相连,就构成了一个两位异步二进制减法计数器。按图 4-4-5 接线,CP 端输入低频连续脉冲($f=1$ Hz),用发光二极管观察 CP、Q_0、Q_1 端的状态变化。CP 端改接高频连续脉冲($f=1$ kHz),用示波器观察并记录 CP、Q_0、Q_1 端的工作波形,测量它们的工作频率,分析它们之间的分频关系。

视频 **4-4-1**
D 触发器电路的接线过程和输入脉冲的调节方法

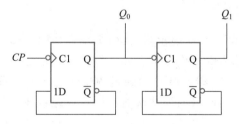

图 4-4-5　两位异步二进制减法计数器

2. 双 JK 触发器 74LS112 的逻辑功能及其应用

（1）测试 JK 触发器的逻辑功能

测试方法同 74LS74,按表 4-4-2 所示测试其逻辑功能。

（2）用 JK 触发器构成 T 触发器

将 JK 触发器的 J、K 两端连在一起，构成 T 触发器。在 CP 端输入高频连续脉冲（$f=1$ kHz），在 $T=0$ 和 **1** 两种情况下，用示波器同时观察并记录 CP 和 Q 端的工作波形，观察输出端 Q 的状态是在 CP 的哪个边沿翻转的。

3. 用双 D 触发器 74LS74 设计一个乒乓球练习电路

电路功能要求：模拟两名运动员在练球时，乒乓球能做往返运转。提示：74LS74 中两个 D 触发器的 CP 端分别由两名运动员操作，两个输出端 Q_1、Q_2 分别接发光二极管显示其状态，甲击球时 Q_2 有输出，乙击球时 Q_1 有输出。

四、实验报告要求

① 整理实验数据，分析不同触发器的逻辑功能和触发方式。

② 画出构成计数器的时序图，标出幅值和周期，说明计数器和分频器的概念。

五、实验设备

① 电工电路实验装置。

② 数字示波器。

③ 数字万用表。

4.5　计数、译码、显示电路

预习要求

① 复习 74LS47 BCD 七段显示译码器和共阳极 LED 数码管的使用方法。

② 复习计数器 74LS90 的工作原理。

③ 根据实验内容设计十进制、六进制和九进制计数器。

一、实验目的

① 学会使用 74LS47 BCD 七段显示译码器和共阳极 LED 数码管。

② 掌握计数器 74LS90 的基本功能和应用。

二、实验原理

计数、译码、显示电路由 LED 数码管、七段显示译码器和计数器三部分组成，下面分别进行介绍。

1. LED 数码管

LED 数码管是目前最常用的数字显示器，其引脚排列如图 4-5-1 所示。a、b、c、d、e、f、g 是数码管的 7 个输入端，每个输入端对应一个发光二极管。7 个发光二极管有共阳极和共阴极两种接法，共阳极数码管的公共端（脚 3 和脚 8）通过 300 Ω 的限流电阻接+5 V 电源，当 $a\sim g$ 端为低电平时各字段发光；共阴极数码管的公共端通过限流电阻接地，当 $a\sim g$ 端为高电平时各字段发光。

2. 七段显示译码器

74LS47 为 8421BCD 码七段显示译码器，驱动共阳极的 LED 数码管，其引脚排列如图 4-5-2 所示，功能见表 4-5-1。A、B、C、D 是 4 个输入端，输入 8421BCD 码。a、b、c、d、e、f、g 是 7 个输出端，需和共阳极数码管的 7 个输入端一一对应连接起来，低电平有效。$\overline{LT}$ 为试灯输入端，$\overline{BI/RBO}$

为灭灯输入端,$\overline{RBI}$是灭零输入端,均为低电平有效。

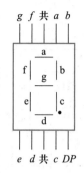

图 4-5-1　LED 数码管的引脚排列

图 4-5-2　74LS47 的引脚排列

表 4-5-1　74LS47 的功能表

输入端							输出端							十进制数	功能说明
$\overline{LT}$	$\overline{BI/RBO}$	$\overline{RBI}$	D	C	B	A	a	b	c	d	e	f	g		
0	**1**	×	×	×	×	×	**0**	**0**	**0**	**0**	**0**	**0**	**0**	8	试灯
×	**0**	×	×	×	×	×	**1**	**1**	**1**	**1**	**1**	**1**	**1**	全灭	灭灯
1	**1**	**0**	**0**	**0**	**0**	**0**	**1**	**1**	**1**	**1**	**1**	**1**	**1**	全灭	灭零
1	**1**	**1**	**0**	**0**	**0**	**0**	**0**	**0**	**0**	**0**	**0**	**0**	**1**	0	
1	**1**	×	**0**	**0**	**0**	**1**	**1**	**0**	**0**	**1**	**1**	**1**	**1**	1	
1	**1**	×	**0**	**0**	**1**	**0**	**0**	**0**	**1**	**0**	**0**	**1**	**0**	2	
1	**1**	×	**0**	**0**	**1**	**1**	**0**	**0**	**0**	**0**	**1**	**1**	**0**	3	
1	**1**	×	**0**	**1**	**0**	**0**	**1**	**0**	**0**	**1**	**1**	**0**	**0**	4	
1	**1**	×	**0**	**1**	**0**	**1**	**0**	**1**	**0**	**0**	**1**	**0**	**0**	5	译码
1	**1**	×	**0**	**1**	**1**	**0**	**0**	**0**	**0**	**0**	**0**	**0**	**0**	6	
1	**1**	×	**0**	**1**	**1**	**1**	**0**	**0**	**0**	**1**	**1**	**1**	**1**	7	
1	**1**	×	**1**	**0**	**0**	**0**	**0**	**0**	**0**	**0**	**0**	**0**	**0**	8	
1	**1**	×	**1**	**0**	**0**	**1**	**0**	**0**	**0**	**0**	**1**	**0**	**0**	9	

3. 计数器

计数器是一种典型的时序电路,它由触发器构成,在数字电路中主要对脉冲的个数进行计数,实现测量、计数、控制、分频等功能。计数器种类繁多,按进制数可分为二进制、十进制和 N 进制;按计数增减可分为加法、减法和可逆三种;按脉冲引入方式可分为同步和异步。

74LS90 是异步二-五-十进制计数器,其内部逻辑电路和引脚排列如图 4-5-3 所示,功能见表 4-5-2。74LS90 包含 1 个独立的二进制计数器(CP_0 输入脉冲,Q_0 输出为二进制)和 1 个独立的异步五进制计数器(CP_1 输入脉冲,Q_1、Q_2、Q_3 输出为五进制)。将 Q_0 与 CP_1 相连,CP_0 作为时钟脉冲输入端,Q_0、Q_1、Q_2、Q_3输出为十进制。$R_{0(1)}$、$R_{0(2)}$是异步清零端,$S_{9(1)}$、$S_{9(2)}$是异步置9端,均为高电平有效。

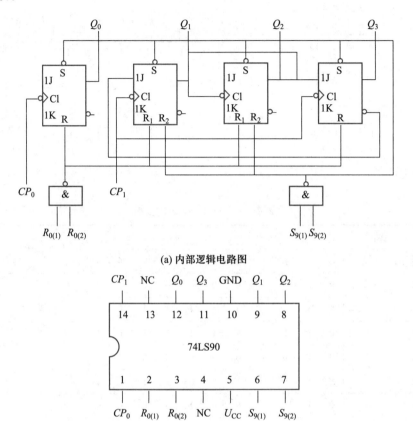

(a) 内部逻辑电路图

(b) 引脚排列

图 4-5-3　异步二-五-十进制计数器 74LS90

表 4-5-2　74LS90 的功能表

复位输入		置位输入		时钟	输出				功能说明
$R_{0(1)}$	$R_{0(2)}$	$S_{9(1)}$	$S_{9(2)}$	CP	Q_3	Q_2	Q_1	Q_0	
1	1	0	×	×	0	0	0	0	异步清零
1	1	×	0	×	0	0	0	0	
×	×	1	1	×	1	0	0	1	异步置数
×	0	×	0	↓	计数				加法计数
0	×	0	×	↓	计数				
0	×	×	0	↓	计数				
×	0	0	×	↓	计数				

　　74LS90 利用异步置数功能可以构成任意 N 进制计数器($N \leqslant 10$)。例如图 4-5-4 所示电路

为五进制计数器,其中 Q_0、Q_2 端分别接 $R_{0(2)}$、$R_{0(1)}$ 端。$Q_3Q_2Q_1Q_0$ 从 **0000** 开始计数,经过 5 个 CP 脉冲变为 **0101** 状态,此时 Q_0 和 Q_2 端均为高电平,与之相连的 $R_{0(1)}$、$R_{0(2)}$ 端同时置为高电平,使得计数器异步清零,即计数器从 **0000** 重新开始计数。因是异步复位,状态 **0101** 刚出现瞬间就被清除,使得 **0101** 显示不出来,计数器在 **0000~0100** 五个状态中循环,为五进制加法计数器。

　　若要设计 $N>10$ 的计数器,可将两片或更多的 74LS90 进行级连。例如图 4-5-5 为二十四进制计数器,其中两个计数器的 $R_{0(1)}$、$R_{0(2)}$ 端分别连在一起,一端接十位计数器的 Q_1,一端接个位计数器的 Q_2。个位计数器的 CP_0 端接计数脉冲,Q_3 接十位计数器的 CP_0 端。每当个位计数器计数到 **1001** 时,就会给十位计数器一个计数脉冲,如此反复,直到十位计数器计数到 **0010** 且个位计数器计数到 **0100** 时,两片计数器的 $R_{0(1)}$、$R_{0(2)}$ 端同时被置高电平,则两片计数器同时清零,实现一个计数周期。随着计数脉冲的到来从 **0000** 开始继续重复计数。

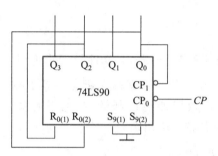

图 4-5-4　74LS90 构成五进制计数器

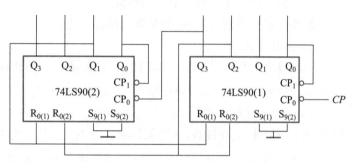

图 4-5-5　74LS90 构成二十四进制计数器

三、实验内容

1. 译码显示功能的测试

按图 4-5-6 所示接线,将 74LS47 的 3 个使能端 $\overline{LT}$、$\overline{BI/RBO}$、$\overline{RBI}$ 和 4 个输入端 A、B、C、D 分别接逻辑开关,按表 4-5-1 所示,改变逻辑开关状态,观察并记录数码管显示字符。

2. 74LS90 逻辑功能的测试

将 74LS90 的 4 个输出端 Q_0、Q_1、Q_2、Q_3 和译码显示电路的 4 个输入端 A、B、C、D 一一对应连接起来,4 个置位端接逻辑开关,CP_0 端输入低频连续脉冲($f=1$ Hz),按表 4-5-2 所示,改变逻辑开关状态,验证其逻辑功能。注意观察计数器是上升沿触发还是下降沿触发。

3. 用 74LS90 设计并实现十进制、六进制和九进制计数器

按照预习内容接好线路,CP_0 接 1 Hz 连续脉冲,接通电源,测试其计数功能。

四、思考题

用 74LS90 设计七进制和八进制计数器,画出电路图。提示:七进制计数器对应的输出 $Q_3Q_2Q_1Q_0 =$ **0111**,需另加非门实现。

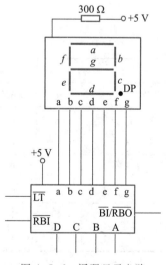

图 4-5-6　译码显示电路

五、实验设备

① 电工电路实验装置。

② 数字万用表。

4.6　计数器和分频器的设计

预习要求

① 复习计数器 74LS161 的工作原理。

② 根据实验内容设计六进制、十进制和六十进制计数器。

一、实验目的

① 掌握 74LS161 计数器的基本功能。

② 掌握任意进制计数器、分频器的设计方法。

二、实验原理

74LS161 是四位可预置数的二进制同步计数器,其引脚排列如图 4-6-1 所示,功能见表 4-6-1。
$\overline{CR}$ 是异步复位端,$\overline{LD}$ 是预置数控制端,均为低电平有效。$D_0 \sim D_3$ 是预置数据输入端,$Q_0 \sim Q_3$ 是输出端。CP 是时钟脉冲输入端,上升沿有效。ENP、ENT 是计数器使能控制端,高电平有效。$ENP = ENT = 1$ 时,允许计数,否则保持原状态不变。RCO 是进位信号输出端。

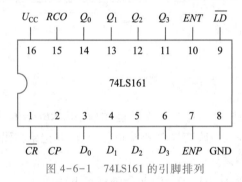

图 4-6-1　74LS161 的引脚排列

表 4-6-1　74LS161 的功能表

输入						输出	功能说明
CP	$\overline{CR}$	$\overline{LD}$	ENP	ENT	$D_3 D_2 D_1 D_0$	$Q_3 Q_2 Q_1 Q_0$	
×	**0**	×	×	×	××××	**0000**	异步清零
↑	**1**	**0**	×	×	$d_3 d_2 d_1 d_0$	$d_3 d_2 d_1 d_0$	同步并行置数
×	**1**	**1**	**0**	**0**	××××	保持	保持
×	**1**	**1**	**0**	**1**	××××	保持	
×	**1**	**1**	**1**	**0**	××××	保持	
↑	**1**	**1**	**1**	**1**	××××	计数	加法计数

利用 74LS161 构成任意 N 进制计数器($N \le 16$)的常用方法有反馈清零法和反馈置数法。反

馈清零法是利用 74LS161 的异步清零端 $\overline{CR}$，如图 4-6-2 所示为十二进制计数器。$N=12$ 对应计数器的状态为 **1100**，将计数器的 Q_3 和 Q_2 分别接到 2 输入与非门的输入端，其输出端接到计数器的异步复位端 $\overline{CR}$。当计数器计数到 **1100** 时，与非门输入端同时为高电平，输出端为低电平，即 $\overline{CR}=0$，则计数器异步清零，计数器返回到零位，实现一个计数周期。由于是异步复位，状态 **1100** 刚出现瞬间就被清除，计数器显示 **0000~1011**，为十二进制计数器。反馈清零法同样适用于其他具有异步复位端的集成计数器。

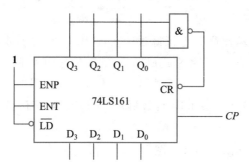

图 4-6-2　利用反馈清零法构成十二进制计数器

反馈置数法是利用 74LS161 的预置数控制端 $\overline{LD}$，如图 4-6-3 所示为十二进制计数器。图 4-6-3（a）是输出为 **0000~1011** 的十二进制计数器，其中 $D_3D_2D_1D_0=0000$，Q_3、Q_1 和 Q_0 分别接到 3 输入与非门的输入端，与非门的输出端接到计数器的预置数控制端 $\overline{LD}$。当计数到 **1011** 时，与非门输入端同时为高电平，输出端为低电平，即 $\overline{LD}=0$，则计数器被同步并行置数为 **0000**，计数器完成一个计数周期。图 4-6-3（b）是输出为 **0100~1111** 的十二进制计数器，其中 $D_3D_2D_1D_0=0100$，计数器的进位信号输出端 RCO 端通过一个非门取反后接到预置数控制端 $\overline{LD}$。当计数到 **1111** 时，$RCO=1$，使得 $\overline{LD}=0$，则计数器被同步并行置数为 **0100**，计数器完成一个计数周期。反馈置数法同样适用于其他具有预置数功能的集成计数器。

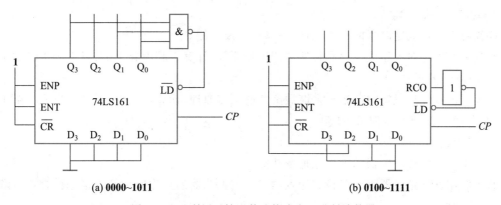

(a) 0000~1011　　　　　　　　　　　(b) 0100~1111

图 4-6-3　利用反馈置数法构成十二进制计数器

若要设计 $N>16$ 的计数器，就必须使用两片或更多的 74LS161 进行级联。级联的方式有同步和异步两种,异步级联是用低位计数器的进位输出 RCO 通过**非**门进行取反后作为高位计数器的计数脉冲。同步级联是将外部计数脉冲同时接到两片或多片计数器的 CP 端,利用低位计数器的 RCO 控制高位计数器的使能端 ENP 和 ENT。两片 74LS161 计数器级联后,最大可实现二百五十六进制计数器。

三、实验内容

1. 74LS161 逻辑功能的测试

① 将 74LS161 的 4 个预置数据输入端和所有输入控制端接逻辑开关,输出端 $Q_0 \sim Q_3$ 接 LED 发光二极管,CP 端接单次正脉冲,按表 4-6-1 所示,改变逻辑开关状态,验证其逻辑功能。

② 上述电路中,将 CP 端接高频连续脉冲($f = 1$ kHz),使用示波器观察并记录 CP、Q_0、Q_1、Q_2、Q_3 的工作波形,测量它们的工作频率,分析它们之间的分频关系。

2. 用 74LS161 设计并实现六进制、十进制和六十进制计数器

按照预习内容接好线路,CP_0 接 1 Hz 连续脉冲,接通电源,测试其计数功能。

四、实验报告要求

整理并分析实验结果,画出实验波形图。

五、思考题

① 简述计数器和分频器的区别。

② 用 74LS161 实现 N 进制计数器,复位信号在状态 N 时产生,置数信号却在状态 $N-1$ 时产生,请分析原因。

六、实验设备

① 电工电路实验装置。

② 数字示波器。

③ 数字万用表。

4.7 555 集成定时器及其应用

预习要求

① 复习 555 集成定时器的工作原理、引脚排列及功能。

② 复习 555 定时器组成单稳态触发器的工作原理,计算实验内容 1 中,当 $C = 10$ μF,输出宽度为 5 s 时电阻 R 的值。

③ 复习由 555 集成定时器组成多谐振荡器的工作原理,计算实验内容 2 中,当 $R_2 = 430$ kΩ,$C = 1$ μF,振荡周期 $T = 1$ s 时 R_1 的值。

一、实验目的

① 熟悉 555 集成定时器的工作原理及功能。

② 了解用 555 定时器组成单稳态触发器和多谐振荡器的工作原理及电路参数对其的影响。

二、实验原理

555 集成定时器有 TTL 和 CMOS 等型号之分,但引脚排列和功能完全相同。如图 4-7-1(a) 和(b)所示分别为 555 集成定时器内部逻辑电路及引脚排列图。其各个引脚的名称及用途

如下：

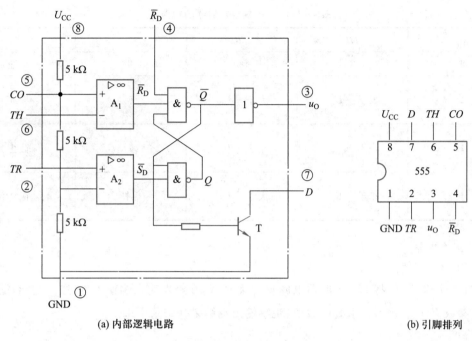

(a) 内部逻辑电路　　　　　　　　(b) 引脚排列

图 4-7-1　555 集成定时器内部逻辑电路和引脚排列

① (GND)——接地端

② (TR)——触发输入端　该端输入电压高于 $\frac{1}{3}U_{CC}$ 时，比较器 A_2 输出为 **1**；当输入电压低于 $\frac{1}{3}U_{CC}$ 时，比较器 A_2 输出为 **0**。

③ (u_0)——输出端　输出最大电流为 200 mA。

④ ($\overline{R}_D$)——复位端　在此端输入负脉冲(**0** 电平，低于 0.7 V)可以使触发器直接置 **0**。正常工作时，应将它接 **1**(接+U_{CC})。

⑤ (CO)——电压控制端　静态时，此端电位为 $\frac{2}{3}U_{CC}$。若在此端外加直流电压，可以改变分压器各点的电位值。当没有其他外部连线时，应在该端与地之间接入 0.01 μF 的电容，以防将干扰引入比较器 A_1 的同相端。

⑥ (TH)——高电平触发端　该端输入电压低于 $\frac{2}{3}U_{CC}$ 时，比较器 A_1 输出为 **1**；当输入电压高于 $\frac{2}{3}U_{CC}$ 时，比较器 A_1 输出为 **0**。

⑦ (D)——放电端　当输出 $u_0 = $**0**，即触发器 $\overline{Q} = $**1** 时，放电晶体管 T 导通，相当于 7 端对地短接。当 u_0 为 **1**，即 $\overline{Q} = $**0** 时，T 截止，7 端与地隔离。

⑧ (U_{CC})——电源端　CMOS 555 集成定时器的电源电压在 4.5~18 V 范围内。

555 集成定时器的功能见表 4-7-1。

表 4-7-1　555 集成定时器的功能表

$\overline{R}_D$	TH	TR	u_O	T
0	×	×	**0**	导通
1	大于 $\frac{2}{3}U_{CC}$	大于 $\frac{1}{3}U_{CC}$	**0**	导通
1	小于 $\frac{2}{3}U_{CC}$	小于 $\frac{1}{3}U_{CC}$	**1**	截止
1	小于 $\frac{2}{3}U_{CC}$	大于 $\frac{1}{3}U_{CC}$	保持	保持

三、实验内容

1. 单稳态触发器

如图 4-7-2 所示，将 555 定时器电源 $+U_{CC}$ 接 +5 V，在触发输入端输入负脉冲，输出端接发光二极管，参数 R、C 取预习要求②的数值，观察输出端结果并记录下来。

2. 多谐振荡器

如图 4-7-3 所示，将 555 定时器电源 $+U_{CC}$ 接 +5 V，输出端接双踪示波器，参数 R_1、R_2、C 取预习③的数值，用示波器观察电容器的充、放电波形和输出波形，将结果记录下来。

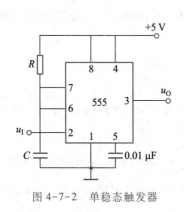

图 4-7-2　单稳态触发器　　　　　图 4-7-3　多谐振荡电路

3. 整点报时电路

当时间到 59 分 56 秒时，电台每秒报鸣一次，累计报鸣 5 次。在数字钟电路里，只要在 59 分 56 秒时刻，由组合电路输出一个触发脉冲，启动 5 s 定时电路，即可实现整点报时。简单的实现电路如图 4-7-4 所示，试分析图示电路的工作原理，通过实验测试其逻辑功能。输出用 LED 发光二极管显示。确定电路中参数 R_1、R_2、R_3、C_1、C_2 的值（可参照前面的实验内容）。

四、实验报告要求

整理各实验所记录的波形和测量数据，并与理论计算值进行比较。

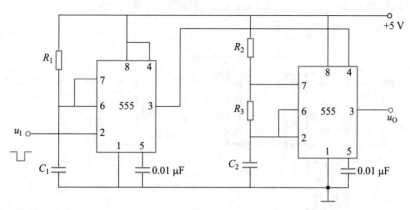

图 4-7-4　整点报时电路

五、思考题

① 由 555 定时器构成的单稳态触发器中 5 脚接电容器起什么作用？

② 由 555 定时器构成的多谐振荡器，其振荡周期和占空比与哪些参数有关？若只改变周期而不改变占空比，应如何调整元件参数？

六、实验设备

① 电工电路实验装置。

② 数字示波器。

③ 数字万用表。

4.8　D/A、A/D 转换器及其应用

预习要求

① 学习 D/A、A/D 转换的工作原理。

② 熟悉 DAC0832、ADC0809 各引脚功能及其使用方法。

一、实验目的

① 了解 D/A、A/D 转换器的基本工作原理和基本结构。

② 掌握集成 D/A、A/D 转换器的功能及其使用方法。

二、实验原理

在电子系统中，把数字量转换成模拟量的装置称为数模转换器，简称 D/A 转换器或 DAC，把模拟量转换为数字量的装置称为模数转换器，简称 A/D 转换器或 ADC。D/A 转换器和 A/D 转换器是模拟、数字系统间的桥梁。完成这一转换功能的集成电路有很多种，使用者通过查找其芯片手册即可正确使用这些器件。本实验采用大规模集成电路 DAC0832、ADC0809 实现 D/A、A/D 转换。

1. D/A 转换器 DAC0832

DAC0832 是采用 CMOS/Si-Cr 工艺制成的单片电流输出型 8 位 D/A 转换器，转换时间为 1 μs。其逻辑框图和引脚排列如图 4-8-1 所示，它由 8 位输入寄存器、8 位数据寄存器、8 位

D/A 转换电路和转换控制电路构成,核心部件采用倒 T 型电阻网络。

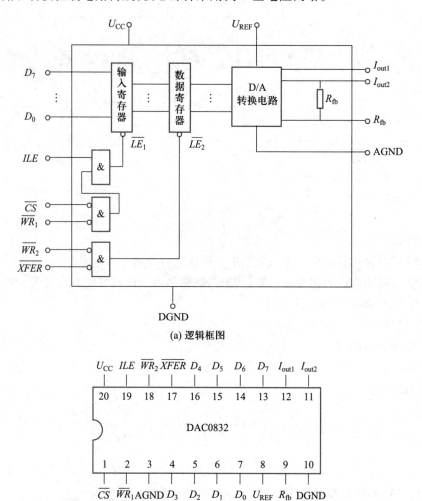

(a) 逻辑框图

(b) 引脚排列

图 4-8-1 DAC0832

DAC0832 各引脚功能说明如下。

$D_0 \sim D_7$:数字信号输入端,D_7 是最高位,D_0 是最低位。

ILE:输入寄存器允许,高电平有效。

$\overline{CS}$:片选信号,低电平有效。

$\overline{WR_1}$:写信号 1,低电平有效。当 $\overline{WR_1} = 0$,同时 $\overline{CS} = 0$、$ILE = 1$ 时,输入数据 $D_0 \sim D_7$ 锁存到输入寄存器。

$\overline{XFER}$:传送控制信号,低电平有效。

$\overline{WR_2}$:写信号 2,低电平有效。当 $\overline{WR_2} = 0$、$\overline{XFER} = 0$ 时,输入寄存器中数据锁存到数据寄存器。

I_{out1}:DAC 电流输出端 1。构成电压输出时,该端接运算放大器的反向输入端。

I_{out2}：DAC 电流输出端 2。构成电压输出时，该端接运算放大器的同向输入端。

R_{fb}：反馈电阻引出端。构成电压输出时，该端接运算放大器的输出端。

U_{REF}：基准电压，电压范围为 $-10 \sim +10$ V。

U_{CC}：电源电压，电压范围为 $+5 \sim +15$ V。

AGND：模拟地。

DGND：数字地。通常模拟地与数字地连接在一起。

DAC0832 有 3 种工作方式：

① 直通方式。不需要写信号控制，输入数据直接传到内部 D/A 转换电路的数据输入端。此时，$\overline{WR_1} = \overline{CS} = \overline{WR_2} = \overline{XFER} = 0, ILE = 1$。

② 单缓冲方式。输入数据经过输入寄存器缓冲控制后传到内部 D/A 转换电路的数据输入端。$\overline{WR_2} = \overline{XFER} = 0$。

③ 双缓冲方式。两个寄存器均处于受控工作状态。该方式能够实现多片 D/A 转换器的同步输出。

DAC0832 输出为电流，要转换成电压，必须经过一个外接的运算放大器，实验线路如图 4-8-2 所示。

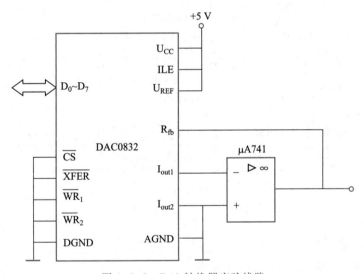

图 4-8-2　D/A 转换器实验线路

2. A/D 转换器 ADC0809

ADC0809 是采用 CMOS 工艺制成的单片 8 位 8 通道逐次逼近型 A/D 转换器，转换时间为 100 μs。其逻辑框图和引脚排列如图 4-8-3 所示，它由 8 路模拟量选通开关、地址锁存与译码器、电压比较器、8 位 A/D 转换器、8 位逐次逼近寄存器、8 位三态输出数据锁存器、逻辑控制与定时电路组成。

ADC0809 各引脚的功能说明如下。

$IN_0 \sim IN_7$：8 路模拟信号输入端。电压范围为 $0 \sim +5$ V。

$D_7 \sim D_0$：8 位数字信号输出端。

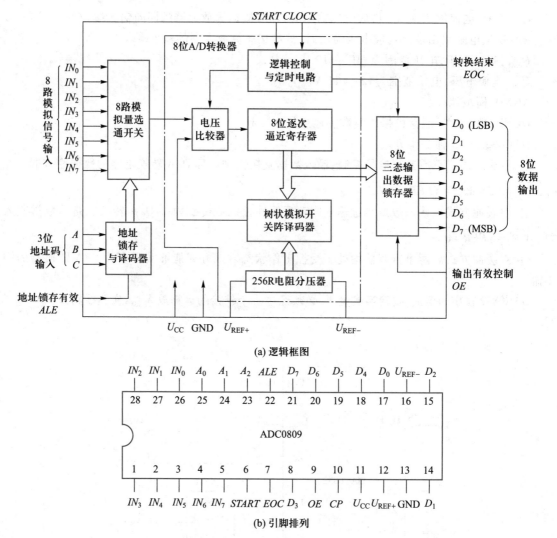

(a) 逻辑框图

(b) 引脚排列

图 4-8-3　ADC0809

A_2、A_1、A_0：地址输入端。

ALE：地址锁存允许输入信号,高电平有效。

START：A/D 转换启动脉冲输入端。输入一个正脉冲(至少 100 ns 宽)使其启动(脉冲上升沿使芯片复位,下降沿启动 A/D 转换)。

EOC：A/D 转换结束输出信号。当 A/D 转换结束时,此端输出一个高电平(转换期间一直为低电平)。

OE：数据输出允许输入信号,高电平有效。当 A/D 转换结束时,此端输入一个高电平,才能打开输出三态门,输出数字量。

CLOCK(*CP*)：时钟脉冲输入端。要求时钟频率不高于 640 kHz。

U_{CC}：+5 V 单电源供电。

GND：接地端。

U_{REF+}、U_{REF-}:基准电压的正极、负极。一般 U_{REF+} 接 +5 V 电源,U_{REF-} 接地。

A_2、A_1、A_0 三地址输入端与 8 路模拟信号输入通道所对应的关系如表 4-8-1 所示。

表 4-8-1 地址输入与模拟信号输入通道的选通关系表

被选模拟通道		IN_0	IN_1	IN_2	IN_3	IN_4	IN_5	IN_6	IN_7
地址	A_2	0	0	0	0	1	1	1	1
	A_1	0	0	1	1	0	0	1	1
	A_0	0	1	0	1	0	1	0	1

ADC0809 芯片的工作过程:首先输入 3 位地址,并使 $ALE = 1$,将地址存入地址锁存器中。此地址经译码选通 8 路模拟信号输入之一到电压比较器。$START$ 启动脉冲的上升沿将逐次逼近寄存器复位,下降沿启动 A/D 转换,之后 EOC 输出信号变低,指示转换正在进行。直到 A/D 转换完成,EOC 变为高电平,指示 A/D 转换结束,结果数据已存入锁存器,这个信号可用作中断申请。当 OE 输入高电平时,输出三态门打开,转换结果的数字量输出到数据总线上。

三、实验内容

1. D/A 转换器 DAC0832 的功能测试

① 找出 DAC0832、μA741 模块,按图 4-8-2 所示接线。数据输入端 $D_0 \sim D_7$ 按高低位自左向右分别接逻辑开关,μA741 采用 ±12 V 供电。

② 调零。接通电源,将 $D_0 \sim D_7$ 全部置零,调节运算放大器脚 1 和脚 5 之间的电位器使其输出 u_0 为零。

③ 按表 4-8-2 所示改变输入数字量,用数字万用表测量运算放大器输出电压 u_0,将测量结果填入表中,并与理论值进行比较。

表 4-8-2 DAC0832 的功能表

输入数字量								输出模拟量 u_0/V	
D_7	D_6	D_5	D_4	D_3	D_2	D_1	D_0	实测值	理论值
0	0	0	0	0	0	0	0		
0	0	0	0	0	0	0	1		
0	0	0	0	0	0	1	1		
0	0	0	0	0	1	1	1		
0	0	0	0	1	1	1	1		
0	0	0	1	1	1	1	1		
0	0	1	1	1	1	1	1		
0	1	1	1	1	1	1	1		
1	1	1	1	1	1	1	1		

2. A/D 转换器 ADC0809 的功能测试

① 找出 ADC0809 模块,按图 4-8-4 所示接线。输入模拟量 u_1 接直流稳压电源,数据输出端

$D_0 \sim D_7$ 按高低位自左向右接 LED 发光二极管，CP 接高频连续脉冲（$f = 100$ kHz）。将 $START$、EOC 和 ALE 连接在一起，此时电路为自动转换状态。

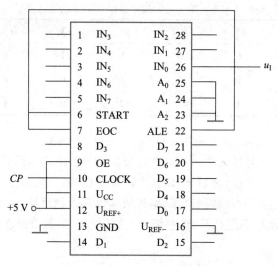

图 4-8-4　ADC0809 实验电路

② 接通电源后，按表 4-8-3 所示调节模拟量输入 u_1，观察并记录 $D_0 \sim D_7$ 的状态。将转换结果换算成十进制数表示的电压值，并与万用表实测的各路输入电压值进行比较，分析误差原因。

表 4-8-3　A/D 转换器转换结果

输入模拟量	输出数字量								
u_1/V	D_7	D_6	D_5	D_4	D_3	D_2	D_1	D_0	十进制数
4.5									
4.0									
3.5									
3.0									
2.5									
2.0									
1.5									
1.0									

四、实验报告要求

① 整理实验数据，分析理论值和实验值之间误差产生的原因。

② 计算 D/A 转换器和 A/D 转换器的转换精度。

五、思考题

① 如何提高 D/A 转换器的分辨率？

② 为什么 D/A 转换器的输出端要接运算放大器？

③ DAC0832 为什么设置两个地端（AGND 和 DGND）？ 使用时应如何处理？

六、实验设备

① 电工电路实验装置。

② 直流稳压电源。

③ 数字示波器。

④ 数字万用表。

4.9　数字频率计的设计与实现

预习要求

① 复习分频原理和时基信号产生的方法。

② 复习计数、译码、显示电路的工作原理。

③ 分析量程与被测信号频率之间的关系。

一、实验目的

① 掌握数字频率计的工作原理及测量方法。

② 掌握数字频率计的设计、组装及调试方法。

③ 增强运用所学的数字电路知识解决实际问题的能力。

二、实验原理

数字频率计是一个能测量某一按周期性规律变化的电信号频率的仪器，被测信号可以是正弦信号、方波信号或其他脉冲信号，结果用十进制数字显示，具有精度高、测量迅速和读数方便等优点。

简易数字频率计的组成框图如图 4-9-1 所示。其中 u_X 是被测量的电信号，通过放大整形电路将 u_X 信号转换成计数器所要求的脉冲信号并送入控制闸门，门控电路产生一个脉宽为 1 s 的闸门信号将闸门打开，即闸门开启 1 s，计数器记录 1 s 内被测信号的脉冲数，也就是信号的频率。闸门信号结束后，显示器上将显示被测信号的频率。另外，门控电路在下一个闸门信号到来前产生一个清零脉冲，使计数器每次测量都从零开始计数。图 4-9-2 为频率计各信号的时序图。

三、实验内容

要求设计一个测量 0～999 Hz 信号频率的简易数字频率计，其电路原理如图 4-9-3 所示。

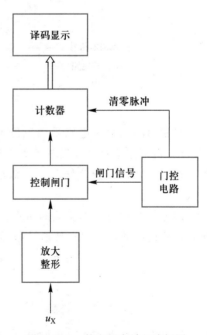

图 4-9-1　数字频率计组成框图

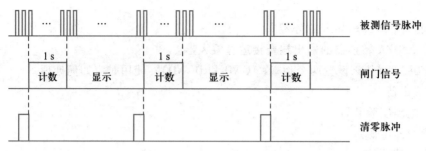

图 4-9-2　频率计信号时序图

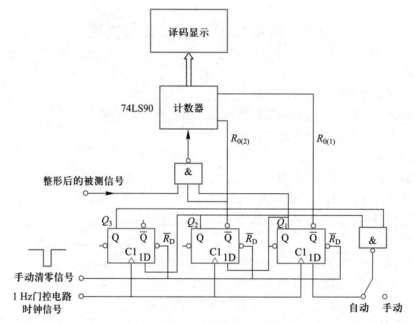

图 4-9-3　数字频率计电路原理图

计数、译码、显示电路采用三位十进制数,设计方法可参考本章 4.5 节。1 Hz 门控信号可用现成的,也可用运算放大器或 555 定时器和电阻、电容等元件构成频率为 1 Hz 的多谐振荡器。被测信号 u_1 可由低频信号发生器输出的正弦波经整形变成脉冲波。此三部分电路需自己设计完成。

时序控制部分是本实验的重点,分自动测量和手动测量两种情况。自动测量电路是由三个 D 触发器构成的可自启动环形计数器,Q_3、Q_2、Q_1 状态转换的有效循环如下

当环形计数器进入有效循环后,由于闸门控制信号 $= \overline{Q_2}Q_1$,当 $\overline{Q_2}Q_1 = \mathbf{11}$ 时,计数器开始计数,持续时间为 1 s。测频计数器的清零信号 $= \overline{Q_2}\,\overline{Q_1}$,$\overline{Q_2}\,\overline{Q_1} = \mathbf{11}$ 时,计数器清零。其余时间为频率

显示时间,如此循环往复。

手动测量时,断开最右侧 D 触发器 D 端的连线,Q_3、Q_2、Q_1 的工作状态变为

手动清零→0 $\boxed{0\ 0}$ →0 $\boxed{0\ 1}$ → 0 1 1→1 1 1(再不变)

清零　　计数　　　显示

这样,经一次测量后,测量结果将一直显示下去,直到人为手动清零为止。

四、实验报告要求

① 画出完整的数字频率计电路图。

② 分析数字频率计门控电路信号的工作时序。

③ 写出实验心得体会。

五、思考题

① 请说明时基信号、控制信号、被测信号之间的关系。

② 测量精度取决于哪些参数?

③ 当被测信号的频率超出测量范围时,请增加一个报警电路。

六、实验设备

① 电工电路实验装置。

② 直流稳压电源。

③ 数字示波器。

④ 数字万用表。

4.10　用 CPLD 设计组合逻辑电路

预习要求

① 认真学习附录 B 或其他参考书,了解 Quartus Ⅱ 软件的使用方法。

② 复习 4 选 1 多路选择器和显示译码器的工作原理。

③ 根据实验内容设计相关程序。

一、实验目的

① 熟悉 Quartus Ⅱ 软件的使用。

② 掌握使用 CPLD 设计组合逻辑电路的方法。

二、实验原理

1. 4 选 1 多路选择器

4 选 1 多路选择器的逻辑框图如图 4-10-1 所示,功能见表 4-10-1。A_1、A_0 为选择控制端,高电平有效,其中 A_1 是高位,A_0 是低位。$D_0 \sim D_4$ 为 4 路数据输入端,Y 为输出端。4 选 1 多路选择器根据选择控制端 A_1、A_0 的状态选择 $D_0 \sim D_3$ 中的一个数据并传输到输出端。

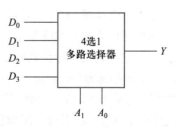

图 4-10-1　4 选 1 多路选择器的逻辑框图

表 4-10-1　4 选 1 多路选择器的功能表

选择控制端		输出端 Y
A_1	A_0	
0	0	D_0
0	1	D_1
1	0	D_2
1	1	D_3

仿真操作步骤如下。

① 建立一个名为 mux41 的文件夹。启动 Quartus Ⅱ 13.1 软件，在菜单栏选择“File→New Project Wizard”，打开新工程向导对话框。按附录 B 提示进行设置，完成新工程的创建。

② 在菜单栏选择“File→New”，打开新建文件对话框，选择“Verilog HDL File”，单击“OK”按钮打开文本编辑窗口。在文本编辑窗口输入 Verilog HDL 程序(参考程序见图 4-10-2)。在菜单栏选择“File→Save As”命令，打开保存文件对话框，保存类型选择“Verilog HDL Files(*.v *.vlg *.verilog)”，输入文件名“mux41”，单击“保存”按钮保存文件。

mux41.v

```
module mux41(D0,D1,D2,D3,A0,A1,Y);
   input D0,D1,D2,D3;
   input A0,A1;
   output reg Y;
 always @(*)
   case({A1,A0})
    0:Y=D0;
    1:Y=D1;
    2:Y=D2;
    3:Y=D3;
    default:Y=D0;
   endcase
 endmodule
```

图 4-10-2　4 选 1 多路选择器的 Verilog HDL 程序

③ 在菜单栏选择“Processing→Start Compilation”，启动全编译程序，检查设计是否有规则错误。

④ 在菜单栏选择“File→New”，打开新建文件窗口，选择“University Program VWF”，单击“OK”按钮打开仿真波形编辑器窗口“Simulate Waveform Editor”。按附录 B 提示进行功能仿真和时序仿真，对设计输入进行仿真验证。

⑤ 在菜单栏选择“Assignment→Pin Planner”，打开引脚分配窗口。在“Location”栏中双击鼠标左键并按表 4-10-2 所示选择引脚号完成引脚分配。在菜单栏选择“Processing→Start Compilation”进行二次编译，将引脚分配信息编译进编程下载文件。

表 4-10-2　4 选 1 多路选择器的引脚分配表

输入端(SW)						输出端(LED)
D_0	D_1	D_2	D_3	A_0	A_1	Y
42	43	44	47	48	49	54

⑥ 将 CPLD 开发板的 USB-Blaster 下载线与计算机的 USB 接口连接好。在主菜单栏选择"Tool→Programmer"打开编译器窗口。单击"Hardware Setup"按钮打开硬件设置对话框,在"Currently selected hardware"列表中选择"USB-Blaster",单击"Close"按钮关闭该窗口。在"Mode"列表中选择"JTAG"编程模式。勾选"Program/Configure"栏中的选项。单击"Start"按钮启动下载工作。

⑦ 逻辑功能验证。按真值表 4-10-1 所示拨动 CPLD 开发板的开关 SW,观察发光二极管 LED 的情况,验证设计的逻辑功能。

2. 二-十进制显示译码器

二-十进制显示译码器是将 8421BCD 码编译成驱动数码管显示字符的信号,其真值表见表 4-10-3。D、C、B、A 为 4 个输入端,输入 4 位 8421BCD 码。$a \sim g$ 为 7 个输出信号,低电平有效。

表 4-10-3　二-十进制显示译码器的真值表

D	C	B	A	a	b	c	d	e	f	g	显示字形
0	0	0	0	0	0	0	0	0	0	1	0
0	0	0	1	1	0	0	1	1	1	1	1
0	0	1	0	0	0	1	0	0	1	0	2
0	0	1	1	0	0	0	0	1	1	0	3
0	1	0	0	1	0	0	1	1	0	0	4
0	1	0	1	0	1	0	0	1	0	0	5
0	1	1	0	0	1	0	0	0	0	0	6
0	1	1	1	0	0	0	1	1	1	1	7
1	0	0	0	0	0	0	0	0	0	0	8
1	0	0	1	0	0	0	0	1	0	0	9

二-十进制显示译码器的 Verilog HDL 参考程序如图 4-10-3 所示。

三、实验内容

1. 软件设计

使用 Quartus II 软件进行 4 选 1 多路选择器和二-十进制显示译码器的设计输入、编译、仿真及下载。设计输入的方式不限。

```
                                                       decoder47.v*
 1      module decoder47(a,b);
 2        input [3:0] a;
 3        output reg [6:0] b;
 4        always @(a)
 5    □   begin
 6    □     case(a)
 7          4'b0000:b=7'b1000000;
 8          4'b0001:b=7'b1111001;
 9          4'b0010:b=7'b0100100;
10          4'b0011:b=7'b0110000;
11          4'b0100:b=7'b0011001;
12          4'b0101:b=7'b0010010;
13          4'b0110:b=7'b0000010;
14          4'b0111:b=7'b1111000;
15          4'b1000:b=7'b0000000;
16          4'b1001:b=7'b0010000;
17          default:b=7'bx;
18          endcase
19        end
20      endmodule
```

图 4-10-3 二-十进制显示译码器的 Verilog HDL 程序

2. 功能验证

根据功能表,对下载后的 CPLD 器件进行功能验证。

四、实验报告要求

① 给出设计输入文件、仿真波形及实测结果。

② 总结实验中遇到的问题及解决方法。

五、实验设备

① 计算机(装有 Quartus Ⅱ 软件)。

② CPLD 开发板。

4.11 用 CPLD 设计时序逻辑电路

预习要求

① 熟悉 Quartus Ⅱ 软件的使用方法。

② 复习 D 触发器和计数器电路的工作原理。

③ 根据实验内容设计相关程序。

一、实验目的

① 熟悉 Quartus Ⅱ 软件的使用。

② 掌握使用 CPLD 设计时序逻辑电路的方法。

二、实验原理

1. 带异步清零和异步置位端的 D 触发器

带异步清零和异步置位端 D 触发器的逻辑框图如图 4-11-1 所示,功能见表 4-11-1。$\overline{R}$ 为异步复位端,$\overline{S}$ 为异步置位端,均为低电平有效;D 为数据输入端,Q 为输出端;CP 为脉冲输入端,上升沿有效。

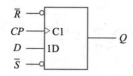

图 4-11-1　*D* 触发器的逻辑框图

表 4-11-1　*D* 触发器的功能表

输入端				输出端
$\bar{R}$	$\bar{S}$	CP	D	Q^{n+1}
0	1	↓	×	0
1	0	↓	×	1
1	1	↑	1	1
1	1	↑	0	0

D 触发器的 Verilog HDL 参考程序如图 4-11-2 所示。

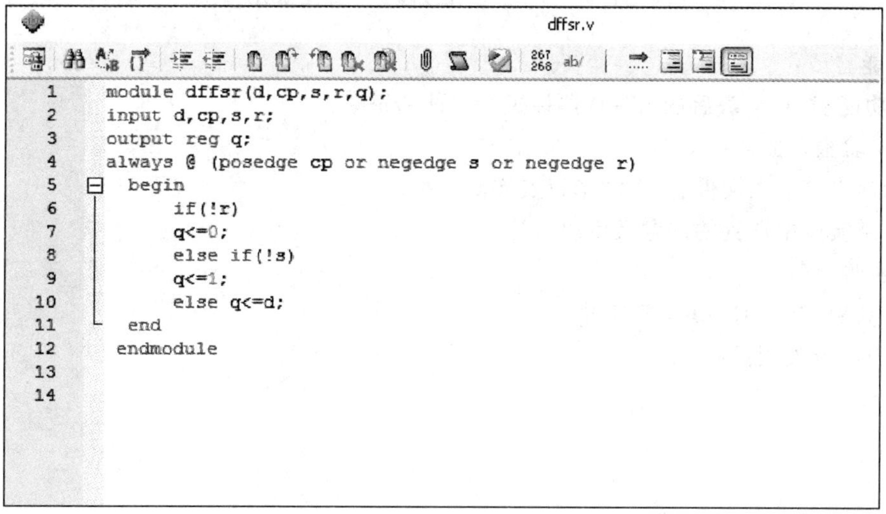

```
                                                    dffsr.v
     1    module dffsr(d,cp,s,r,q);
     2    input d,cp,s,r;
     3    output reg q;
     4    always @ (posedge cp or negedge s or negedge r)
     5    begin
     6         if(!r)
     7         q<=0;
     8         else if(!s)
     9         q<=1;
    10         else q<=d;
    11    end
    12    endmodule
    13
    14
```

图 4-11-2　*D* 触发器的 Verilog HDL 程序

2. 六十进制计数器

六十进制计数器的 Verilog HDL 参考程序如图 4-11-3 所示。其中, *cp* 为时钟信号, *clr* 为复位信号, *sl* 为计数器的个位, *sh* 为计数器的十位。

三、实验内容

1. 软件设计

使用 Quartus Ⅱ软件进行 *D* 触发器和六十进制计数器的设计输入、编译、仿真和下载。设计输入的方式不限。

```
                                                    counter60.v
1      module counter60(cp,clr,sl,sh);
2      input cp,clr;
3      output reg [3:0] sl,sh;
4      always @ (posedge cp or posedge clr)
5   ┌  begin
6   |     if(clr)
7   ┌        begin
8   |           {sh,sl}<=8'h00;
9   └        end
10        else if (sl==9)
11  ┌        begin
12            sl<=0;
13            if (sh==5)
14               sh<=0;
15            else
16               sh<=sh+1;
17  └        end
18        else
19            sl<=sl+1;
20  └  end
21     endmodule
```

图 4-11-3   六十进制计数器的 Verilog HDL 程序

2. 功能验证

根据功能表,对下载后的 CPLD 器件进行功能验证。

四、实验报告要求

① 给出设计输入文件、仿真波形以及实测结果。

② 总结实验中遇到的问题及解决方法。

五、实验设备

① 计算机(装有 Quartus Ⅱ 软件)。

② CPLD 开发板。

第五章 仿真实验

5.1 Multisim 软件应用简介

Multisim 是美国国家仪器(NI)公司推出的以 Windows 为平台的电路仿真工具,也称 NI Multisim,适用于板级的模拟/数字电路板的设计工作。它包含了电路原理图的图形输入、电路硬件描述语言输入方式,具有丰富的仿真分析能力,已被广泛地应用于电子电路分析、设计、仿真等各项工作,是目前最为流行的 EDA 软件之一。

Multisim 基于 PC 平台,采用图形操作界面虚拟仿真了一个与实际情况非常相似的电子电路实验工作台。Multisim 提炼了 SPICE 仿真的复杂内容,这样工程师无须懂得深入的 SPICE 技术就可以很快地绘制、仿真和分析新的设计。Multisim 几乎可以完成在实验室进行的所有电子电路实验,是电子学教学的首选软件工具。

一、Multisim 的主窗口界面

Multisim 14 的主界面如图 5-1-1 所示,包括标题栏、菜单栏、各种工具栏、设计工具箱、电路编辑窗口、设计信息显示窗口等。通过对各部分的操作可以实现电路图的输入、编辑,并根据需要对电路进行相应的观测和分析。用户可以通过菜单栏或工具栏改变主窗口的视图内容。

① 标题栏　标题栏位于主窗口的最上部,显示当前运行的软件名称。

② 菜单栏　通过菜单操作可以完成 Multisim 的所有功能。菜单栏包括文件(File)、编辑(Edit)、视图(View)、选项(Options)、窗口(Window)、帮助(Help)等。此外,还有一些 EDA 软件专用的选项,如绘制(Place)、MCU、仿真(Simulate)、转移(Transfer)、工具(Tools)以及报告(Reports)等。

③ 工具栏　Multisim 提供了多种工具栏,并以层次化的模式加以管理。用户可以通过视图(View)菜单中的工具栏(Toolbars)选项,方便地打开或关闭各种工具栏。

④ 设计工具箱　设计工具箱位于工作界面的左半部分,用于显示全部工程文件和当前打开的项目文件,以及文件层次。

⑤ 电路编辑窗口　电路编辑窗口是中间最大的区域,用户可以在里面放置电路所需的各种元件、仪器、仪表,并将这些元件、仪器、仪表连接成实验电路,进行各种实验操作和仿真分析。

⑥ 设计信息显示窗口　位于主窗口的最下端,用于显示当前操作、鼠标所指条目的相关信息,以及仿真调试信息。

二、Multisim 的工具栏

Multisim 的工具栏包括标准工具栏(Standard)、主工具栏(Main)、视图工具栏(View)、仿真

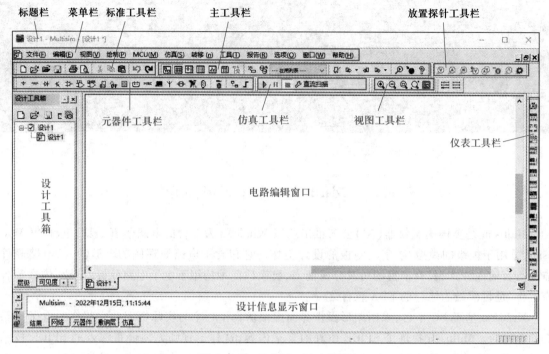

图 5-1-1　Multisim 14 主界面

工具栏(Simulation)、元器件工具栏(Components)、仪表工具栏(Instruments)、放置探针工具栏(Place Probe)等。

标准工具栏包含了常见的文件操作和编辑操作,比如复制、剪切、粘贴等。

主工具栏包含常见功能的按钮,比如设计工具箱、电子表格视图、SPICE 网表查看器、查看试验电路板、图示仪、后处理器等。

视图工具栏包含放大、缩小等功能按钮。

放置探针工具栏包括各种电路探针,用于灵活测量电路支路上的电流、电压、功率等参数。

仿真工具栏包含运行、暂停、停止以及当前所选分析类型等功能按钮,控制电路仿真的开始、暂停和结束。

元器件工具栏共有 20 个按钮,如图 5-1-2 所示。每个按钮都对应一类元器件,其分类方式和 Multisim 元器件数据库中的分类相对应,通过按钮上的图标就可大致清楚该类元器件的类型。

图 5-1-2　元器件工具栏

仪表工具栏集中了 Multisim 为用户提供的所有虚拟仪器仪表,如图 5-1-3 所示。用户可以根据需要选择适当的仪器仪表对电路进行观测。

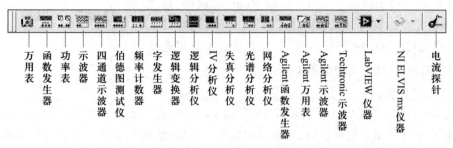

图 5-1-3 仪表工具栏

三、Multisim 的基本分析方法

Multisim 14 具有丰富的电路仿真与分析方法,主要有直流工作点分析、交流分析、瞬态分析、直流扫描分析、单频交流分析、参数扫描分析、噪声分析、蒙特卡洛分析、傅里叶分析、温度扫描分析、失真分析、灵敏度分析、最坏情况分析、噪声因数分析、极点-零点分析、传递函数分析、光迹宽度分析、批处理分析、用户自定义分析等。

直流工作点分析也称静态工作点分析,是在电路中电容开路、电感短路时,计算电路的直流工作点,即在恒定激励条件下求电路的稳态值。交流分析是在正弦小信号工作条件下的一种频域分析,是一种线性分析方法,可以得到电路的幅频特性和相频特性。瞬态分析是一种非线性时域分析方法,是在给定输入激励信号时,分析电路输出端的瞬态响应。直流扫描分析是计算电路中某一节点上的直流工作点随电路中一个或两个直流电源的数值变化的情况,直流电源的数值每变动一次,则对电路做几个不同的仿真。参数扫描分析是指在电路中某些元器件的参数在一定范围内变化时,对电路直流工作点、瞬态特性以及交流频率特性的影响进行分析,以便对电路的某些性能指标进行优化。

四、Multisim 仿真基本操作

Multisim 仿真的基本操作有建立电路文件、放置元器件和仪表、元器件编辑、连线和进一步调整、电路仿真以及输出分析结果。具体将在 5.2.1 节详细说明。

5.2 电工技术仿真实验

5.2.1 电压源外特性曲线的分析

一、实验目的

① 学习使用 Multisim 14 软件进行电压源外特性曲线的分析。
② 学习参数扫描分析方法的设置与输入、输出关系曲线的观测方法。

二、实验内容

通过本节实验,详细介绍利用 Multisim 软件对电路进行仿真分析的基本流程。

如图 5-2-1 所示,采用该电路测试实际电压源的外特性,取 $U_s = 5$ V,$R_s = 100$ Ω。试给定不

同的负载电阻 R_L,运行 Multisim 14 软件进行仿真。

1. 建立电路文件

单击"开始→NI Multisim 14.0",启动 Multisim 软件,系统
会默认打开一个空白窗口。如果已经运行了 Multisim,可以执
行菜单命令"文件(File)→设计(New)",或直接在工具栏选择
"□"打开空白窗口,或利用快捷键 Ctrl+N。

2. 放置元器件和仪表

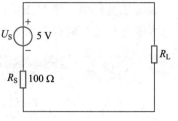

图 5-2-1 电压源外特性电路图

执行菜单命令"绘制(Place)→元器件(Component)",或在元器件工具栏中直接选取,或在
电路编辑窗口空白处单击鼠标右键,在弹出的菜单中选择"放置元器件",或利用快捷键 Ctrl+W,
四种方法均可打开"选择一个元器件(Select a Component)"对话框,如图 5-2-2 所示。在该对话
框中依次选择"组(Group)→系列(Family)→元器件(Component)",单击"确认"按钮,然后移动
鼠标,将所选元器件放置在工作区的空白位置。

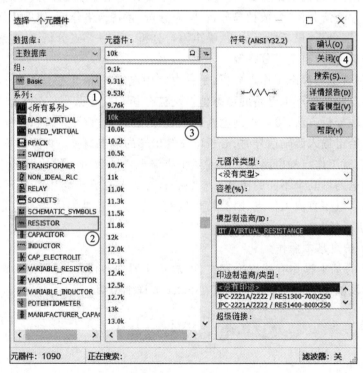

图 5-2-2 元器件选择对话框

仪器仪表的放置可以直接单击仪表工具栏中的对应按钮,然后在电路编辑窗口空白处单击
鼠标左键即可放置该仪器仪表。对图标双击可以得到该仪器仪表的控制面板。

根据图 5-2-1 绘制的 Multisim 仿真电路如图 5-2-3 所示,图中元器件的查找路径(组→系
列→元器件)如下。

直流电压源 V1:Sources→POWER_SOURCES→DC_POWER;

电阻 R1、RL:Basic→RESISTOR→100、100;

地：Sources→POWER_SOURCES→GROUND。

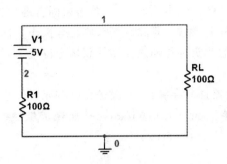

图 5-2-3　电压源外特性仿真电路

3. 元器件编辑

（1）元器件参数设置

双击元器件,弹出元器件的属性对话框。选项卡包括:Label(标签)、Display(显示)、Value(值)、Fault(故障设置)和Pins(引脚)等选项。用户需修改其 Value 值。Label(标签)中的 Refdes(编号)由系统自动分配,可以修改,但须保证编号唯一性。

本实验需将电压源 U_1 的电压(V)设置为 5 V,电阻器 R_1 的电阻(R)设置为 100 Ω,电阻器 R_2 的电阻(R)设置为 100 Ω,标签设置为 RL。其中电阻器属性对话框如图 5-2-4 所示。

(a) 修改参数值　　　　　　　　　　　(b) 修改标识符

图 5-2-4　电阻器属性对话框

（2）元器件的剪切、复制、粘贴、删除、翻转、旋转、移动等

使用鼠标左键单击元器件图标选中元器件后，单击鼠标右键，在弹出的菜单中选择相应的命令，即可实现元器件的剪切、复制、粘贴、删除、翻转、旋转等操作。选中元器件后使用鼠标左键可拖动该元器件或使用键盘上的箭头键移动该元器件到指定位置。

（3）元器件向导

若有特殊要求，可以用元器件向导编辑，一般是在已有元器件基础上进行编辑和修改。方法是：工具（Tools）→元器件向导（Component Wizard），按照规定步骤编辑，用元器件向导编辑生成的元器件放置在用户数据库（User Database）中。

4. 连线及调整

连线分为自动连线和手动连线两种方法。自动连线是 Multisim 特有的，可以自动选择引脚间最佳路径完成连线，手动连线则要求用户自行控制连线路径。

① 自动连线：单击起始引脚，鼠标指针变为十字形，移动鼠标至目标引脚或导线，再次单击，则连线完成，当导线连接后呈现丁字交叉时，系统自动在交叉点放节点。

② 手动连线：单击起始引脚，鼠标指针变为十字形后，在需要拐弯处单击，可以固定连线的拐弯点，从而设定连线路径。

关于交叉点，Multisim 14 默认丁字交叉为导通，十字交叉为不导通。对于十字交叉而又希望导通的情况，可以分段连线，即先连接起点到交叉点，然后连接交叉点到终点；也可以在已有连线上增加一个节点，从该节点引出新的连线。添加节点可以使用菜单"绘制（Place）→连接（Junction）"，或者使用快捷键 Ctrl+J。

电路初步连好后一般还需要对线路进行调整，包括调整位置、显示节点编号、修改节点编号、改变连线颜色以及删除导线和节点等。

为了方便输出仿真结果，可以执行菜单命令"选项（Options）→电路图属性（Sheet Properties）"，弹出"电路图属性"对话框，如图 5-2-5 所示。选择"电路图可见性（Sheet Visibility）"选项卡，在"网络名称（Net Names）"区块中选择"全部显示（Show All）"，这样就可以在电路图中自动显示节点编号。

如果需要修改节点编号，可以双击编号所处的导线，弹出如图 5-2-6 所示对话框，在"首选网络名称"的编辑框中输入编号即可。注意，如果此时在电路中已经存在该编号的节点，则会弹出"解决网络名称重复的问题（Resolve Duplicate Net Name）"对话框，如图 5-2-7 所示。此时需要先解决重名问题，才能修改节点编号。

在连线上单击鼠标左键，在弹出的菜单中选择"区段颜色（Net color）"选项，从弹出的调色板上选择颜色，单击"确定（OK）"按钮，可以改变连线的颜色。

5. 电路仿真

启动菜单命令"仿真（Simulate）→分析和仿真（Analyses and Simulation）"，弹出"分析和仿真（Analyses and Simulation）"对话框，在此对话框中设置分析方法。然后单击仿真开关，或启动菜单命令"仿真（Simulate）→运行（Run）"，或使用快捷键 F5，对电路进行仿真。

本实验研究电压源输出电压随负载电阻 R_L 变化的情况，可以选用参数扫描分析方法。启动菜单命令"仿真（Simulate）→分析和仿真（Analyses and Simulation）→参数扫描（Parameter Sweep）"，弹出界面如图 5-2-8 所示。

图 5-2-5 显示节点编号

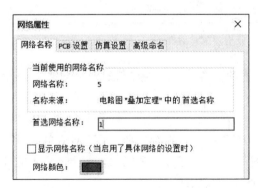

图 5-2-6 修改节点编号

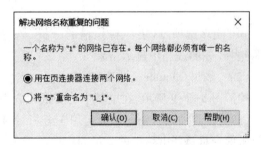

图 5-2-7 节点编号重复问题

（1）"分析参数（Analysis parameter）"选项卡

①"扫描参数"区块：将电阻 R_L 的阻值设置为扫描分析的自变量，即扫描参数选择"器件参数"，器件类型选择"Resistor"，名称选择"RL"，参数选择"Resistance"。

②"待扫描的点"区块：将自变量 R_L 的取值范围设为"1 Ω~10 kΩ"，即扫描变差类型选择"线性"，开始设为"1 Ω"，停止设为"10 kΩ"，增量设为"10 Ω"。

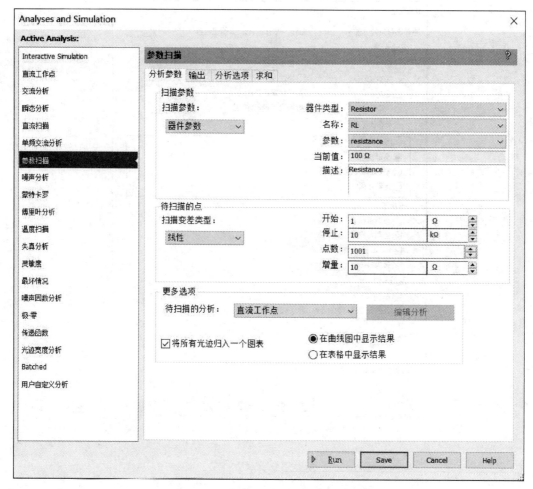

图 5-2-8　参数扫描的分析参数对话框

③ "更多选项"区块："待扫描的分析"选择"直流工作点"，勾选"将所有光迹归入一个图表"，选择"在曲线图中显示结果"。

（2）"输出（Output）"选项卡

按照图 5-2-9 所示，在电路中的变量列表中选择"V（1）"（节点 1 的电压），然后单击"添加"按钮，即可将其加入右侧的已选定用于分析的变量列表中。也可单击"移除"按钮，将不需要进行分析的变量移回电路中的变量列表中。其余设置保持默认即可。

6. 输出分析结果

在 Multisim 中有两种输出分析结果的方法：

① 利用虚拟仪器显示仿真结果。绘制仿真电路时，将相关仪器连接到电路中的观测点。执行菜单命令"仿真（Simulate）→运行（Run）"，或单击工具栏中的按钮" ▷ "，或使用快捷键 F5，开启仿真，此时在虚拟仪器的面板上便可观测到分析结果。

② 设置好仿真分析类型和参数后，单击对话框中的"Run"或单击主工具栏中的图示仪图标

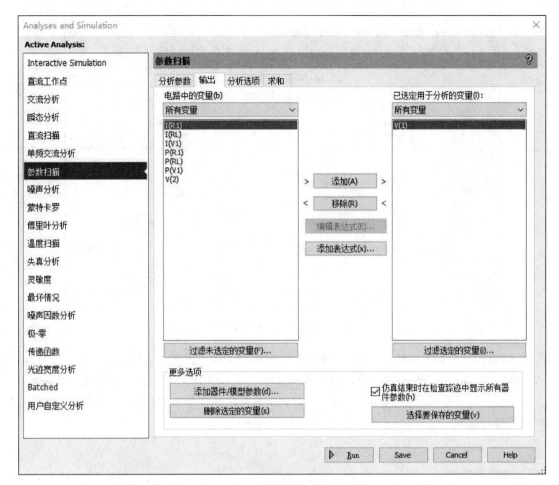

图 5-2-9 参数扫描的输出对话框

" ",弹出"图示仪(Grapher View)"显示分析结果。

本实验采用图示仪的方法。程序运行后弹出如图 5-2-10 所示图示仪界面。图示仪的视图背景颜色默认是黑色,不利于观察。可在图示仪中执行菜单命令"曲线图/黑白色",或点击图示仪工具栏中的按钮" "切换背景颜色。视图窗口中出现的是电压源输出电压随负载电阻 R_L 变化的曲线。可以看出,负载电阻越大,输出电压也越大;负载开路时,输出电压无限趋近于电源的电动势。

在图示仪界面中,执行菜单命令"光标(Cursor)→显示光标(Show cursors)",会在当前界面中弹出两个光标,光标可以用鼠标左键或快捷键来控制。光标小窗口表示当前光标的位置信息:x1、y1是光标 1 的坐标,x2、y2 是光标 2 的坐标,dx、dy 是光标 2 与光标 1 的坐标之差。可以灵活地运用这三组坐标值,也可以使用"光标(Cursor)"菜单下的各种辅助工具,完成曲线的观测分析。

在上述参数扫描分析的基础上,修改扫描参数,显示电压源外特性曲线。操作步骤如下:

① 在参数扫描选项卡中,将待扫描的点(Points to sweep)区块的增量(Increment)参数修改为 10 kΩ。其余设置保持不变。

② 在输出选项卡中,在"电路中的变量(Variables in circuit)"列表中选择输出变量"V(1)""I

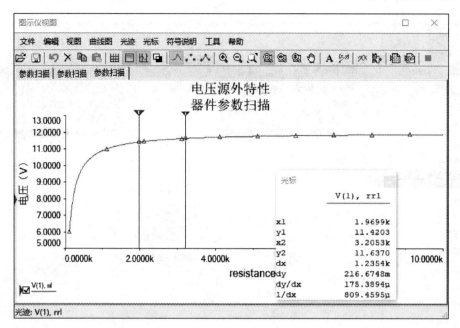

图 5-2-10 输出电压随负载变化的模拟曲线

（RL）"，即观察图 5-2-3 中节点 1 的电压和流经电阻 R_L 的电流。然后点击"添加（Add）"按钮，将其加入右侧的"已选定用于分析的变量（Selected variables for analysis）"列表中。其余选择默认设置。

设置好仿真分析参数后，单击对话框中的"Run"，弹出如图 5-2-11 所示仿真结果，即实际电压源的外特性曲线。

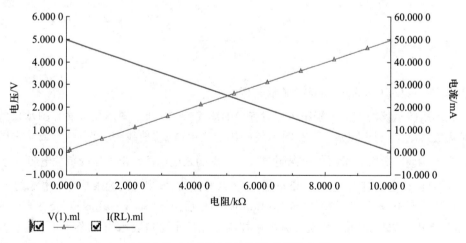

图 5-2-11 实际电压源的外特性曲线

5.2.2 电路定理

一、实验目的

① 学习使用 Multisim 软件求解直流电路。

② 验证叠加定理和戴维南定理,掌握电流、电压参考方向的含义及其应用。

③ 掌握常用虚拟仪器仪表使用方法。

④ 学习运行 spice 命令及查看执行结果。

二、实验内容

1. 叠加定理

实验电路如图 5-2-12 所示,测量表 5-2-1 中三种情况下电路各个位置的电压值和电流值,并将测量结果记录在该表中。

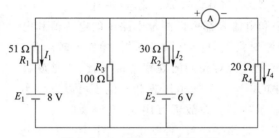

图 5-2-12 叠加定理实验电路

表 5-2-1 叠加定理测量记录表

电路条件	测量值			
	I_4/mA	U_{R_1}/V	U_{R_2}/V	U_{R_4}/V
E_1 单独作用				
E_2 单独作用				
E_1 与 E_2 同时作用				

(1)绘制电路原理图

按图 5-2-12 所示在 Multisim 中绘制的 E_1 和 E_2 共同作用的电路如图 5-2-13 所示,图中部分元器件的选择路径和参数设置如下所示。

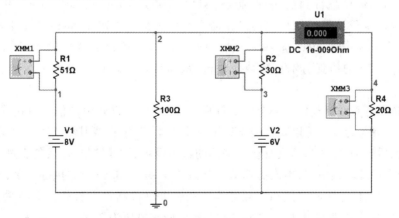

图 5-2-13 叠加定理电路图

直流电压源 V1、V2:"Sources→POWER_SOURCES→DC_POWER"。V1 设置为 8 V,V2 设置为 6 V。

地:"Sources→POWER_SOURCES→GROUND"。

电阻 R1、R2、R3、R4:"Basic→RESISTOR→51、30、100、20"。

电流表 U1:"Indicators→AMMETER→AMMETER_H"。电流表默认设置为 DC(直流),此处按默认设置即可。如果测交流电流,在"Value"选项卡中将"Mode"设置为"AC"即可。

XMM1、XMM2、XMM3 为仪表栏中的万用表。双击其图标即可打开仪表面板,如图 5-2-14 所示,将其设置为直流电压挡位。

图 5-2-14　万用表面板

注意,万用表、电压表和电流表都可以测量电路中的电压值和电流值,但是使用万用表观测时需要打开万用表面板,操作比较麻烦,而且在电路图比较复杂密集时会对我们的观察造成干扰;二是放置万用表会对电路产生微小的影响。使用电压表和电流表可以直接实现电压和电流的检测和显示功能。在放置万用表、电流表时需注意其连线方向要和电路参考方向保持一致,否则仿真结果会与实际电路的运行结果相反。其余设置保持默认即可。

绘制完后按图 5-2-13 所示给所有节点加上编号 1、2、3、4。

(2) 设置分析类型和参数

使用"交互式仿真(Interactive Simulation)",即系统默认的仿真分析类型。

(3) 运行仿真分析程序,观察输出结果

执行菜单命令"仿真(Simulate)→运行(Run)"或单击工具栏中的按钮" ▷ ",即可开始仿真。

双击万用表,打开该仪表面板,观测元器件的直流电压值。电流值直接显示在电流表中,将仿真结果记录在表 5-2-1 中。

也可以执行菜单命令"仿真(Simulate)→XSPICE 命令行界面(XSPICE command line interface...)",弹出"XSPICE 命令行(XSPICE Command Line)"对话框,如图 5-2-15 所示,显示出在本次仿真运行过程中执行到的 spice 命令,例如 source "spice.netlist"、show all、showmod all,以及 spice 命令的执行结果。用户也可以在命令行中直接输入网表(netlist)文本和 spice 命令,使用较多的命令有 source、plot、op、save、write、tran、set 等。通过命令行输入,网表中的文本和命令可以被 Multisim 的仿真引擎直接翻译执行,从而使得用户可以更加灵活地控制仿真执行过程。

XSPICE 命令行对话框提供了一个命令行环境,用户可以将其中的信息直接保存到文件中。该文件的默认扩展名为.log,可以直接用 Windows 记事本、写字板或其他文本编辑器(软件)打开阅读,其内容包括 spice 命令与仿真分析中采用的选项设置、仿真结果,以及仿真过程中所产生的错误信息和警告信息。其中,与本次仿真结果有关的是 show all 命令的执行结果,包括各节点电压、电流、功率,独立信号源的电流和功耗等等。从中可以得到本实验的仿真结果:电阻 R_1 两端电压为 -4.84 V,电阻 R_3 两端电压为 -2.84 V,电阻 R_4 两端电压为 3.16 V,电阻 R_4 所在的支路电流为 0.158 A。

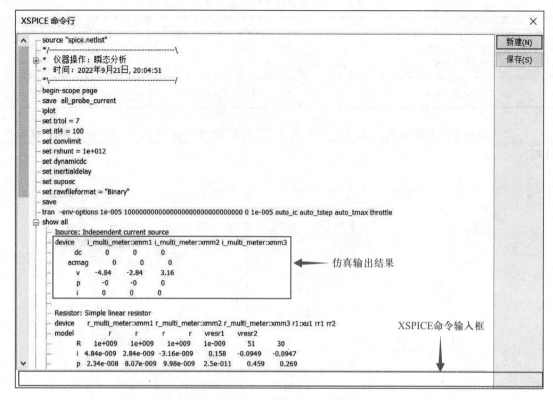

图 5-2-15　XSPICE 命令行对话框

（4）E_1、E_2分别单独作用

修改仿真电路,重新运行程序后,即可得到电压源 E_1、E_2 分别单独作用时电路中各个位置的电压、电流值。将仿真结果记录在表 5-2-1 中。分析所测数据,验证叠加定理。

2. 戴维南定理

线性有源二端网络如图 5-2-16 所示,测量表格如表 5-2-2 所示。

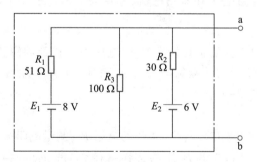

图 5-2-16　线性有源二端网络

表 5-2-2   戴维南定理测量记录表

	U_{OC}/V	I_{SC}/mA	R_i/Ω	I_{R_4}/mA	$I_{灯}/mA$
原网络测量					
等效电路测量					

在 Multisim 中绘制的电路如图 5-2-17 所示,注意此图可以在图 5-2-13 的基础上修改后得到。

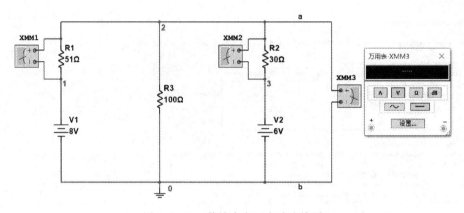

图 5-2-17   戴维南定理实验连线图

（1）开路电压 U_{OC}、短路电流 I_{SC} 的测量

运行仿真,将万用表 XMM3 设置为直流电压挡位,测量 a、b 两个端点之间的电压即为开路电压 U_{OC};将万用表 XMM3 设置为直流电流挡位,测量 a、b 两个端点之间的电流即为短路电流 I_{SC}。将测量结果记录在表 5-2-2 中。

（2）等效电阻 R_i 的测量

方法一:根据测得的开路电压和短路电流,利用公式 $R_i = \dfrac{U_{OC}}{I_{SC}}$,计算二端网络的入端等效电阻 R_i。

方法二:将二端网络中所有独立电源置零,即电压源所在处用短路线代替,电流源所在处用开路代替。将万用表 XMM3 设置为欧姆挡位,直接测量 a、b 两个端点之间的电路阻值,即为等效电阻 R_i,将结果记录在表 5-2-2 中。

（3）原网络的外特性

在原二端网络的 a、b 端口处串联一个 20 Ω 的电阻 R_4,测量电阻流过的电流即为 I_{R_4}。将电阻 R_4 换成虚拟白炽灯 X,其中虚拟白炽灯 X 的选择路径为"Indicators→VIRTUAL_LAMP→LAMP_VIRTUAL",将其最大额定电压设为 24 V、最大额定功率设为 8 W。同样测得白炽灯流过的电流即为 $I_{灯}$。将测量结果记录在表 5-2-2 中。

（4）戴维南等效电路的外特性

绘制戴维南等效电路,如图 5-2-18 所示。测量要求同原网络的外特性,分别测量流过电阻

R_4和白炽灯 X 的电流 I_{R_4}、$I_{\text{灯}}$，并将测量结果记录在表 5-2-2 中。分析所测数据,验证戴维南定理。

5.2.3 单相交流电路

一、实验目的

① 学习使用 Multisim 软件求解单相交流电路。

② 研究阻抗串、并联电路中电压、电流及功率三者的关系。

③ 掌握提高感性负载功率因数的方法。

二、实验内容

1. 用三表法测量电感线圈的参数

按图 5-2-19 所示绘制电路图。图中部分元器件的选择路径和参数如下。

交流电源 V1:"Sources→POWER_SOURCES→AC_POWER"。需将电压(RMS)设置为 80 V,频率(F)设置为 50 Hz。

单掷开关 S1:"Basic→SWITCH→SPST"。开关默认为断开。

可调电容 C1:"Basic→VARIABLE_CAPACITOR→30p"。需将电容设为 100 μF,增量为 1%,百分比为 8%,即当前容值为 8 μF。

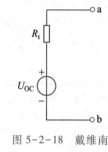

图 5-2-18 戴维南
等效电路

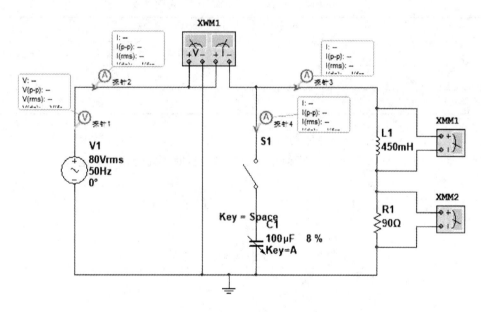

图 5-2-19 三表法实验电路

XWM1 是仪表工具栏中的功率表,用来测量电路的有功功率。万用表 XMM1、XMM2 需设置为交流电压挡位,分别用来测量电感 L_1、电阻 R_1 两端电压的有效值 U_R、U_L。探针 1 是探针工具栏中的电压探针Ⓥ,探针 2、3、4 是电流探针Ⓐ,分别用来测量输入端总电压 U、总电流 I、电感电流 I_L、电容电流 I_C。注意万用表和电压探针的不同,两者都可以测量电压,但是万用表通常接在元器件两端测其电压,探针只能用来测量节点电压。

将分析类型设置为"交互式仿真(Interactive Simulation)",即系统默认的仿真分析类型,分析参数保持默认即可。

断开开关 S1,使用万用表、探针和功率表,测量各个位置的电压有效值、电流有效值、有功功率值,并将测量结果记录在表 5-2-3 中。

表 5-2-3 三表法测量电感线圈的参数

测量数据					计算数据				
P/W	I/A	U/V	U_R/V	U_L/V	Z/Ω	X/Ω	R/Ω	L/H	$\cos \varphi$

2. 提高电路的功率因数

保持信号源输出电压 U 不变,合上开关 S1。按表 5-2-4 所示,改变电容 C_1 的容值,测量输入端总电压 U、有功功率 P、总电流 I、电容电流 I_C、电感电流 I_L 的值,并将测量结果记录在表 5-2-4 中。注意 C_0 值的调节方法:使用快捷键 A(增大)和 Shift+A(减小)调节电容 C_1 的容值,使得电路的总电流 I 最小,此时的电容值即为 C_0。

表 5-2-4 提高电路的功率因数测量记录表

C_1	U/V	P/W	I/A	I_C/A	I_L/A	$\cos \varphi$
8 μF						
$C_0 =$						
28 μF						

3. 用参数扫描分析方法研究电路功率因数的提高

实验电路如图 5-2-20 所示。注意使用参数扫描分析时不能使用可调电容。

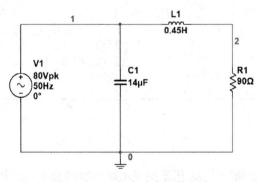

图 5-2-20 提高功率因数电路

分析类型设置为"参数扫描分析(Parameter Sweep)"。"分析参数(Analysis parameters)"选项卡的设置如图 5-2-21 所示,将电容 C_1 的电容值设置为扫描分析的自变量,其取值为:0、8 μF、

14 μF、28 μF。单击"编辑分析(Edit analysis)"按钮,弹出"瞬态分析扫描(Sweep of Transient Analysis)"对话框,按图 5-2-22 所示设置瞬态分析的时间范围及步长。

图 5-2-21   参数扫描分析参数对话框

在"输出(Output)"选项卡中,单击"添加表达式…(Add expression…)"按钮,弹出"分析表达式(Analysis Expression)"对话框,如图 5-2-23 所示。在最下方的"表达式(Expression)"编辑框中直接输入

$$\mathrm{avg}(I(R1)*V(2))/\mathrm{rms}(I(V1))/\mathrm{rms}(V(1))$$

上面的表达式中,分子是电阻 R_1 上的电压与电流相乘的平均值(即负载的有功功率),分母是电源的电流有效值与电压有效值的乘,表达式为负载的功率因数 $\cos \varphi$。

运行仿真分析程序,图示仪中有 4 条随时间变化的曲线,如图 5-2-24 所示,分别为电容 $C_1 = 0$、8 μF、14 μF、28 μF 时的功率因素。利用图示仪的光标进行测量,可以得到负载的功率因数分别为 0.55、0.82、1.02、0.65。可见,当感性负载并上 14 μF 的电容后电路的功率因数最高。说明在感性负载的两端并联一个电容能够提高电路的功率因数,但并联的电容要合适,太小可能达不到要求,太大则可能过补偿。

图 5-2-22 瞬态分析扫描对话框

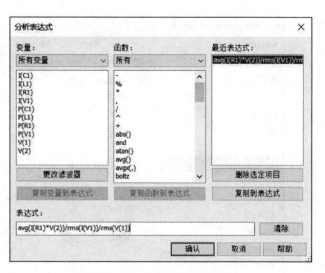

图 5-2-23 分析表达式对话框

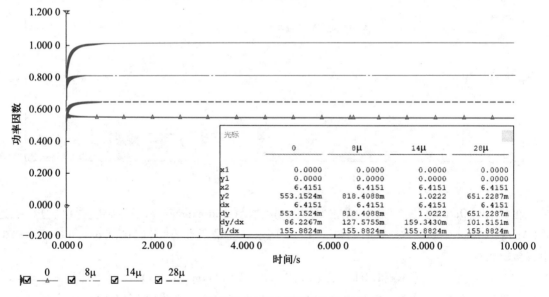

图 5-2-24 功率因数曲线

5.2.4 三相电路

一、实验目的

① 学习使用 Multisim 软件求解三相电路。

② 研究三相电路中线电压、相电压和线电流、相电流之间的关系。

③ 观察负载变化对三相电路的影响,掌握三相交流电路的特性。

④ 研究三相电动机接入单相电源的方法。

二、实验内容

1. 星形联结

按图 5-2-25 所示绘制电路图,图中部分元器件的查找路径和参数设置如下。

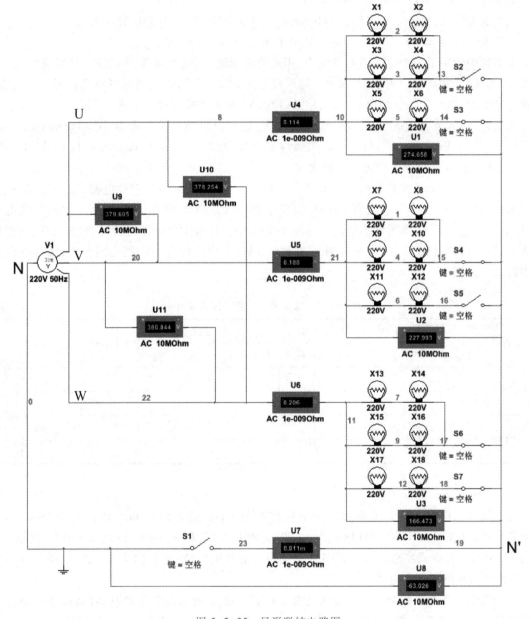

图 5-2-25 星形联结电路图

三相电源 V1:"Sources→POWER_SOURCES→THREE_PHASE_WYE"。需将其电压(L-N,

RMS)设置为 220 V,频率(F)设置为 50 Hz。

虚拟白炽灯 X:"Indicators→VIRTUAL_LAMP→LAMP_VIRTUAL"。将白炽灯的最大额定电压(Volts)设置为 220 V,最大额定功率(Watts)设置为 40 W。注意,放置白炽灯时先放置一个即可,设置好各项参数后,使用复制(Ctrl+C)、粘贴(Ctrl+V)的方法放置其余白炽灯,这样就不用重复设置其余白炽灯的参数。

单掷开关 S1:"Basic→SWITCH→SPST"。

电压表 U(1、2、3、8、9、10、11):"Indicators→VOLTMETER→VOLTMETER_H"。

电流表 U(4、5、6、7):"Indicators→AMMETER→AMMETER_H"。

本实验中使用了多个电压表和电流表,用来测量交流电压(线电压、相电压)和交流电流(线电流、相电流)。需将所有电表的"Mode"选项设置为"AC"模式,此处同样可以先放置一个电表,设置好其参数,然后使用复制(Ctrl+C)、粘贴(Ctrl+V)的方法放置其余电表。

注意,工作区页面默认大小为 A,如果想增大页面,可以执行菜单命令"选项(Options)→电路图属性(Sheet Properties)",打开电路图属性对话框,在"工作区(Workspace)"区块的"电路图页面大小(Sheet size)"列表中更换页面大小。

分析类型设置为系统默认的交互式仿真。按表 5-2-5 所示调节实验电路,运行仿真分析,测量电路的线电压、相电压、相(线)电流,以及电源中性点 N 与负载中性点 N' 之间的中线电流 $I_{NN'}$ 和中性点电压 $U_{NN'}$,将测量结果记录在表 5-2-5 中。注意实验条件的设置:对称负载,每相均开 4 盏灯;不对称负载,U、V、W 相分别开 2、4、6 盏灯;有中线即合上中线上的开关;无中线即断开中线上的开关。

表 5-2-5　星形联结测量数据记录表

负载情况		线电压/V			相电压/V			相(线)电流/A			$I_{NN'}$/A	$U_{NN'}$/V
		U_{UV}	U_{VW}	U_{WU}	U_{UN}	U_{VN}	U_{WN}	I_U	I_V	I_W		
对称	有中线											
	无中线											
不对称	有中线											
	无中线											

2. 三角形联结

按图 5-2-26 所示绘制电路图。图中三相电源 V1 的选择路径和参数设置为"Sources→POWER_SOURCES→THREE_PHASE_DELTA",需将其电压(L-N,RMS)设置为 380 V,频率(F)设置为 50 Hz。其余同星形联结。万用表设置为交流电压挡位,用来测量线(相)电压。电流探针Ⓐ用来测量线电流和相电流。

分析类型设置为系统默认的交互式仿真。按表 5-2-6 所示调节实验电路(实验条件设置同星形联结),运行仿真分析,测量电路的线(相)电压、线电流和相电流,并将测量结果记录在表 5-2-6 中。注意 I_{UV}、I_{VW}、I_{WU} 分别是流过 U 相、V 相、W 相的电流。

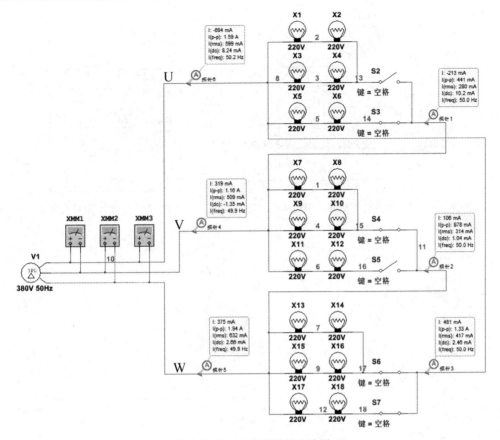

图 5-2-26　三角形联结电路图

表 5-2-6　三角形联结测量数据记录表

负载情况	线(相)电压/V			线电流/A			相电流/A		
	U_{UV}	U_{VW}	U_{WU}	I_U	I_V	I_W	I_{UV}	I_{VW}	I_{WU}
对称									
不对称									

3. 将单相电压变为三相电压

按图 5-2-27 所示绘制实验电路。图中 XFG1 为仪表工具栏中的函数发生器,其面板如图 5-2-28 所示,波形选择正弦波,频率、振幅分别设置为 50 Hz、311 V。

分析类型设置为"瞬态分析(Transient)"。在"分析参数(Analysis parameter)"选项卡中,将"初始条件(Initial conditions)"设为"用户自定义(User defined)",将"起始时间(TSTART)"设为"0",将"结束时间(TSTOP)"设为"0.06",即 60 ms,勾选"设置初始时间步长(TSTEP)",并设为"1e-005",即0.01 ms。在"输出(Output)"选项卡中,选择变量 V(a)、V(b)、V(c)进行分析,其余选择默认设置。

运行仿真分析,分析结果如图 5-2-29 所示。利用图示仪的光标测量各相电压的最大值 U_M,然后利用 $U = U_M / \sqrt{2}$ 求得三相电压的有效值。

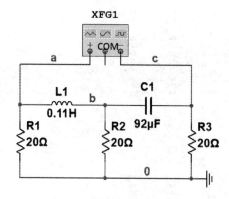

图 5-2-27　单相电源获得三相电压的电路

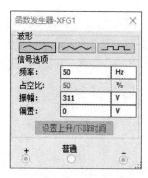

图 5-2-28　函数发生器面板图

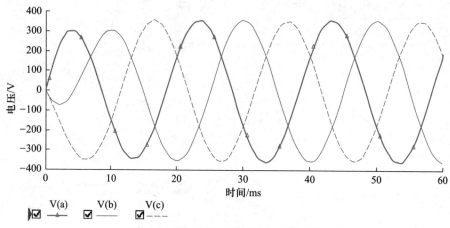

图 5-2-29　单相电源获得的三相电压

5.2.5　*RC* 电路的瞬态过程

一、实验目的

① 学习使用 Multisim 软件研究一阶电路的方波响应。

② 研究元件参数的改变对瞬态过程的影响。

二、实验内容

RC 串联电路如图 5-2-30 所示,实验中用方波代替阶跃信号,方波幅值为 4 V,周期为 4 ms,分别观察下列条件下 U_i、U_R、U_C 的波形。

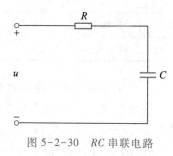

图 5-2-30　*RC* 串联电路

① $R = 1\ \mathrm{k\Omega}$,$C = 0.1\ \mu\mathrm{F}$。

② $R = 1\ \mathrm{k\Omega}$,$C = 0.47\ \mu\mathrm{F}$。

③ $R = 1\ \mathrm{k\Omega}$,$C = 10\ \mu\mathrm{F}$。

本实验有两种输出分析结果的方法,下边分别进行介绍。

1. 使用示波器观察仿真结果

按图 5-2-31 所示绘制电路。其中函数发生器 XFG1 的波形选择脉冲,并将其频率、占空比、振幅、偏置分别设置为 250 Hz、50%、2 V、2 V,即输入为方波信号。

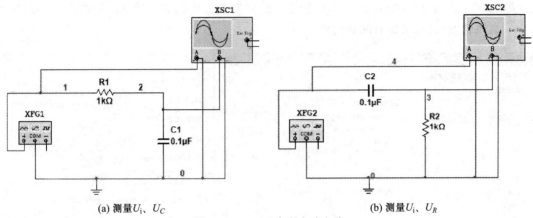

(a) 测量U_i、U_C (b) 测量U_i、U_R

图 5-2-31 *RC* 串联实验电路

使用示波器观察 U_i、U_R、U_C 的波形。由于示波器的"−"端必须接地,所以需要连接两个电路,分别对 U_i 和 U_C、U_i 和 U_R 进行测量。其中,通道 A 测量 U_i,通道 B 测量 U_C 或 U_R。

将分析类型设置为交互式仿真。运行后,双击打开示波器面板,即可看到不断刷新的波形,但是此时波形显示不稳定,需要进一步调节示波器各开关旋钮:① 单击"暂停"或"停止"按钮,使波形停止刷新;② 拖动波形下边的滑块,使屏幕上显示出波形;③ 设置时基、通道 A 和通道 B 的标度,使波形显示大小合适。调节后的波形如图 5-2-32 所示。

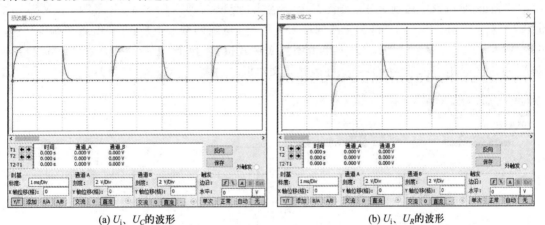

(a) U_i、U_C的波形   (b) U_i、U_R的波形

图 5-2-32 *RC* 串联电路的方波响应曲线

示波器两通道波形默认颜色均为红色,可以修改其颜色以区分波形。选中与示波器正极相连的导线,单击右键,选择"区段颜色",弹出"颜色"对话框,在对话框中选择需要的颜色即可。

修改电路参数,依次观察 $R_1 = 1$ kΩ、$C_1 = 0.47$ μF,以及 $R_1 = 1$ kΩ、$C_1 = 10$ μF 时的仿真输出结果。

2. 使用图示仪观察仿真结果

在图 5-2-31(a)的基础上,移除示波器,其余均保持不变。

分析类型设置为"参数扫描(Parameter Sweep)"。"分析参数"选项卡的设置如 5-2-33(a)

所示。将电容 C_1 的电容值设置为扫描分析的自变量,其取值为:0.1 μF、0.47 μF、10 μF。单击更多选项区块的"编辑分析(Edit analysis)"按钮,弹出"瞬态分析扫描"对话框,如图 5-2-33(b)所示,分别设置初始条件、起始时间和结束时间。

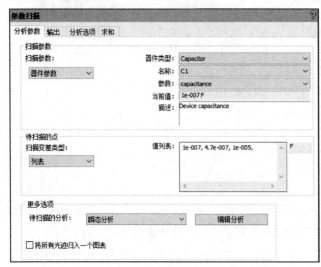 

(a) 分析参数选项卡   (b) 瞬态分析扫描对话框

图 5-2-33 参数扫描分析的分析参数选项卡

在"输出(Output)"选项卡中,设置三个表达式(变量),即 V(1)、V(1)-V(2)、V(2),如图 5-2-34(a)所示,分别用于观测电路的输入电压 U_1、电阻两端的电压 U_R 和电容两端电压 U_C。注意"V(1)-V(2)"表达式的添加,需单击添加表达式按钮,弹出"分析表达式(Analysis Expression)"对话框,如图 5-2-34(b)所示,在表达式文本框中输入"V(1)-V(2)"即可。

(a) 输出选项卡   (b) 分析表达式对话框

图 5-2-34 参数扫描分析的输出选项卡

设置好后,单击"运行(Run)",则自动打开图示仪,如图 5-2-35 所示。图示仪中即显示 $R_1 = 1\ \text{k}\Omega$、$C_1 = 10\ \mu\text{F}$ 时的分析结果。

点击图中"参数扫描"即可观察 $R_1 = 1\ \text{k}\Omega$、$C_1 = 0.1\ \mu\text{F}$,以及 $R_1 = 1\ \text{k}\Omega$、$C_1 = 0.47\ \mu\text{F}$ 时的仿真输出结果。

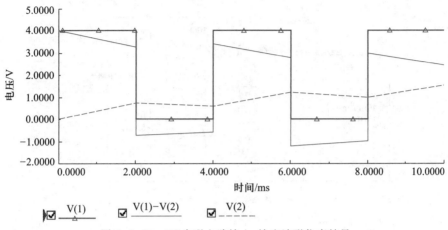

图 5-2-35　*RC* 串联电路输入、输出波形仿真结果

5.3　模拟电路仿真实验

5.3.1　单管交流放大电路

一、实验目的

① 学习使用 Multisim 软件研究单管交流放大电路。

② 掌握放大电路静态工作点的测量方法及电压放大倍数的测量方法。

③ 研究负反馈对放大电路性能的影响。

④ 掌握基本共射放大电路的测量方法。

二、实验内容

1. 调整和测量静态工作点

单管交流放大电路的典型电路是共发射极分压偏置式交流电压放大电路,如图 5-3-1 所示。图中部分元器件的选择路径和参数设置如下所示。

交流电源 V1:"Sources→POWER_SOURCES→AC_POWER"。需设置 V1 的频率为 1 kHz,电压有效值为 10 mV。

晶体管 Q1:"Transistors→BJT_NPN→2N2222"。

晶体管为非线性元件,要使放大器不产生非线性失真,就必须建立一个合适的静态工作点 Q,使晶体管工作在放大区。若 Q 点过低(I_B、I_C 小,U_{CE} 大),晶体管进入截止区,产生截止失真;Q 点过高(I_B、I_C 大,U_{CE} 小),晶体管进入饱和区,产生饱和失真。

本实验通过调节基极电阻来调整静态工作点,通过示波器观察到的波形来判断静态工作点,

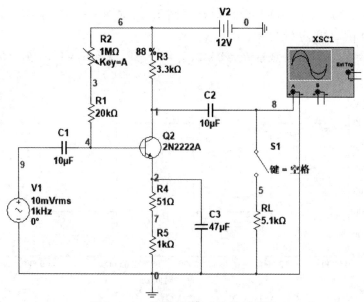

图 5-3-1　单管交流放大电路原理图

通过电压探针来测量静态工作点。为在输出端观察到放大波形，必须在输入端加一正弦小信号。而静态工作点是直流信号，测量时必须去掉输入信号。

分析类型设置为默认的交互式仿真，并运行仿真分析。

① 正常放大：拖动可调电阻的滑块或使用快捷键 A（增大）和 Shift+A（减小）调节可调电阻 R_2 的阻值大小，使得示波器观察到的输出信号幅值最大且不失真。然后将输入信号从电路中断开，使用电压探针或万用表（直流电压挡位）测量当前的静态工作点，将测量结果填入表 5-3-1 中。

② 饱和、截止失真状态：输入信号保持不变，逐渐减小或增大可调电阻 R_2 的阻值，使得输出信号的波形出现饱和或截止失真。然后将输入信号从电路中断开，使用电压探针测量当前的静态工作点，将结果填入表 5-3-1 中。注意，为观察到明显的截止失真波形，需将输入信号增加到 30 mV。

表 5-3-1　测量静态工作点记录表

测量数据			U_o 输出波形图	判断工作状态
V_E/V	V_B/V	V_C/V		

2. 测量电压放大倍数

接通输入信号 U_1，按表 5-3-2 所示分别改变集电极电阻 R_3 和负载电阻 R_L。其中 $R_L=\infty$ 时，输出端保持开路；$R_L=5.1\ k\Omega$ 时，将 5.1 kΩ 的负载接入电路。分析方法和参数设置同实验内容 1。使用示波器观察放大电路的输出波形。在保证放大电路正常工作（即输出不失真）时，使用电压探针或万用表(交流电压挡位)测量输出电压 U_o(有效值),将结果填入表 5-3-2 中,并计算电路的放大倍数 A_u。

表 5-3-2　测量电压放大倍数记录表

电路条件			测量数据	计算数据
$R_3/k\Omega$	$R_L/k\Omega$	U_i/mA	U_o/V	A_u
1	∞	10		
1	5.1	10		
3.3	∞	10		
3.3	5.1	10		

3. 测量输入电阻、输出电阻

(1) 测量输入电阻

本实验应用支电路模块的方法测量输入电阻。按图 5-3-2 所示,从电路中移除输入端信号源、示波器等所有仪器仪表。执行菜单命令"绘制(Place)→连接器(Connectors)→HB/SC 连接器(Hierarchical Connector)",创建连接器,将其置于支电路中需要外部连接的地方。这里添加了三个连接器,分别是输入信号 U_i、输出信号 U_o 以及电路的接地端 GND。启动菜单命令"编辑(Edit)→全部选择(Select all)",或者使用快捷键 Ctrl+A,选中所有电路。然后启动菜单命令"绘制(Place)→用支电路替换…(Replace by hierarchical block…)",或者使用右键菜单中的命令,弹出"支电路名称(Hierarchical Block Properties)"对话框,定义支电路名称为"单管支路",点击"确定"按钮,即将图 5-3-2 所示电路封装成了一个支电路模块。

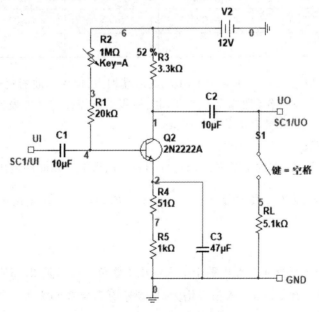

图 5-3-2　支电路原理图

在工作区左侧的设计工具箱中,在层次视图中查看支电路图与主电路图之间的结构关系,可以看到支电路图"单管支路"位于主电路图"单管交流放大电路"之下,用户可在主电路图中调用该支电路图。

图5-3-3是测量输入电阻的电路。其中,输入端电压 U_s 作为支电路的输入信号,其后串联一个1 kΩ的电阻并将前面创建的"单管支路"串联在电路中。使用示波器观察电路的输出波形。

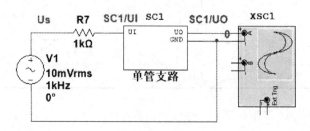

图5-3-3 主电路原理图

分析方法和参数设置同实验内容1,并运行仿真分析。在放大电路正常工作(即输出不失真)时,使用电压探针接在电阻 R_7 的左、右两侧,分别测量信号源的输出电压 U_s 和支电路的输入电压 U_i,根据公式 $R_i = \dfrac{U_i}{U_s - U_i} \cdot R_7$,即可计算出输入电阻 R_i,将结果填入表5-3-3中。

表5-3-3 测量输入电阻、输出电阻记录表

输入电阻			输出电阻		
测量值		计算值	测量值		计算值
U_s/V	U_i/V	R_i/kΩ	U_L/V	U_o/V	R_o/kΩ

也可直接将输入信号从图5-3-4中电阻 R_7 的左端加入,使用示波器观察放大电路的输出波形。在保证放大电路正常工作(即输出不失真)时,使用电压探针或万用表(交流电压挡位)测量电压 U_s 和 U_i(有效值),从而计算出输入电阻 R_i。

(2)测量输出电阻

在放大电路正常工作(即输出不失真)时,分别测量输出端开路时的电压 U_o 和输出端接入负载电阻 R_L 时的输出电压 U_L,根据公式 $R_o = \dfrac{U_o - U_L}{U_L} \cdot R_L$,即可计算输出电阻 R_o,将结果填入表5-3-3中。

4. 研究负反馈对放大电路性能的影响

实验电路如图5-3-5所示。在电路中引入电流串联负反馈电阻 R_4,即取发射极电阻为51 Ω(将1 kΩ电阻用导线短接)。当输入信号增大时,观察有负反馈和无负反馈时输出波形的非线性失真现象。测量结果记入表5-3-4中。

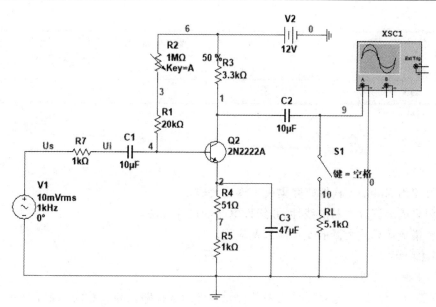

图 5-3-4　输入电阻测量电路原理图

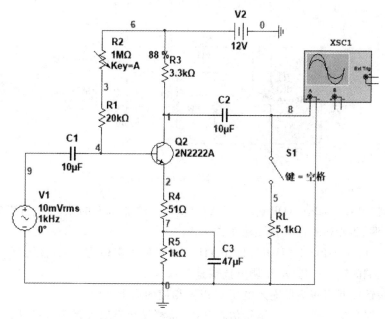

图 5-3-5　引入负反馈的电路原理图

表 5-3-4　研究负反馈对放大电路性能的影响

输入信号 U_i/mV	负反馈	输出电压 U_o/V	输出电压波形
10	无		
10	有		

续表

输入信号 U_i/mV	负反馈	输出电压 U_o/V	输出电压波形
30	无		
30	有		

5.3.2 集成运算放大器

一、实验目的

① 学习使用 Multisim 软件研究集成运算放大器。

② 掌握集成运算放大器的线性、非线性电路的设计方法。

③ 熟悉集成运算放大器的基本原理及应用。

二、实验内容

1. 反相比例放大器

按图 5-3-6 所示绘制电路图。图中部分元器件的选择路径和参数设置如下所示。

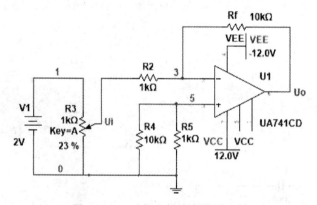

图 5-3-6　反相比例放大器原理图

运算放大器 U1:"Analog→OPAMP→UA741CD"。注意:U1 的第 7、4 引脚需外接 +12 V、−12 V 的工作电源,否则运算放大器无法正常工作。

电位器 R4:"Basic→POTENTIOMETER→1k"。R4 最大阻值为 1 kΩ,增量(精度)为 1%,用于调节反相输入端的输入电压,电压调节范围是 0~2 V。

使用电压探针或万用表测量输入电压 U_i 以及相应的输出电压 U_o。

分析类型设置为交互式仿真。运行仿真分析,将测量结果填入表 5-3-5 中。

表 5-3-5　反相比例放大器数据记录表

U_i/V	0.2	0.4	0.6	0.8	1.0	1.2
U_o/V						

运算放大器可以放大直流信号,也可以放大交流信号。将图 5-3-6 中的直流电压源(DC_POWER)修改成交流电压源(AC_VOLTAGE),电压峰值(Pk)设为 1 V,频率(F)设为 1 kHz,电位

器的百分比设为 50%。

　　分析类型设置为参数扫描分析。将反馈电阻 R_f 的阻值设置为扫描分析的自变量,共有 4 个阻值,分别为 6 kΩ、8 kΩ、10 kΩ、12 kΩ,即设置值列表为:6 000、8 000、10 000、12 000。选取 V(uo)作为分析的变量。

　　运行仿真分析,打开如图 5-3-7 所示图示仪。分析验证反相比例放大器输入信号与输出信号之间的对应关系。

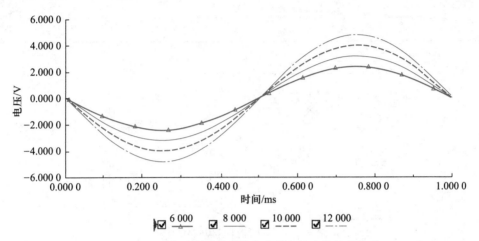

图 5-3-7　反相比例放大器输入信号与输出信号的关系

2. 反相加法器

仿真电路如图 5-3-8 所示。使用电压探针或万用表测量输出电压 U_o。

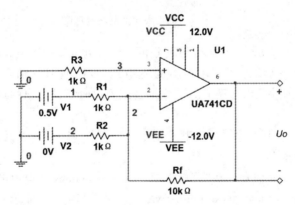

图 5-3-8　反相加法器电路原理图

分析类型设置为交互式仿真。运行仿真分析,将测量结果填入表 5-3-6 中。

3. 正弦波发生电路

使用集成运算放大器搭建 RC 串并联选频网络正弦波发生电路,电路如图 5-3-9 所示。电位器 R_5 最大阻值为 33 kΩ,增量(精度)为 1%。使用示波器观察电路的输出波形。

表 5-3-6　反相加法器数据记录表

测量值			计算值
U_1/V	U_2/V	U_o/V	$U_\mathrm{o}=U_1+U_2$
0.5	0		
0.5	0.5		
0.5	0.2		
0.5	−0.2		

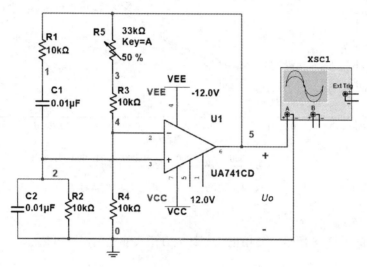

图 5-3-9　正弦波发生电路原理图

　　分析类型设置为交互式仿真,并运行仿真分析。调节电位器的阻值,在示波器上可以观察到一个稳定无失真的正弦波(注意虚拟示波器的使用)。根据波形分别测量其周期 T 和峰峰值 $U_{\mathrm{P-P}}$。最后根据测量周期计算出频率 f,并与根据公式 $f=2\pi RC$ 计算出的理论频率值进行比较。

　　4. 积分运算电路

　　积分运算电路如图 5-3-10 所示,其中 R_1、C_1 分别取 10 kΩ、10 μF 及 7.5 kΩ、10 μF 两种情况,S1 为电容器 C_1 的放电开关。

　　分析类型设置为交互式仿真。在"分析选项(Analysis options)"选项卡中,选择"继续而不丢弃先前的图标(Continue without discarding previous data)",用以保证示波器、图示仪的数据完整性。

　　本实验使用示波器观察电路的输出波形,其具体变化轨迹如图 5-3-11 所示。首先将示波器的输入信号耦合方式置"DC"挡,通道 A 标度设为 2 V/div,时基标度设为 200 ms/div。最初开关 S1 置于打开状态,此时电容 C_1 处于完全充电状态,输出电压 $U_\mathrm{o}=-10$ V,调节 Y 轴位移使其轨迹位于屏幕最下方一格;合上开关 S1,使电容 C_1 放电,此时输出电压值为 0;再断开 S1,电容 C_1 开始充电,u_o 按积分电路规律变化,即 u_o 向右下方偏移扫描;一定时间后,电容 C_1 充电完毕,此时输出电压 $U_\mathrm{o}=-10$ V。

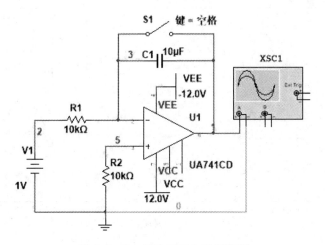

图 5-3-10 积分运算电路原理图

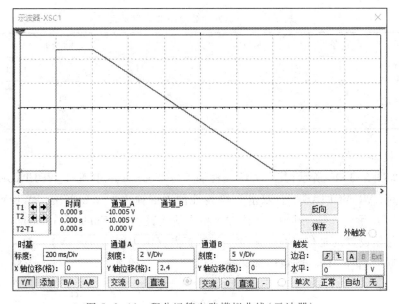

图 5-3-11 积分运算电路模拟曲线(示波器)

也可以使用图示仪观察输出端的波形。在主工具栏单击""打开图示仪,此时图示仪上的实时显示结果与示波器上的相同,具体如图 5-3-12 所示。使用图示仪的光标对第③阶段进行观测,将光标 1、2 分别放置在充电的起始、结束位置,可以得到两个位置之间的水平差 dx 和高度差 dy,即充电过程所消耗的时间 T_1,以及输出电压的变化大小 U_{omax},将测量结果填入表 5-3-6 中。

将电阻 R_1 的阻值改为 7.5 kΩ,按照上述步骤重新仿真,并将测量结果填入表 5-3-7 中。

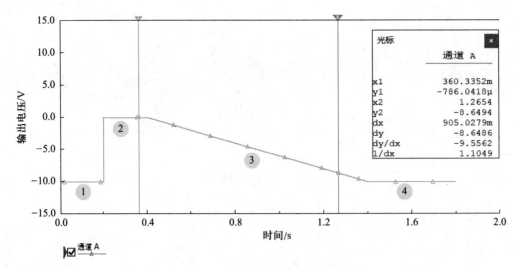

图 5-3-12　积分运算电路模拟曲线(图示仪)

表 5-3-7　积分运算电路数据记录表

电路条件		测量值	
$R_1/\mathrm{k\Omega}$	$C_1/\mathrm{\mu F}$	T_1/s	U_{omax}/V
10	10		
7.5	10		

5. 电压比较器

仿真电路如图 5-3-13 所示,其中分段线性源 U1:"Sources→SIGNAL_VOLTAGE_SOURCES→PIECEWISE_LINEAR_VOLTAGE"。双击分段线性源 U1,弹出"PWL 电压(PWL Voltage)"对话框,如图 5-3-14 所示。在选项卡中选中"在表格中输入数据点(Enter data points in table)",并按图输入数据。这里设置的是分段线性源的三个转折点:(0, 0),(2ms, 1V),(4ms, 0)。勾选"仿真期间重复数据(Repeat data during simulation)"。

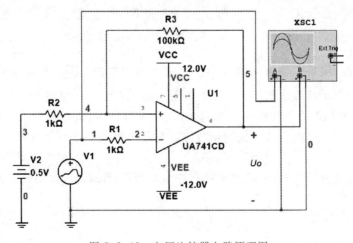

图 5-3-13　电压比较器电路原理图

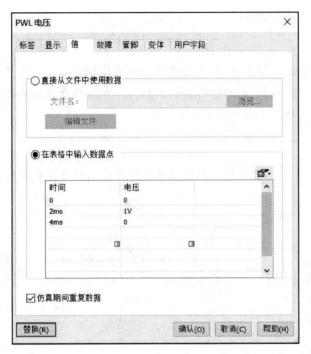

图 5-3-14 PWL 电压对话框

分析类型设置为交互式仿真,并运行仿真分析。调节示波器的相关参数,模拟曲线如图 5-3-15 所示。

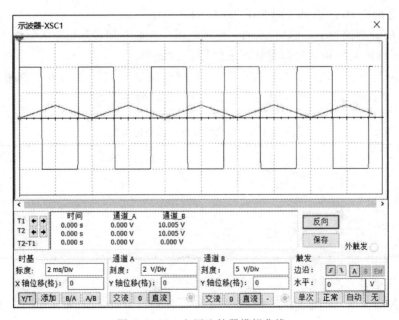

图 5-3-15 电压比较器模拟曲线

5.3.3 整流滤波稳压电路

一、实验目的

① 研究桥式整流电路的输出波形,了解整流电路的作用。

② 观察全波整流电路叠加滤波电容后的输出波形,研究滤波电容对输出波形的影响。

③ 了解三端集成稳压器的使用方法。

二、实验内容

1. 桥式整流电路

按图 5-3-16 所示绘制仿真电路。图中部分元器件的选择路径和参数设置如下所示。

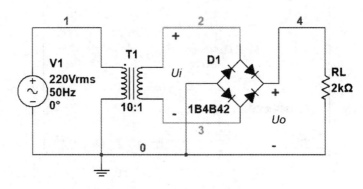

图 5-3-16 桥式整流电路原理图

变压器 T1:"Basic→TRANSFORMER→1P1S"。变压器 T1 保持默认匝数 10∶1。

全波桥式整流器 D1:"Diodes→FWB→1B4B42"。

负载电阻 R_L 分别设为 2 kΩ 和 100 Ω。使用电压探针或万用表测量输入电压 U_i(有效值)和输出电压 U_o(平均值),使用示波器观察输出信号 U_o 的波形。

分析类型设置为交互式仿真。运行仿真分析,将结果填入表 5-3-8 中。需要注意的是,输入为交流信号,测得的是有效值,而输出为直流信号,测得的是平均值。

表 5-3-8 桥式整流电路测量记录表

测量条件	测量结果		
R_L	U_i/V	U_o/V	U_o 波形图
2 kΩ			
100 Ω			

2. 桥式整流电容滤波电路

仿真电路如图 5-3-17 所示。其中,滤波电容 C_1 分别设为 100 μF 和 470 μF。分析方法和测量方法同实验内容 1,将结果填入表 5-3-9 中。

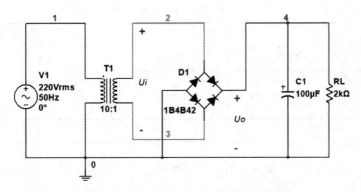

图 5-3-17　桥式整流电容滤波电路原理图

表 5-3-9　桥式整流电容滤波电路测量记录表

测量条件		测量结果		
C_1	R_L	U_i/V	U_o/V	U_o 波形图
100 μF	2 kΩ			
	100 Ω			
470 μF	2 kΩ			
	100 Ω			

3. 稳压器电路

按图 5-3-18 所示绘制仿真电路。其中,三端集成稳压器 U1:"Power→VOLTAGE_REGULA-TOR→LM7812CT"。分析方法和测量方法同实验内容 1。测量电压 U_i 和输出电压 U_o,注意 U_i 和 U_o 都是直流信号,测量的都是平均值。计算输出电压的变化量 ΔU_o,以及输出电流的变化量 ΔI_o,从而计算出 $R_o = |\Delta U_o / \Delta I_o|$,将结果填入表 5-3-10 中。

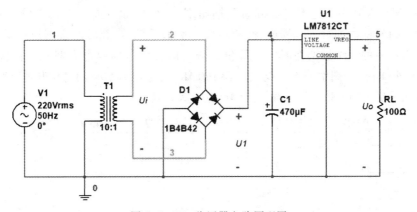

图 5-3-18　稳压器电路原理图

表 5-3-10　稳压器电路输出电阻测量记录表

负载	测量结果		计算结果	
R_L/Ω	U_1/V	U_o/V	I_o/mA	R_o/Ω
∞				
100				

5.4　数字电路仿真实验

5.4.1　D 触发器

一、实验目的

① 熟悉基本 D 触发器的组成、工作原理。

② 掌握触发器电路设计和仿真分析方法。

二、实验内容

D 触发器有六个引脚:数据输入 D、控制输入 $Preset$、复位输入 $Clear$、同相输出 Q、反相输出 $\overline{Q}$、时钟输入 CLK。其真值表见表 5-4-1。

表 5-4-1　D 触发器真值表

D	CLK	Q	$\overline{Q}$
0	↑	**0**	**1**
1	↑	**1**	**0**

D 触发器要实现信号翻转,需要将输出端 $\overline{Q}$ 与输入端 D 相连。这样在触发边沿到来时,会将输入端 D 的值存入其中。这个值实际就是输出端 $\overline{Q}$ 的值,也就是上个周期输入端 D 的值取反。这样,输入时钟脉冲的每一个周期,都会实现一次信号翻转,翻转两次则形成输出信号的一个周期,即输出信号的一个周期在时间上等价于输入时钟信号的两个周期,从而实现 D 触发器分频。如图 5-4-1 所示,图中波形 5 是频率为 100 Hz,占空比为 50% 的时钟脉冲,波形 4 为二分频,波形 6 为四分频,波形 8 为八分频,波形 10 为十六分频。

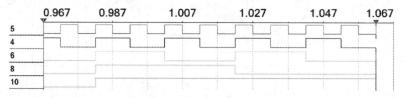

图 5-4-1　D 触发器分频示意图

分频器是将 D 触发器的输出信号作为分频信号,而计数器则是将 D 触发器的输出信号当作一位二进制数。根据 D 触发器的个数,从低位至高位(或高位至低位),依次定义输出二进制数的位数：将 D 触发器先输出的数值作为二进制数低位，后输出的数值作为二进制数的高位。

单个 D 触发器在模拟计数器的过程中充当进位器。当计数到最高位时，即所有输出端 Q 都为高电平时，下一个输入时钟脉冲会使 D 触发器输出信号全部翻转为 0，即回到初始状态，从而实现循环计数。

1. 四分频电路

仿真电路如图 5-4-2 所示。图中部分元器件的选择路径和参数设置如下所示。

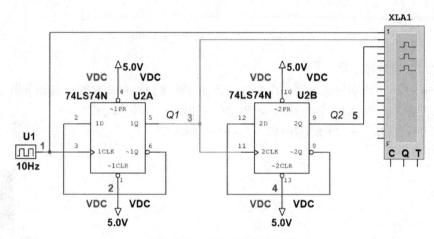

图 5-4-2　四分频电路原理图

时钟信号源 U1："Power→DIGITAL_SOURCES→DIGITAL_CLOCK"。设置 U1 的频率为 10 Hz，占空比为 50%。

直流电压源 VDC："Power→POWER_SOURCES→V_REF3"。

D 触发器 U2A、U2B："TTL→74LS→74LS74N"。

XLA1 为仪表工具栏中的逻辑分析仪。

时钟信号源 U1(U_1)提供 10 Hz 的脉冲信号。将 D 触发器的控制输入 *Preset*、复位输入 *Clear* 同时接入高电平，使引脚失效；数据输入 D 接反相输出 $\overline{Q}$，实现在输出时钟上升沿翻转。使用两个 D 触发器（1 片 74LS74）进行级联，即低位 D 触发器的 Q 端连接高位 D 触发器的 CLK 端。这样，每个 D 触发器是一个二分频电路（输出信号 Q_1），级联后就是四分频电路（输出信号 Q_2），以此类推可以实现八分频、十六分频等。

可以使用示波器或逻辑分析仪观测 D 触发器的输出信号波形，也可以在 D 触发器的输出端串联发光二极管，利用二极管观察输出端高低电平的变化。

分析类型设置为"瞬态分析（Transient）"。在"分析参数（Analysis parameter）"选项卡中，分别将初始条件、起始时间、结束时间以及初始时间步长设置为用户自定义、0、1、0.01。在"输出（Output）"选项卡中，选取变量 D(1)、D(3)、D(5)进行分析，即观测图 5-4-2 中节点 1、3、5 的高低电平变化。

运行仿真分析，分析结果如图 5-4-3 所示。从上至下的波形依次对应输入信号 U_1、二分频输出信号 Q_1、四分频输出信号 Q_2。

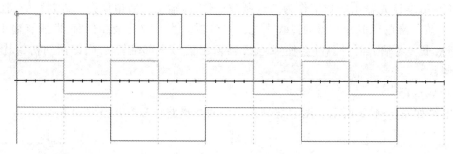

图 5-4-3　四分频电路输出波形图

2. 三位二进制数计数器

按图 5-4-4 所示绘制仿真电路。图中部分元器件的选择路径和参数设置如下所示。

发光二极管 X1、X2、X3："Indicators→PROBE→PROBE_DIG_BLUE"。

数码管 U5："Indicators→HEX_DISPLAY→DCD_HEX"。

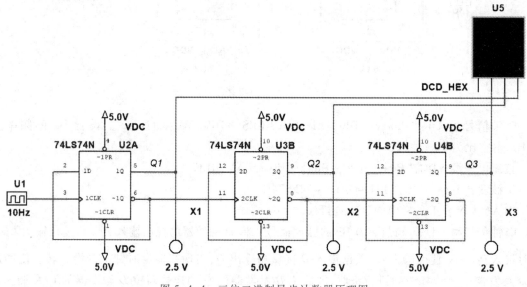

图 5-4-4　三位二进制异步计数器原理图

使用三个 D 触发器进行级联,前一级 D 触发器的 $\overline{Q}$ 端连接 D 端,实现在时钟上升沿翻转;同时作为第二级的输入时钟,连接后一级 D 触发器的 CLK 端。U5 是带译码器的四位二进制数码管,按从右到左(低位到高位)的顺序,分别连接三级 D 触发器输出信号 Q_1、Q_2、Q_3。同时,在输出信号 Q_1、Q_2、Q_3 上分别接入发光二极管,用来观察各级 D 触发器的输出引脚高低电平的变化。

分析类型设置为交互式仿真。运行仿真分析,数码管依次显示 0~7 的八进制循环计数。同时,支路上的发光二极管亮起,代表此条支路上电位为高电平,反之为低电平,由此分析 D 触发器实现带进位计数器的工作原理及过程。

5.4.2　计数、译码、显示电路

一、实验目的

① 熟悉译码、显示电路的工作原理和逻辑功能。

② 熟悉计数器的工作原理和逻辑功能。

③ 掌握六十进制计数译码显示电路设计和仿真分析方法。

二、实验内容

六十进制计数器由计数器、译码器、显示器三个部分组成。由交流信号源提供脉冲信号,把脉冲信号送入计数器进行计数,并把累计的计数结果通过译码器,以数字的形式显示在数码管上。

六十进制计数器由一个模 10 计数器(个位)和一个模 6 计数器(十位)级联而成,芯片选用同步十进制可逆计数器 74LS190。其工作过程如下:

① 模 10 计数器递增到达 10 时自动清零,然后开始新一轮计数,实现十进制计数。

② 模 10 计数器的进位输出端 $\overline{RCO}$ 和模 6 计数器的时钟输入端 CLK 相连,在模 10 计数器完成一个计数周期时,$\overline{RCO}$ 输出一个上升沿信号,作为模 6 计数器的时钟信号。

③ 选择模 6 计数器的输出端 Q_B、Q_C 作为清零信号,通过一个**与非门**输出到异步并行置入控制端 $\overline{LOAD}$,当 Q_B、Q_C 两个引脚同时为 **1** 时,**与非门**输出为 **0**,即控制端 $\overline{LOAD}$ 有效,使得计数器预置为零,实现六进制计数。

显示电路由译码器和数码管组成。译码器芯片选用 BCD 七段译码器 74LS47,负责把输入的二进制数译成适用于数码管显示的段;数码管选用共阳极七段数码管,由 7 个阳极连在一起的发光二极管组成。当阴极为低电平时,相应的二极管发光,反之熄灭。利用发光二极管的亮灭原理,显示对应的数码。

1. 译码显示电路

按图 5-4-5 所示绘制仿真电路。图中部分元器件的选择路径和参数设置如下。

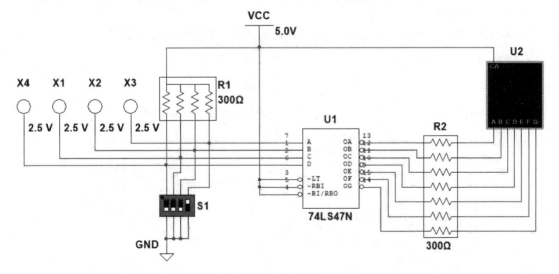

图 5-4-5　译码显示电路原理图

排阻 R1:"Basic→RPACK→4Line_Bussed"。

排阻 R2:"Basic→RPACK→7Line_Isolated"。

拨码开关 S1:"Basic→SWITCH→DSWPK_4"。

译码器 U1:"TTL→74LS→74LS47N"。

数码管 U2:"Indicators→HEX_DISPLAY→SEVEN_SEG_COM_A"。

排阻 R_1 是上拉电阻,R_2 则是限流电阻。译码器 U1 的三个功能引脚 $\overline{LT}$、$\overline{BI}/\overline{RBO}$、$\overline{RBI}$ 均接高电平。使用发光二极管观察译码器输入引脚的电平变化,使用共阳极七段数码管观察译码器的输出数码。

分析类型设置为交互式仿真。运行仿真分析,按表 5-2-4 所示拨动四路拨码开关 S1,观察七段数码管的显示并将结果填入表 5-4-2 中。

表 5-4-2　译码显示电路观测结果记录表

十进制	输入				输出
	D	C	B	A	字形
0	0	0	0	0	
1	0	0	0	1	
2	0	0	1	0	
3	0	0	1	1	
4	0	1	0	0	
5	0	1	0	1	
6	0	1	1	0	
7	0	1	1	1	
8	1	0	0	0	
9	1	0	0	1	

2. 六十进制计数器

仿真电路如图 5-4-6 所示。图中部分元器件的选择路径和参数设置如下。

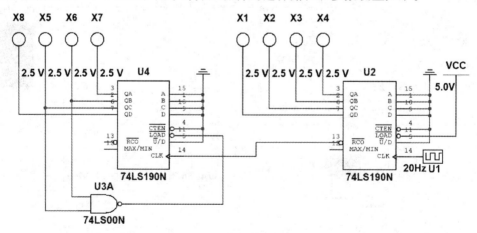

图 5-4-6　六十进制计数器电路原理图

计数器 U2、U4："TTL→74LS→74LS190N"。

与非门 U3A："TTL→74LS→74LS00N"。

时钟源 U1 提供 20 Hz 的时钟信号,占空比为 50%。两个计数器 74LS190 的功能引脚 $\overline{CTEN}$、$\overline{U/D}$ 接低电平,递增计数。个位 74LS190 的 $\overline{LOAD}$ 引脚接高电平,计数器的预置功能无效;十位 74LS190 的 $\overline{LOAD}$ 引脚接与非门 74LS00 的输出端,当十位计数器计数到达 6(**0110**)时,74LS00 输出为 **0**,即 $\overline{LOAD}=0$,计数预置为零。个位 74LS190 的 $\overline{RCO}$ 引脚与十位 74LS190 的 CLK 引脚相连,实现计数器的级联。使用发光二极管观察计数器输出引脚的电平变化。

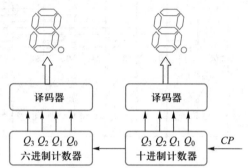

分析类型设置为交互式仿真。运行仿真分析,观察发光二极管的电平变化。

3. 计数译码显示电路

仿真电路框图如图 5-4-7 所示,将实验内容 2 的六十进制计数器的输出引脚和实验内容 1 的译码显示电路的输入引脚相连,构成一个完整的六十进制计数译码显示电路。分析类型保持不变,运行仿真分析,将仿真结果记录下来。

图 5-4-7　计数译码显示电路原理图

5.4.3　编码器与译码器的应用

一、实验目的

① 了解 8 线–3 线优先编码器 74LS148 的逻辑功能及应用。

② 了解 BCD 七段译码器 74LS47 的逻辑功能及应用。

③ 掌握病房呼叫电路设计方法和仿真分析方法。

二、实验内容

本实验使用译码器和编码器设计一个病房呼叫电路,其逻辑示意图如图 5-4-8 所示。电路主要分为三个模块:呼叫显示模块、优先编码模块、译码显示模块。

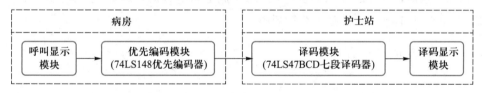

图 5-4-8　病房呼叫电路逻辑示意图

按图 5-4-9 所示绘制仿真电路。图中部分元器件的选择路径如下。

优先编码器 U1："TTL→74LS→74LS148N"。

译码器 U2："TTL→74LS→74LS47N"。

数码管 U3："Indicators→HEX_DISPLAY→SEVEN_SEG_COM_A"。

三个模块的工作原理如下所述。

① 呼叫显示模块:采用八个发光二极管 LED1~LED8 充当 8 位患者的病床指示灯(0#~7#,

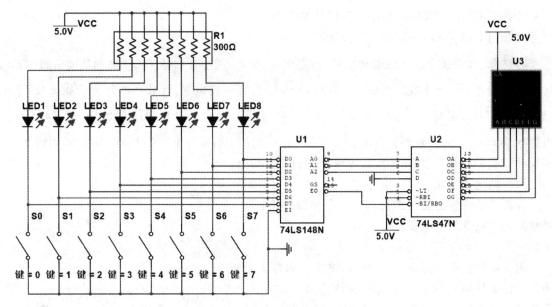

图 5-4-9　病房呼叫电路原理图

其中 0#优先级最高），与呼叫开关、上拉电阻进行连接，组成 0~7 八条呼叫支路，分别接入优先编码器 74LS148 的八路输入引脚。

② 优先选择模块：采用 8 线-3 线优先编码器 74LS148。将 74LS148 的 $\overline{EO}$ 引脚与译码器的 $\overline{BI/RBO}$ 引脚连接，使得无人呼叫时，数码管不显示。如果多个床位同时扳动呼叫开关，会通过 74LS148 优先锁定病床号最小的床位号。

③ 译码显示模块：采用 BCD 七段译码器 74LS47 和共阳极七段数码管将床号显示在护士站。74LS148 三个输出引脚 A_0、A_1、A_2 与 74LS47 的前三个输入引脚 A、B、C 相连，最多可识别八个床位。74LS47 的输入引脚 D 接地，保留不用。

分析类型设置为交互式仿真。运行仿真分析，观察输出结果。当 8 位患者中有人扳动呼叫开关时，该患者病床床头的指示灯点亮。同时，在护士站的数码显示器上显示患者呼叫的病床号。当多人呼叫时，优先显示病床号小的患者。

5.4.4　555 集成定时器

一、实验目的

① 了解 555 集成定时器的工作原理及功能。

② 掌握单稳态触发器的设计和仿真分析方法。

③ 掌握多谐振荡器的设计和仿真分析方法。

二、实验内容

1. 单稳态触发器

将 555 集成定时器与 RC 串联电路形成的延时环节结合起来，实现单稳态触发器。单稳态触发器有一个稳定状态，一个暂稳态。在外部脉冲的作用下，单稳态触发器可以从一个稳定状态翻转到一个暂稳态。由于电路中 RC 延时环节的作用,暂稳态维持一段时间又回到原来的稳定状态,暂稳态维持的时间取决于 RC 的参数值。

仿真电路如图 5-4-10 所示。图中部分元器件的选择路径如下所示。

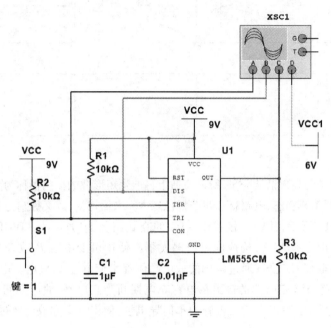

图 5-4-10　单稳态触发器原理图

555 集成定时器 U1:"Mixed→TIMER→LM555CM"。

按键 S1:"Electro_Mechanical→SUPPLYMENTARY_SWITCHES→PB_NO"。

555 的主要引脚功能说明如下。

① RST 引脚:复位端,低电平有效。正常工作时,应接入高电平。

② DIS 引脚:内部的晶体管集电极通过该引脚与电阻 R_1 相连,将 R_1 上的分压作为该引脚的电压输入值,根据该引脚电压值的变化,不断切换晶体管的通断状态。

③ THR 引脚:与电阻 R_1 相连,和上阈值电压一起共同作用于内部比较器,输出电平值到内部 RS 触发器;同时接入电容 C_1 作为充放电容器。

④ TRI 引脚:触发信号的输入端,使用按键 S1 来模拟控制信号,默认情况下 TRI 引脚为高电平,S1 按下去时变为低电平。

⑤ CON 引脚:电压控制引脚,接入去耦电容 C_2,用来稳定电路。

分析类型设置为交互式仿真。在"瞬态分析仪器的默认值"选项卡中,勾选"最大时间步长(Maximum time step,TMAX)",并将其设置为"1e-006",让示波器显示稳定下来,以便观察。

运行仿真分析。使用快捷键"1"作为电路触发信号。使用 4 通道示波器观察信号波形,如图 5-4-11 所示。图中标号①~④依次为输出电压(OUT 引脚)、参考电压(DIS 引脚)、电容 C_1 两端电压差、输入电压(TRI 引脚)。将观测到的结果记录下来,并与理论计算值进行比较。

2. 多谐振荡器

多谐振荡器是一种自激振荡器。在接通电源以后,不需要外接触发信号,便能自动产生矩形波。

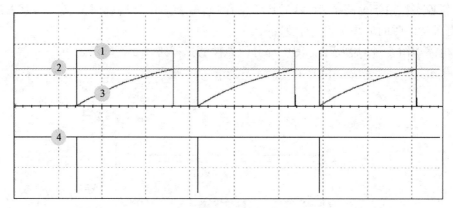

图 5-4-11 单稳态触发器输出波形图

由于矩形波中含有丰富的高次谐波分量,所以习惯上将产生矩形波的振荡器称为多谐振荡器。多谐振荡器没有稳态,只有两个暂稳态,电路就在两个暂稳态之间来回切换,故又称它为无稳态电路。

电路如图 5-4-12 所示,其中二极管 D1、D2 的查找路径为"Diodes→DIODES_VIRTUAL→DIODE"。将 THR 和 TRI 引脚相连,构成施密特触发器。使用可变电阻 R_3 改变输出波形的占空比。使用直流电源 U_{CC} 为电容 C_1 充电,通过内部的放电晶体管 T 使电容 C_1 放电。电容 C_1 上的电压将在 U_H 与 U_L 之间反复振荡,555 定时器的输出在电容充电期间为高电平,放电期间为低电平。同时,为了调节输出信号的占空比,可以利用二极管的单向导电性,使得充电和放电经过电路的不同路径。

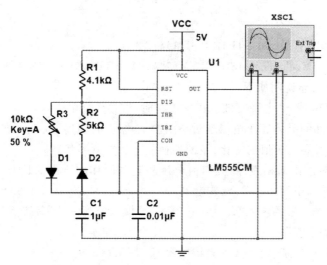

图 5-4-12 多谐振荡器原理图

分析类型设置为交互式仿真。在"分析参数(Analysis parameters)"选项卡中,勾选"最大时间步长(Maximum time step,TMAX)",将最大时间步长设置为"1e-006",让示波器显示稳定下来,以便观察。

运行仿真分析,使用示波器观测信号波形,使用快捷键"A"和"Shift+A"调节可调电阻 R_3 的阻值,将输出波形的占空比调节至 50%。最后将观测到的结果记录下来,并与理论计算值进行比较。

第六章 课程设计

6.1 电子电路的设计方法

设计一个电子电路系统时，首先必须明确系统的设计任务，根据任务进行方案选择，然后对方案中的各部分进行单元电路的设计、参数计算和器件选择，最后将各部分连接在一起，画出一个符合要求的完整系统电路图。具体步骤如下。

一、明确任务要求

对系统的设计任务进行具体分析，充分了解系统的性能、指标、内容和要求，以便明确系统应完成的任务。

二、方案选择

方案选择应根据掌握的知识和资料，针对所给的任务要求，做到设计方案合理、可靠、经济、功能齐全、技术先进，方框图必须能够清楚地反映系统应完成的任务和各单元的功能。

三、单元电路设计

单元电路是整机的一部分，只有设计好各单元电路才能提高整体设计水平。设计前，首先需明确本单元电路的任务，拟定出单元电路的性能指标，明确与前后级之间的关系。具体设计时，应查阅有关资料以丰富知识、开阔眼界，从而找到合适的电路。如果确实找不到性能指标完全满足要求的电路，也可以选用与设计要求比较接近的电路，然后调整电路参数。

参数计算时，应理解工作原理并正确运用计算公式。通常应注意下列问题：

① 元器件的工作电流、电压、频率和功耗等参数应满足电路指标的要求。

② 元器件的极限参数必须留有足够裕量，一般应大于额定值的 1.5 倍。

③ 电阻和电容的参数应选计算值附近的标称值。

四、绘制电路图

为详细表示设计的整机电路与单元电路的连接关系，设计时需绘制完整电路图。电路图通常是在系统方框图、单元电路设计完成的基础上绘制的，它是组装、调试和维修的依据。绘制电路图时应注意以下几点：

① 布局合理、排列均匀、图面清晰、便于读图。通常一个总电路由几部分组成，画图时应尽量把所有电路画在同一张图纸上，把一些比较独立或次要的部分画在另外的图纸上，并在电路的断口处做上标记，标出信号从一张图到另一张图的引出点和引入点，以此说明各图纸在电路连线之间的关系。为便于清楚表示各单元电路的功能关系，每一个功能单元电路的元器件应集中布置在一起，并尽可能按工作顺序排列。

② 注意信号的流向。一般从输入端或信号源画起,由左至右或由上至下按信号的流向依次画出各单元电路,而反馈通路的信号流向则与此相反。

③ 图形符号要标准,图中应加适当标注。一般用方框表示电路图中的中、大规模集成电路器件,在方框中标出器件型号,在方框的边线两侧标出每个引脚的功能名称和引脚号。除中、大规模器件外的其余器件符号也应当标准化。

④ 连接线应成直线,并且交叉和折弯应最少。通常连接线可以水平布置或垂直布置,一般不使用斜线。互相连通的交叉线,应在交叉处用圆点表示。

设计的电路是否能满足设计要求,还必须通过安装、调试进行验证。

6.2　电子电路的安装、调试与故障检测

一、电子电路的安装

电子电路一般通过焊接安装在印制电路板(简称 PCB 板)上。由于焊接安装方法中元器件的重复利用率低,损耗大,因此在电子电路课程设计中组装电路通常采用在面包板上插接的形式,这样电路便于调试,并且可以提高元器件的利用率。

插接集成电路时首先应认清方向,不能倒插,以免通电后损坏器件。通常集成电路的插入方向要保持一致,即 1 号引脚位于左下角,其余的引脚按逆时针方向顺序排列,注意引脚不能弯曲。

根据电路图的各功能安排元器件在面包板上的位置,并按信号的流向将元器件顺序地连接,以便于调试,同时注意电路之间要共地。

为方便检查与调试电路,应根据连线性质选用不同颜色的导线。通常是用红导线连接正电源,用蓝导线连接负电源,用黑导线连接地线,而信号线则选用其他颜色的线。

导线的直径应和面包板的插孔一致,过粗易损坏插孔,过细则与插孔接触不良。导线两头塑料皮需剥去 0.5~1 cm,使裸露的金属线头刚好能插入面包板的孔中。若线头太短,插不到底,则与插孔接触不良。线头太长,则容易与其他导线短路。布线时导线要紧贴面包板,尽量做到横平竖直,且连线不要跨接在集成电路上,一般从集成电路周围通过。这样不仅美观,而且连接可靠,不易由于被触碰而松动,也便于查线和更换器件。

布线过程中,可以把元器件在面包板上的相应位置及所有引脚号标在电路图上,以保证调试和查找故障的顺利进行。

二、电子电路的调试

电子电路安装后能否实现预期的功能,需要通过调试才能确定。调试时需要给电路加上适当的直流供电电源以及测试信号,然后检查电路的输出响应是否正确。

用于调试的实验仪器有:直流稳压电源、示波器、函数信号发生器、交流毫伏表和万用表等。

电路的设计与安装往往难以一次成功,除了设计中存在一些不合理和不正确的因素外,安装中也容易出现一些连线错误。此外,对于大多数模拟电路,由于元器件存在离散性,要想得到预期的电路性能,必须通过调试才能实现。

通常采用的调试方法是把一个总电路按照方框图上的功能分成若干单元电路进行安装和调试,在完成各单元电路调试的基础上,逐步扩大安装和调试的范围,最后完成整机调试。一般调试步骤如下。

1. 通电前检查

电路安装完毕,首先直观检查电路各部分接线是否正确,检查电源、地线、信号线、元器件引脚之间有无短路,器件有无错接。检查时应用万用表的电阻挡直接测量元器件的引脚之间是否真正连通。某些线路表面上看是连通的,但由于接触不良,实际并未连通,只有用万用表测量后才能确定是否连通。

2. 通电检查

接入电路所要求的电源电压,观察电路中各部分元器件有无异常现象。如果出现异常现象,则应关闭电源,故障排除后方可重新通电。

3. 单元电路调试

调试前应明确本部分的调试要求。按调试要求测试性能指标和观察波形,调试顺序按信号的流向进行。这样可以把前面调试过的输出信号作为后一级的输入信号,为最后的整机联调创造条件。

数字电路的调试主要通过测量元器件或电路各输入、输出端的高、低电压及相互之间的逻辑关系来发现设计不当、元器件损坏和连线错误等问题。

模拟电路一般先检查直流工作点,直流检查时只接通直流供电电源但不加测试信号。直流检查后,即可进行交流检查。交流检查时给电路加上适当频率和幅值的信号,根据信号的流向逐级检查电路各节点的波形和性能参数(如幅值、增益、相位、输入阻抗、输出阻抗等)是否正常及电路的整体指标是否满足要求。若达不到要求,需将理论知识和实测情况结合起来,合理调整电路结构与元器件参数,直到得到满足设计指标的电路。

4. 整机联调

各单元电路的调试为整机调试打下了基础。整机联调时应观察各单元电路连接后各级之间的信号关系,主要观察动态结果,检查电路的性能和参数,分析测量的数据和波形是否符合设计要求,对发现的故障和问题及时采取处理措施。

三、电子电路的故障检测

电路的故障现象和存在于电路中的物理缺陷是多种多样的,难以一一列举。常见的故障现象主要有:

① 数字电路的逻辑功能不能满足设计要求。

② 模拟电路中输出电参量或输出波形异常。

电路中出现故障的原因主要有:

① 实际安装的电路与所设计的原理图不符,主要是发生错接、短路、开路等。

② 仪器使用不当引起的故障,如共地不当、信号线与地线反接等。

③ 元器件使用不当或已经损坏。

电路故障的检测可以按照下述几种方法进行。

1. 逐级检测法

寻找电路故障时,一般可以按照信号的流向逐级进行。在电路的输入端加入适当的信号,用示波器或电压表等仪器逐级检查信号在电路中各部分传输的情况,根据电路的工作原理分析电路的功能是否正常,如果有问题,应及时处理。调试电路时也可以从输出级向输入级倒推进行,信号从最后一级电路的输入端加入,观察输出端是否正常,然后逐级将适当信号加入前面一级电路的输入端,继续进行检查。这里所指的适当信号是指频率、电压幅值等参数应满足电路要求,这样才能使调试顺利进行。

2. 分段检测法

把有故障的电路分为几部分,先检测哪部分有故障,然后再对有故障的部分进行检测,一直到找到故障为止。对于一些存在反馈的环形电路,如振荡器、稳压器等电路,它们各级的工作情况互相会有牵连,检测故障时可以将反馈环去掉,然后逐级检查,便可更快地查出故障部分。对于自激振荡电路也可以采用此法检查故障。

3. 电容旁路法

若遇到电路发生自激振荡或寄生调幅等故障,检测时可以将一只电容量较大的电容并联到故障电路的输入或输出端,观察电容对故障现象的影响,据此分析故障的部位。在放大电路中,旁路电容失效或开路,会使负反馈加强,输出量下降。此时将适当的电容并联在旁路电容两端,即可看到输出幅度恢复正常,也就可以断定旁路电容存在故障。这种检查方法可能要多处试验才会有结果,要细心分析可能引起故障的原因。此方法也用来检查电源滤波和去耦电路的故障。

4. 静态测试法

故障部位找到后,要确定出故障的元器件,最常用的方法是静态测试法和动态测试法。静态测试是用万用表测试电阻值,测试电容器是否漏电,电路是否断路或短路,晶体管和集成电路的各引脚电压是否正常等。这种测试是在电路不加信号的时候进行的,所以称为静态测试。通过这种测试即可发现元器件的故障。

5. 动态测试法

当静态测试还不能发现故障原因时,可以采用动态测试法。测试时在电路输入端加上适当的信号再测试元器件的工作情况,观察电路的工作状况,分析、判别故障产生的原因。

安装电路要认真细心,要有严谨的科学作风,要注意布局合理。调试电路要注意正确使用测量仪器,系统各部分要共地,调试过程中要不断跟踪和记录观察的现象、测量的数据和波形。通过安装、调试电路,发现问题、解决问题、提高设计水平,圆满地完成设计任务。

四、课程设计总结报告

编写课程设计总结报告是对学生撰写科学论文和科研总结报告能力的训练。通过写报告,不仅可以全面总结设计、组装、调试的内容,而且可以把实践内容上升到理论高度。总结报告应包括以下几点。

① 设计任务与要求。

② 比较和选定系统的总体方案,画出系统方框图。

③ 单元电路的设计、参数计算和元器件的选择。

④ 画出完整的电路图,并说明电路的工作原理。

⑤ 电路的组装和调试。包括:使用的主要仪器仪表;调试电路的方法和技巧;测试的数据和波形,并与计算结果进行比较分析;调试过程中出现的故障、原因及排除方法。

⑥ 总结设计电路的特点和方案的优缺点,指出课题的核心及实用价值,提出改进意见和展望。

⑦ 列出系统需要的元器件。

⑧ 列出参考文献。

6.3　课程设计课题

6.3.1　脉搏计

设计一个脉搏计,要求实现在 15 s 内测量 1 min 的脉搏跳动次数,并且显示其数值。正常人的脉搏跳动次数为 60~80 次/min,婴儿为 90~100 次/min。

一、设计目的及要求

① 用传感器将脉搏的跳动转换为电压信号,并加以放大整形和滤波。

② 在短时间内(15 s)测出每分钟的脉搏数。

③ 用十进制数字显示被测人体脉搏每分钟的跳动次数,测量范围 30~160 次/min。

二、总体方案

1. 分析设计题目要求

脉搏计是测量心脏跳动次数的电子仪器,也是心电图的主要组成部分。由给出的设计技术指标可知,脉搏计是用于测量频率较低的小信号(传感器输出电压一般为几个毫伏)的,它的基本功能应该是:

① 用传感器将脉搏的跳动转换为电压信号,并加以放大整形和滤波。

② 在短时间内(15 s)测出 1 min 的脉搏数。

2. 选择总体方案

满足上述设计功能的可实施方案很多,现提出一种如图 6-3-1 所示的方案。

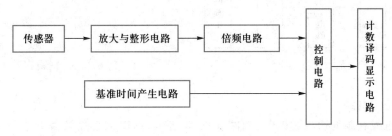

图 6-3-1　脉搏计方案

图中各部分的作用如下。

① 传感器:将脉搏跳动信号转换为与之相对应的电脉冲信号。

② 放大与整形电路:将传感器的微弱信号放大、整形,去除杂散信号。

③ 倍频电路:提高整形后脉冲信号的频率。将 15 s 内传感器所获得信号的频率进行 4 倍频,即可得到对应 1 min 的脉冲数,从而缩短测量时间。

④ 基准时间产生电路:产生短时间的控制信号,以控制测量时间。

⑤ 控制电路:用以保证在基准时间控制下,将 4 倍频后的脉冲信号送到计数译码显示电路中。

⑥ 计数译码显示电路:用来读出脉搏数,并以十进制数的形式由数码管显示。

上述测量过程中,由于对脉冲进行了 4 倍频,计数时间也相应地缩短为 $\frac{1}{4}$(15 s),而数码管显示的数字却是 1 min 的脉搏跳动次数。这种方案的测量误差为 4 次/min,测量时间越短,误差越大。

三、单元电路的设计

1. 放大与整形电路

传感器将脉搏信号转换为电信号,此电信号一般为几十毫伏,必须加以放大,以达到整形电路所允许的电压,一般为几伏。放大后的信号是不规则的脉冲信号,必须加以滤波整形,整形电路的输出电压应满足计数器的要求。

所选放大与整形电路的方框图如图 6-3-2 所示。

(1)放大电路

由于传感器输出电阻较高,故采用同相放大电路,如图 6-3-3 所示,采用 LM324 集成运算放大器,放大电路的电压放大倍数为 10 ~ 100 倍,电路参数如下:$R_2 = 1$ kΩ,$R_4 = 100$ kΩ,$R_5 = 910$ kΩ,$R_3 = 10$ kΩ,$C_1 = 100$ μF。

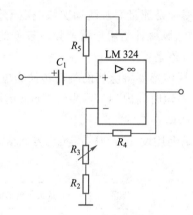

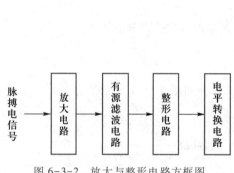

图 6-3-2 放大与整形电路方框图

图 6-3-3 同相放大电路

(2)有源滤波电路

采用二阶压控有源低通滤波电路,如图 6-3-4 所示,作用是去除脉搏电信号中的高频干扰信号,同时把脉搏电信号加以放大。考虑到要去除脉搏信号中的干扰尖脉冲,所以有源滤波电路的截止频率为 1 kHz 左右。为了使脉搏电信号放大到整形电路所需的电压值,电压放大倍数选取 1.6 倍左右,采用 LM324 集成运算放大器,电路参数如下:$R_6 = 1.6$ kΩ,$R_7 = 1.6$ kΩ,$R_8 = 100$ kΩ,$R_9 = 160$ kΩ,$C_2 = 0.1$ μF,$C_3 = 0.1$ μF。

(3)整形电路

经过放大和滤波后的脉搏电信号仍是不规则的脉冲信号,且有低频干扰,仍不能满足计数器的要求,必须采用整形电路。这里采用了施密特整形电路,如图 6-3-5 所示,其目的是提高抗干扰能力,集成运算放大器采用 LM324,电路参数如下:$R_{10} = 5.1$ kΩ,$R_{11} = 100$ kΩ,$R_{12} = 5.1$ kΩ。

(4)电平转换电路

由整形电路输出的脉冲信号是一个正负脉冲信号,不满足计数器要求的脉冲信号,故采用电平转换电路,如图 6-3-5 所示,由二极管 D 来实现。

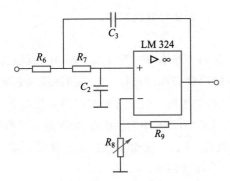

图 6-3-4 二阶压控有源低通滤波电路

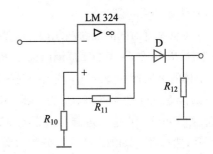

图 6-3-5 施密特整形电路和电平转换电路

2. 倍频电路

该电路的作用是对放大整形后的脉搏电信号进行 4 倍频,以便在 15 s 测出 1 min 的人体脉搏跳动次数,从而缩短测量时间,提高诊断效率。

倍频电路的形式很多,这里采用**异或**门组成的 4 倍频电路,如图 6-3-6 所示。

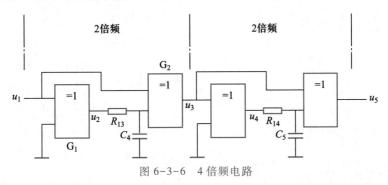

图 6-3-6 4 倍频电路

G_1 和 G_2 构成 2 倍频电路,第一个**异或**门的延迟时间对第二个**异或**门产生作用,当输入由 **0** 变成 **1** 或由 **1** 变成 **0** 时,都会产生脉冲,输入、输出波形如图 6-3-7 所示。

电容器 C_4、C_5 的作用是增加延迟时间,从而加大输出脉冲宽度。两个 2 倍频电路就构成了 4 倍频电路。电路参数如下:$C_4 = C_5 = 0.47$ μF,$R_{13} = 51$ kΩ,$R_{14} = 16$ kΩ。**异或**门选用 CD4070。

3. 基准时间产生电路

基准时间产生电路的功能是产生一个周期为 30 s(即脉冲宽度为 15 s)的脉冲信号,以控制在 15 s 内完成 1 min 的测量任务。实现这一功能的方案很多,这里采用如图 6-3-8 所示的方案。

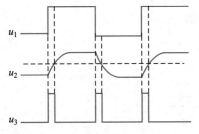

图 6-3-7 2 倍频电路的输入输出波形

图 6-3-8 基准时间产生电路的方框图

由方框图可知,该电路由秒脉冲发生器、15 分频电路、2 分频电路组成。

（1）秒脉冲发生器

为了保证基准时间的准确,采用了石英晶体振荡电路,石英晶体的主频为 32.768 kHz,反相器采用 CMOS 器件,R_{15} 可在 5~30 MΩ 范围内选择,R_{16} 可在 10~150 kΩ 范围内选择。电路的振荡频率基本等于石英晶体的谐振频率,改变 C_7 的大小对振荡频率有微调的作用。这里选取的电路参数如下：$R_{15}=5.1$ MΩ,$R_{16}=51$ kΩ,$C_6=56$ pF,C_7 为 3~56 pF,反相器利用了 CD4060 中的反相器,如图 6-3-9 所示。

选用 CD4060 14 位二进制计数器对 32.768 kHz 进行 14 次 2 分频,产生一个频率为 2 Hz 的脉冲信号,然后用 CD4013 进行 2 分频得到周期为 1 s 的脉冲信号。

（2）15 分频电路和 2 分频电路

其电路如图 6-3-10 所示,由 SN74161 组成十五进制计数器进行 15 分频,然后用 CD4013 组成 2 分频电路,产生一个周期为 30 s 的方波,即一个脉宽为 15 s 的脉冲信号。

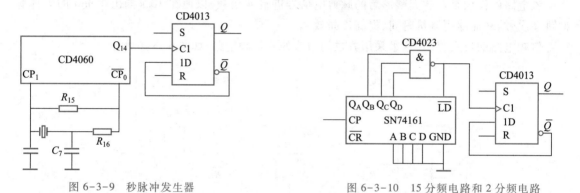

图 6-3-9　秒脉冲发生器　　　　　　　图 6-3-10　15 分频电路和 2 分频电路

4. 计数译码显示电路

该电路的功能是读出脉搏数,以十进制形式用数码管显示出来,电路如图 6-3-11 所示。

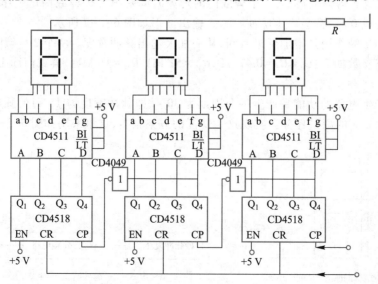

图 6-3-11　计数译码显示电路

由于人的脉搏跳动次数最高是 150 次/min,所以采用 3 位十进制计数器即可。该电路用双 BCD 同步十进制计数器 CD4518 构成 3 位十进制加法计数器,用 CD4511BCD 七段译码器译码,用数码管完成七段显示。

5. 控制电路

控制电路的作用主要是控制脉搏电信号经过放大、整形、倍频后进入计数器的时间,另外还应具有为各部分电路清零等功能,如图 6-3-12 所示。

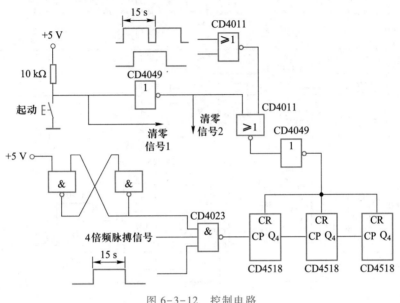

图 6-3-12　控制电路

四、画总电路图

根据以上设计好的单元电路和图 6-3-1 所示的方框图,可以画出本题的总体电路,如图 6-3-13 所示。

6.3.2　数字电子钟

数字电子钟是一种以数字显示秒、分、时、周的计时装置,与传统的机械钟相比,它具有走时准、显示直观、无机械传动装置等优点,因而得到了广泛的应用。

一、设计目的及要求

① 由晶振电路产生 1 Hz 的标准秒信号。

② 秒、分为 00~59 六十进制计数器。

③ 时为 00~23 二十四进制计数器。

④ 周显示 1~7 日,为七进制计数器。

⑤ 可手动校正。能分别进行秒、分、时、周的校正。只要将开关置于手动位置,即可分别对秒、分、时、周进行手动脉冲输入的调整或连续脉冲输入的校正。

⑥ 整点报时。整点报时电路要求在每个整点前鸣叫 5 次低音(500 Hz),整点时再鸣叫 1 次高音(1 000 Hz)。

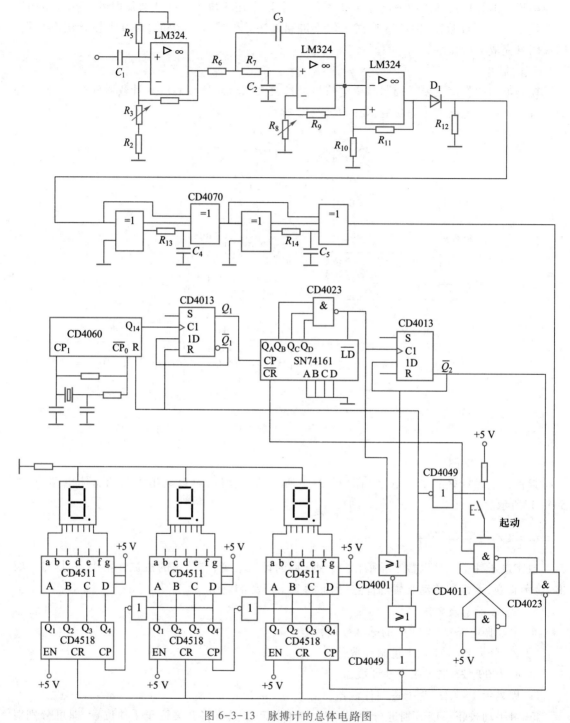

图 6-3-13　脉搏计的总体电路图

二、总体方案

数字电子钟的方框图如图 6-3-14 所示。由图 6-3-14 可见,数字电子钟由以下几部分组成:石英晶体振荡器和分频器组成的秒脉冲发生器;校对电路;六十进制秒、分计数器,二十四进制时计数器及七进制周计数器;以及秒、分、时、周的译码显示部分等。

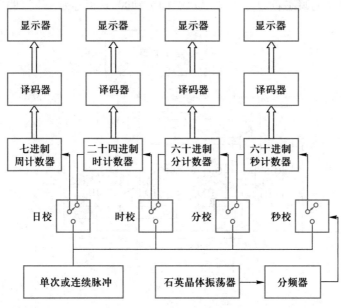

图 6-3-14 数字电子钟方框图

三、单元电路的设计

根据设计任务和要求,对照数字电子钟的方框图,可以分以下几部分进行模块化设计。

1. 秒脉冲发生器

秒脉冲发生器是数字电子钟的核心部分,它的精度和稳定度决定了数字电子钟的质量,通常由石英晶体振荡器发出的脉冲经过整形、分频获得 1 Hz 的秒脉冲。石英晶体的主频为32 768 Hz,通过 15 次 2 分频后即可获得 1 Hz 的脉冲,电路如图 6-3-15 所示。

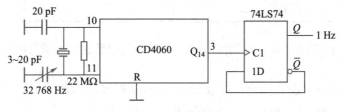

图 6-3-15 秒脉冲发生器

2. 计数译码显示

这一部分电路均使用中规模集成电路 74LS90 实现秒、分、时、周的计数,秒、分、时、周分别为六十、六十、二十四和七进制计数器。秒、分均为六十进制,即显示 00~59,其个位为十进制,十位为六进制。时为二十四进制计数器,显示为 00~23,个位仍为十进制,而十位为三进制,但当十位计到 2,而个位计到 4 时清零,即为二十四进制。

周为七进制计数器,按照人们的习惯,一周的显示为"日、1、2、3、4、5、6",所以设计这个七进制计数器,应根据译码显示器的状态表来进行,见表6-3-1。参考电路如图6-3-16所示,电路由4个 D 触发器组成(也可以用 JK 触发器),其逻辑功能满足表6-3-1,即当计数器计到6后,下个脉冲到来时,用7的瞬态将 $Q_4Q_3Q_2Q_1$ 置数,即为**1000**,从而显示"日"(8)。

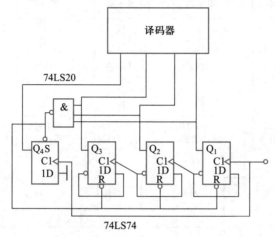

图 6-3-16　周显示电路

表 6-3-1　状　态　表

Q_4	Q_3	Q_2	Q_1	显示
1	0	0	0	日
0	0	0	1	1
0	0	1	0	2
0	0	1	1	3
0	1	0	0	4
0	1	0	1	5
0	1	1	0	6

译码显示均采用共阳极 LED 数码管和译码器 74LS47,当然也可以用共阴极数码管和译码器。

3. 校正电路

开机接通电源时,周、时、分、秒为任意值,需对其进行调整。置开关于手动位置,分别对时、分、秒、周进行单独计数,计数脉冲由单次脉冲或连续脉冲输入。

4. 整点报时电路

当时计数器每次计到整点前6 s时,需要报时,可以由整点报时电路来实现。即当分为59,秒为54时,产生一高电平,打开低音**与**门,使报时声按500 Hz频率鸣叫5声,当秒计到59时,则驱动高音1 kHz频率信号而鸣叫1声,参考电路如图6-3-17所示。

5. 鸣叫电路

如图6-3-17所示,鸣叫电路由高、低两种频率信号通过**或**门驱动一个晶体管,带动喇叭鸣叫。1 kHz 和 500 Hz 从晶振分频器近似获得。CD4060 分频器的输出端 Q_5 的输出频率为

1 024 Hz,Q_6 为 512 Hz。

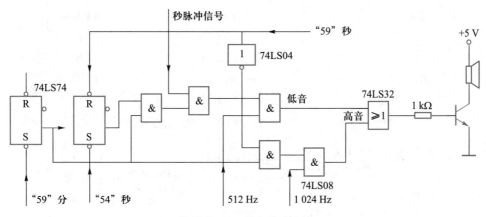

图 6-3-17 整点报时电路

6.3.3 出租车计价器

当出租车行驶到某一值（如 5 km）时，计费数字显示开始从起步价（如 10 元）增加。当出租车到达某地需要等候时，司机只要按下计时键，每等候一定时间，计费显示就增加一个定值。出租车继续行驶时，停止计算等候费，继续增加里程计费。到达目的地，方可按显示的数字收费。

一、设计目的及要求

① 进行里程显示，里程显示为 3 位数，精确到 1 km。

② 能预置起步价，如设置起步里程为 5 km，起步价费为 10 元。

③ 行车能按里程收费，能用数据开关设置每千米的单价。

④ 等候按时间收费，如每等候 10 min 增收 1 km 的费用。

⑤ 按复位键，显示装置清零（里程清零，计价部分清零）。

⑥ 按下计价键后，出租车运行计费，等候计时关断；等候计数时，运行计费关断。

二、总体方案

出租车计价器控制电路方框图如图 6-3-18 所示。

三、单元电路的设计

1. 里程计数及显示

在出租车转轴上加装传感器，以便获得行驶里程信号。若出租车每行驶 10 m 发一个脉冲，到 1 km 时，发 100 个脉冲，所以对里程计数要设计一个模 100 计数器，如图 6-3-19 所示。里程的计数显示，则用十进制计数、译码、显示即可，如图 6-3-20 所示，计数器采用 74LS290，可以用译码、驱动、显示三合一器件 CL002 或共阴极、共阳极显示器件（74LS248、LC5011－11 或 74LS247、LA5011－11）实现显示。

2. 计价电路

该电路由两部分组成。一是里程计价：在起步价里程以内（如 5 km 内），按起步价计算；若超过起步价里程，则每行驶 1 km，计价器增加 1 km 的单价费用。二是等候计价：出租车运行时，

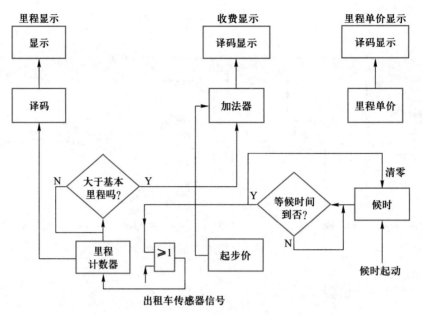

图 6-3-18 出租车计价器控制电路方框图

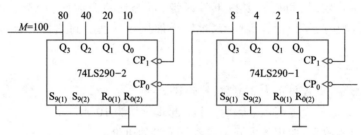

图 6-3-19 模 100 计数器

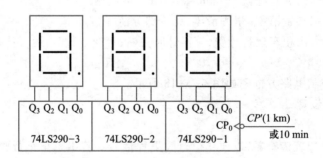

图 6-3-20 里程计数、译码、显示

自动关断等候计时,而当要等候计价时,需要手动按动等候计价开关进行计时,时间到(如 10 min),则输出 1 km 的脉冲,相当于里程增加了 1 km,数字显示均为十进制数。因此,加法也要以十进制数相加。

1 位 8421BCD 码相加的电路如图 6-3-21 所示,当 2 位 8421BCD 码数字相加超过 9 时,有进位输出。

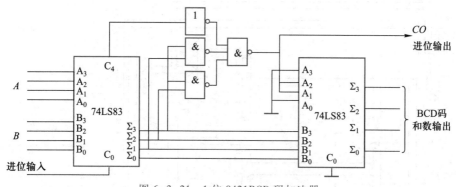

图 6-3-21　1 位 8421BCD 码加法器

里程判别电路如图 6-3-22 所示。当所设置的起步价里程数到时,使触发器翻转。图 6-3-22 所示为 5 km 时的触发器动作。

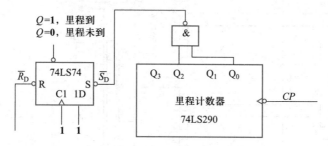

图 6-3-22　里程判别电路

3. 秒信号发生器及等候计时电路

秒信号可以由 32 768 Hz 石英晶体振荡器经 CD4060 分频后获得。简易的可以用 555 集成定时器近似获得。等候计时计数器每 10 min 输出一个脉冲,个位秒计数器为六十进制,分计数器为十进制,这样就组成了六百进制计数器。

4. 清零复位

清零复位后,要使各计数器均清零,显示器中仅有单价和起步价显示,其余均显示为零。

出租车起动后,里程显示开始计数。当出租车等候时,等候时间开始显示。运行计数和等候计时两者不能同时进行。

四、参考电路

根据出租车计价器的设计任务和要求,其参考逻辑电路如图 6-3-23 所示。

五、参考电路简要说明

图 6-3-23 所示的出租车计价器分别由里程计数单元、时间等候计数单元、起步价预置、里程单价预置开关、加法器、显示及控制触发器等部分组成。

1. 里程计数单元

出租车起动后,每前进 10 m 发一个脉冲,通过 IC_{19} 与门(74LS08)输入到 IC_4 的 CP_0 端进行计数,IC_4、IC_5(74LS290)为模 100 计数器,当计数器计满 1 km(100×10)时,在 IC_5 的 Q_3 端输出一个脉冲,使 IC_6 计数,显示器就显示 1 km。IC_6、IC_7、IC_8 为 3 位十进制计数器,计程(数)最大范围为 999。

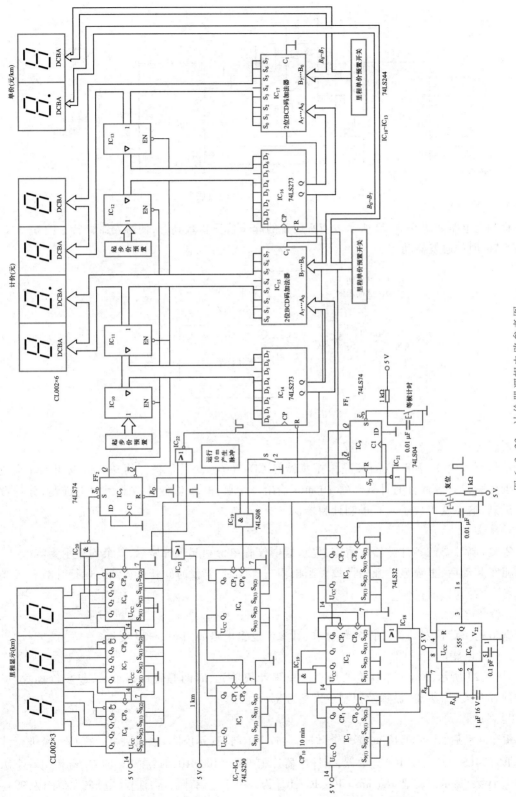

图 6-3-23 计价器逻辑电路参考图

出租车计价（程）时，闭合开关 S(打在位置 2 上)。

2. 时间等候计数单元

IC_3、IC_2、IC_1 为时间等候计数器。出租车等候时，司机按下计时键，$IC_9(FF_1)$ 被置成 **1**，触发器 Q 端输出 **1**，使 555 集成定时器产生振荡，输出 1 Hz 的脉冲到 IC_1、IC_2 进行 60 s 计数，IC_3 为十进制计数器。当计满 10 min 时，输出一个脉冲 CP_{10} 到 IC_{23} **或**门，给里程计数器计数，即等候 10 min 相当于行程 1 km。

若等候 5 min，出租车恢复行驶，这时，出租车运行输出的脉冲使 $IC_{23}(FF_1)$ 翻转($Q=0$)，计时停止而转入计程。这样，两者不会重复计数，从而实现正确、合理的收费。

3. 计价电路部分

起步价由预置开关设置，开关的输出为 BCD 码，4 位并行输入，通过三态门 IC_{10}、IC_{12} (74LS244)显示器显示。基本起步价所行使的里程到达后，按每行驶 1 km 的单价进行计价。由控制触发器 $IC_9(FF_2)$ 控制起步里程。若起步里程到(图中设为 5 km)，$IC_9(FF_2)$ Q 端输出 **1**，IC_{11} 和 IC_{13} 连通，显示器显示的为起步价与单价计价之和。

其实，本电路刚开始起动(复位)时，已经将起步价经 IC_{10}、IC_{14} 在 IC_5 中与单价相加了一次(即增加了 1 km 的费用)，所以，起步里程的预置值应为 6 km，即图中 IC_6 的计数范围应是 0~6。IC_6 的 Q_2、Q_1 即为实现到起步里程数的自动置数控制信号。

2 位 BCD 码数值的相加，是通过 4 位二进制全加器 74LS83 实现的，2 位相加若超过 9，需进行加 6 运算，使之变为 BCD 码，如图 6-3-24 所示为 2 位 BCD 码加法器电路图。

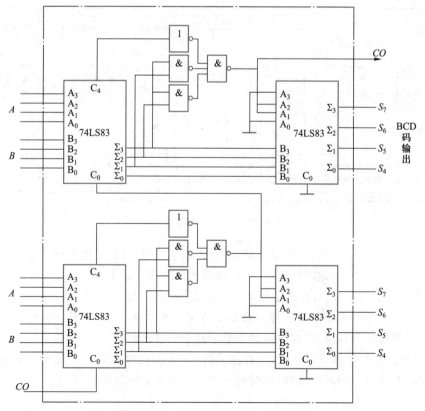

图 6-3-24 2 位 BCD 码加法器电路图

复位键按下后,所有计数器、寄存器清零,里程计价显示全为 0。而当复位键抬起后,计价器则显示起步价数值(里程单价显示不受复位信号控制)。计时键按下,IC$_9$(FF$_1$)的 $Q = 1$,秒脉冲信号产生,使计时电路计数。秒脉冲信号由 555 集成定时器产生。

6.3.4　电子抢答器

设计一台带有数码显示功能的八路电子抢答器,可供 2~8 名选手比赛使用。用数字显示抢答倒计时时间(30 s),由"30"倒计时到"0"。在此期间,若无人抢答,扬声器鸣响;若抢答成功,数码管显示选手编号和学号,停止倒计时。

一、设计目的及要求

① 用石英晶体振荡器产生频率为 1 Hz 的秒脉冲信号,作为定时电路的 CP 信号。

② 8 名选手编号依次为 0~7,各有一个抢答按钮,按钮编号与选手编号对应。

③ 主持人拥有一个控制按钮,用来系统清零和控制抢答的开始。

④ 抢答器具有数据锁存和显示的功能,显示器显示抢答选手编号和学号,定时显示器显示倒计时时间,扬声器发出超时警报。

二、总体方案

根据设计任务和要求,将电子抢答器电路分为主体电路和扩展电路两部分,总体框图如图 6-3-25 所示。主体电路完成基本的抢答功能,即开始抢答后,当选手按动抢答器按钮时,能封锁输入电路,禁止其他选手抢答。扩展电路完成学号显示、报警和定时功能。

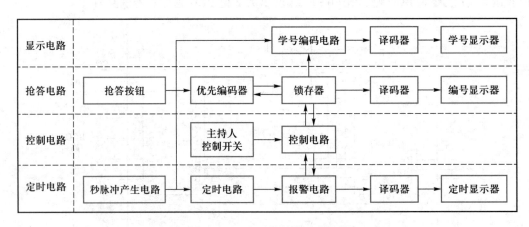

图 6-3-25　电子抢答器总体框图

电子抢答器的工作过程是:接通电源后,主持人按下控制按钮,定时器开始倒计时(30 s),定时显示器显示倒计时时间。此时抢答开始,后面可能出现两种结果。

① 抢答成功:抢答开始后,有选手按下抢答按钮,该选手编号立即被锁存,在显示器上显示该选手编号和学号,并一直保持到主持人将系统清零为止。同时,封锁输入编码电路,禁止其他选手抢答;定时器停止倒计时,定时显示器上显示剩余抢答时间。

② 抢答超时:如果抢答时间已到,没有选手抢答,本次抢答无效。系统扬声器报警,并封锁输入编码电路,禁止选手超时后抢答,定时显示器显示当前的倒计时时间(0 s)。

三、单元电路设计

1. 抢答电路设计

抢答电路包括抢答按钮、优先编码电路、锁存器、编号译码显示电路。抢答电路的功能主要有两个：

① 根据选手按键操作的先后顺序,锁存优先抢答者的编号,供译码显示电路使用;

② 将其他选手的按键操作置为无效。

课题选用 8 线-3 线优先编码器 74LS148 判断优先抢答者的编号,选用 4 路基本 RS 锁存器 74LS279 实现对该编号的锁存,选用 BCD 七段译码器 74LS47 和 LED 共阳极数码管实现抢答者编号的译码显示功能。

74LS148 是带有扩展功能的 8 线-3 线优先编码器,其功能见表 6-3-2。$\overline{I_0} \sim \overline{I_7}$ 是 8 个信号输入端,$\overline{Y_0} \sim \overline{Y_2}$ 是 3 位二进制编码输出端,$\overline{EI}$ 为输入使能端,$\overline{EO}$ 为选通输出端,$\overline{GS}$ 为优先编码输出端,均为低电平有效。当 $\overline{EI}=0$ 时,编码器处于工作状态,否则处于禁止状态。当 $\overline{EI}=0$,且 8 个输入端都为 **1** 时,$\overline{EO}=0$,该信号在多片 74LS148 级联时传递选通信号。当 $\overline{EI}=0$,且至少有一个输入端有编码请求信号(逻辑 **0**)时,优先编码输出端 $\overline{GS}=0$,表明输出编码有效。

表 6-3-2　74LS148 功能表

输入									输出				
$\overline{EI}$	$\overline{I_0}$	$\overline{I_1}$	$\overline{I_2}$	$\overline{I_3}$	$\overline{I_4}$	$\overline{I_5}$	$\overline{I_6}$	$\overline{I_7}$	$\overline{Y_2}$	$\overline{Y_1}$	$\overline{Y_0}$	$\overline{GS}$	$\overline{EO}$
1	×	×	×	×	×	×	×	×	1	1	1	1	1
0	1	1	1	1	1	1	1	1	1	1	1	1	0
0	×	×	×	×	×	×	×	0	0	0	0	0	1
0	×	×	×	×	×	×	0	1	0	0	1	0	1
0	×	×	×	×	×	0	1	1	0	1	0	0	1
0	×	×	×	×	0	1	1	1	0	1	1	0	1
0	×	×	×	0	1	1	1	1	1	0	0	0	1
0	×	×	0	1	1	1	1	1	1	0	1	0	1
0	×	0	1	1	1	1	1	1	1	1	0	0	1
0	0	1	1	1	1	1	1	1	1	1	1	0	1

74LS279 共有四个独立的基本 RS 触发器。每个 RS 触发器均有一个置位端 $\overline{S}$、一个复位端 $\overline{R}$ 和一个输出端 Q。其功能见表 6-3-3。

表 6-3-3   74LS279 功能表

输入端		输出端	
$\overline{S}$	$\overline{R}$	Q^{n+1}	功能说明
0	**0**	Φ	不定状态
0	**1**	1	直接置1
1	**0**	0	直接置0
1	**1**	Q^n	保持不变

按下控制按钮(即合上开关),系统进行清零,抢答开始,其工作状态如图 6-3-26 所示。按下控制按钮后,RS 触发器(74LS279)的复位端 $\overline{R}$ 均为低电平 **0**,置位端 $\overline{S}$ 均为高电平 **1**,4 个 RS 触发器的输出端 $Q_1 \sim Q_4$ 均置零,使得优先编码器(74LS148)的输入使能端 $\overline{EI} = 0$,74LS148 处于工作状态。同时 BCD 七段译码器(74LS47)的消隐输入控制端 $\overline{BI/RBO} = 0$,共阳极数码管处于熄灭(消隐)状态,不显示数字。

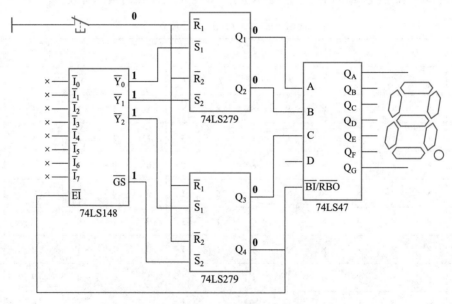

图 6-3-26   抢答电路工作状态

判断优先抢答器编号并进行锁存的工作电路如图 6-3-27 所示。当有选手(例如编号 6)按下抢答按键时,74LS148 输出端 $\overline{Y}_0 \sim \overline{Y}_2$ 及 $\overline{GS}$ 输出状态为 **1000**,该信号输入到 74LS279,使其输出端 $Q_4 \sim Q_1$ 状态为 **1110**。此时 $\overline{BI/RBO} = Q_4 = 1$,译码器 74LS47 处于工作状态。$Q_3 \sim Q_1$(**110**)经译码后在 LED 数码管显示出数码 6,该数码即为抢答者的编号。同时,由于 74LS148 输入使能端 $\overline{EI} = 1$,74LS148 处于禁止状态,从而保证了抢答者的优先性。如果需要再次进行抢答,需由主持人重置控制开关,进行清除操作,才能开始下一轮抢答。

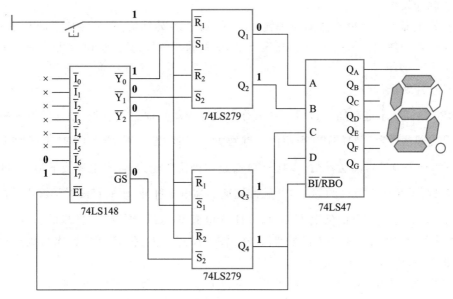

图 6-3-27　抢答电路锁存状态

8 名抢答者依次控制 74LS148 的 8 个信号输入端 $\overline{I_0} \sim \overline{I_7}$。抢答者不同,74LS279 的四个 RS 锁存器的输出端 $Q_1 \sim Q_4$ 输出的高低电平也不相同,具体见表 6-3-4。74LS279 的三个输出端 Q_1、Q_2、Q_3 分别连接 74LS47 的三个输入端 A、B、C,实现 8 路抢答者编号的译码功能。

表 6-3-4　74LS279 输出状态表

抢答者编号	Q_4	$Q_3(C)$	$Q_2(B)$	$Q_1(A)$
0	1	0	0	0
1	1	0	0	1
2	1	0	1	0
3	1	0	1	1
4	1	1	0	0
5	1	1	0	1
6	1	1	1	0
7	1	1	1	1

2. 定时电路设计

抢答器具有定时、报警功能。选用石英晶体振荡器、14 级二进制串行计数器 CD4060 以及双上升沿 D 触发器 74LS74 实现秒脉冲发生器,选用同步十进制加/减计数器 74LS190 实现三十进制减法计数器,选用 BCD 七段译码器 74LS47 以及 LED 共阳极数码管来实现倒计时时间的译码显示功能,选用蜂鸣器实现报警功能。

（1）秒脉冲发生器

秒脉冲发生器是电子抢答器的时钟输入单元，通过多次分频，产生多种不同频率的脉冲信号。在定时电路中使用其中产生的 1 Hz 和 512 Hz 的脉冲信号，具体实现参见图 6-3-15 秒脉冲发生器。

（2）三十进制倒计时

74LS190 是同步十进制加/减计数器（又称可逆计数器），通过设置加/减计数方式控制端 $\overline{U}/D$ 实现加法或减法计数。74LS190 采用同步计数方式，当 $\overline{CTEN}=\mathbf{0}$、$\overline{U}/D=\mathbf{0}$ 时进行加法计数；当 $\overline{CTEN}=\mathbf{0}$、$\overline{U}/D=\mathbf{1}$ 时进行减法计数。74LS190 有超前进位功能，当计数上溢或下溢时，进位/借位输出端 CO/BO 输出一个宽度约等于 CP 脉冲周期的高电平脉冲，同时行波时钟输出端 $\overline{RC}$ 输出一个宽度等于 CP 低电平部分的低电平脉冲。74LS190 置数（或称预置）是异步的，将 $\overline{LOAD}$ 端置为低电平，此时无论时钟输入端 CP 状态如何，输出端 Q_A、Q_B、Q_C、Q_D 都可预置成与数据输入端 A、B、C、D 一致的计数初值。

定时电路选用两片 74LS190，分别代表个位和十位。秒信号由秒脉冲发生器输出，作为个位 74LS190 的脉冲输入。个位 74LS190 的 $\overline{RC}$ 端与十位 74LS190 的 CP 端相接，每当个位计数器产生计数借位时，都会在 $\overline{RC}$ 端产生一个低电平信号，作为十位计数器的脉冲输入，实现两片计数器级联。$\overline{CTEN}=\mathbf{0}$、$\overline{U}/D=\mathbf{1}$，个位计数器的计数初值设为 0，十位计数器的计数初值设为 3，共同组成三十进制减法计数器。

（3）超时报警

当三十进制减法计数器从 30 递减到 0 时，产生一个超时信号，和秒脉冲发生器产生的 512 Hz 时钟信号一起，通过与门驱动一个晶体管，带动蜂鸣器鸣叫。参考电路如图 6-3-28 所示。

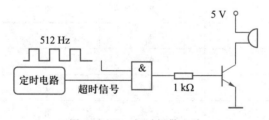

图 6-3-28　超时报警电路

3. 控制电路设计

主持人按下控制开关，复位抢答电路，使抢答电路进入正常工作状态；复位定时电路，使定时显示器重新显示抢答倒计时时间（30 s），然后开始倒计时；复位显示电路，不再显示此前抢答者学号。

参考电路如图 6-3-29 所示，控制开关一端接地，另一端通过上拉电阻接高电平，默认为高电平。控制开关连接 74LS279 中 RS 锁存器的 $\overline{R}$ 端。主持人按下控制开关，所有 $\overline{R}=0$，将 74LS279 输出端 Q_4 初始化为 $\mathbf{0}$。Q_4 连接 74LS47 的消隐输入控制端 $\overline{BI}/\overline{RBO}$，此时 $\overline{BI}/\overline{RBO}=\mathbf{0}$。无论其他输入端状态如何，74LS47 的 7 个输出端均为高电平，其连接的共阳极数码管处于熄灭（消隐）状态，不显示数字；Q_4 同时连接定时报警电路中的同步计数器(74LS190)的计数控制端 $\overline{CTEN}$，此时 $\overline{CTEN}=0$，控制 74LS190 开始正常倒计时计数。同时，控制开关还连接 74LS190 的置入控制端 $\overline{LOAD}$。主持人按下控制开关时，74LS190 的 $\overline{LOAD}=0$，此时无论时钟输入端 CP 状态如何，输出端 Q_A、Q_B、Q_C、Q_D 即可预置成与数据输入端 A、B、C、D 相一致的状态，此时将倒计时时间初始化为 30 s。

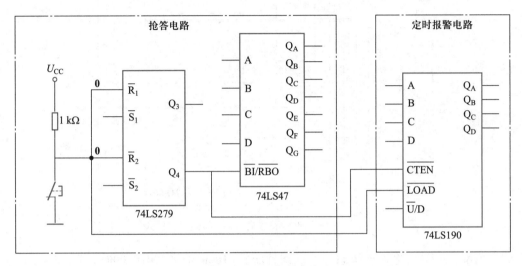

图 6-3-29 控制电路

如表 6-3-4 所示，抢答电路中的 74LS279 的输出端 Q_1、Q_2、Q_3、Q_4 的电平随着抢答者编号变化而变化。因此，可以使用逻辑门电路判断出是哪位抢答者完成抢答，输出到显示电路模块，完成抢答者编号的显示。参考电路如图 6-3-30 所示。如果 $Q_4Q_3Q_2Q_1=\mathbf{1001}$，即编号为 1 的抢答者抢答成功，图中上方的逻辑电路右侧输出高电平；如果 $Q_4Q_3Q_2Q_1=\mathbf{1111}$，即编号为 7 的抢答者抢答成功，图中下方逻辑电路右侧输出高电平。以此为例，其他抢答者的判断逻辑可以自行画出。以右侧的输出信号作为"片选信号"，驱动不同的编号显示电路。

4. 显示电路设计

抢答开始后，抢答者按下抢答按钮，显示电路可以显示优先抢答者的学号。选用二-五-十进制异步计数器 74LS90 和 3 线-8 线译码器 74LS138，以及基本逻辑门电路芯片(74LS00、74LS02、74LS04 等)实现学号的布尔代数计算；选用 BCD 七段译码器 74LS47 以及 LED 共阳极数码管实现抢答者学号的译码显示功能。

74LS90 是一种中规模二-五-十进制异步计数器，其应用可参见 4.5 节计数、译码、显示电路。74LS138 为 3 线-8 线译码器，其应用可参见 4.3 节译码器和数据选择器的应用。定时电路中 CD4060 信号的正向输出端作为计数器 74LS90 的时钟输入。

参考电路如图 6-3-31 所示。将 74LS90 的输出端 Q_D 与自身的 $R_{0(1)}$、$R_{0(2)}$ 相接，构成八进制计数器，这样在输出端可以得到八种状态($\mathbf{0000\sim0111}$)。74LS90 的输出端 $Q_A\sim Q_C$ 与译码器 74LS138 的三个输入端 A、B、C 相接，从而在 74LS138 的输出端获得数字 0~7 的译码输出。将 74LS138 的 8 个输出端 $Y_0\sim Y_7$ 和 4 片 74LS00 的输入端相接，74LS00 的输出依次是 L_1、L_2、L_3、L_4，

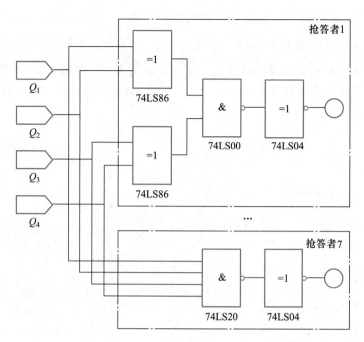

图 6-3-30　抢答者逻辑门电路

按照同余关系(mod 4),将八种状态合并成四种状态(**1000、0100、0010、0001**),用于驱动四个数码管,显示抢答者的四位学号。其逻辑状态表见表 6-3-5。

表 6-3-5　学号逻辑状态表

$Q_D Q_C Q_B Q_A$ (74LS90)	$Y_0 Y_1 Y_2 Y_3 Y_4 Y_5 Y_6 Y_7$ (74LS138)	$L_1 L_2 L_3 L_4$ (74LS00)	学号 (十进制)	学号 (二进制)
0000	01111111	1000	0	0000
0001	10111111	0100	3	0011
0010	11011111	0010	4	0100
0011	11101111	0001	5	0101
0100	11110111	1000	0	0000
0101	11111011	0100	3	0011
0110	11111101	0010	4	0100
0111	11111110	0001	5	0101

以抢答者的四位学号 0345 举例,将 74LS00 的输出 $L_1 \sim L_4$ 作为逻辑门电路的输入,通过自定义的逻辑门电路的转换,输出学号 0345 的二进制表示,这里用 $abcd$ 表示。通过分析 $L_1 L_2 L_3 L_4$ 和 $abcd$ 两者之间的对应关系,可以得到两者之间的特性方程

$$a = L_2 \mid L_4, \quad b = L_2, \quad c = L_3 \mid L_4, \quad d = L_1 \,\&\, L_2$$

　　将 74LS00 的输出端 L_1、L_2、L_3、L_4 分别与四个共阳极数码管（U_1、U_2、U_3、U_4）的公共端 COM 相接,作为数码管的位码。例如,当 $L_1L_2L_3L_4 = 1000$ 时,因为 L_1 与数码管 U_1 的 COM 端相接,因此数码管 U_1 被点亮。同时,根据上述的特性方程,逻辑门电路输出二进制学号,即 $abcd = 0000$。逻辑门电路输出端和译码器 74LS47 的输入端相接,译码器对输入的二进制 0000 进行译码,最终将 0 的段码显示在数码管 U_1 上。像这样,在 $L_1L_2L_3L_4$ 的四种状态迁移过程中,依次输出每一位数码管的位码以及数码,轮流点亮各个数码管,实现按位驱动数码管,最终在四个数码管 $U_1 \sim U_4$ 上从左至右依次显示数字 0、3、4、5。

　　74LS90 的时钟输入频率高,数码管刷新频率大于 25 Hz,即每位数码管相邻两次点亮时间间隔小于 40 ms,因此数码管在显示时没有闪烁感。

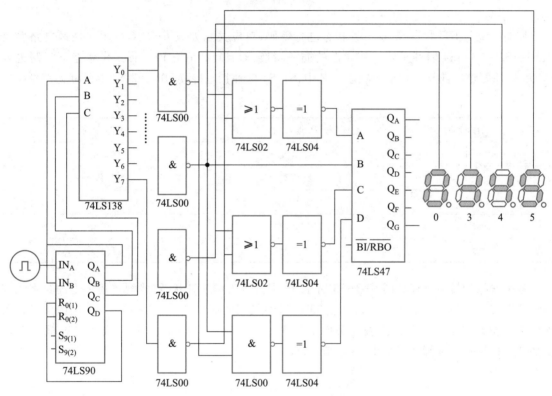

图 6-3-31　学号 0345 编码电路

6.3.5　交通灯控制系统

　　设计一种交通灯控制系统,采用数字信号自动控制交通十字路口南北和东西方向的红、绿、黄三色交通灯的状态转换,并且具有某一方向强制通行的功能。

　　一、设计目的及要求

　　① 南北和东西车辆交替通行,计数周期是 34 s:通行时绿灯亮 30 s,等待时黄灯闪亮 4 s;禁行时红灯亮 34 s。

　　② 每次绿灯变红灯之前,起警示作用的黄灯闪亮时间持续 4 s,才可改变通行方向。

③ 如果发生紧急事件,可以手动控制四个方向红灯全亮。

④ 十字路口要有数码显示作为时间提示,按照时序要求以倒计时进行显示。

二、总体方案

根据设计目的及要求,可画出交通灯控制系统的流程图。如图 6-3-32 所示。

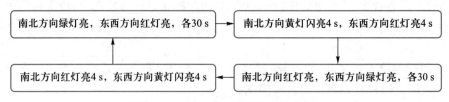

图 6-3-32　交通灯控制系统流程图

控制系统共五种状态,对这五种状态进行编码,对应关系如表 6-3-6 所示。控制电路要实现 S1→S2→S3→S4 四种正常工作状态的循环转换,而且可以在任何一种工作状态下强制进入 S5 状态,并能随时恢复正常工作状态。其中,S1、S3 两种状态持续 30 s;S2、S4 两种状态持续 4 s。

表 6-3-6　交通灯工作状态编码表

工作状态	南北方向	东西方向
S1	红灯亮	绿灯亮
S2	红灯亮	黄灯闪亮
S3	绿灯亮	红灯亮
S4	黄灯闪亮	红灯亮
S5	红灯亮	红灯亮

各个状态的转换流程如图 6-3-33 所示,圈中符号表示五种状态的编号,箭头上的数字代表各种状态转换的条件 T_1T_2。其中,T_1 代表 30 s 计时结束的信号,T_2 代表 4 s 计时结束的信号。条件值 1 代表该条件到来,0 则代表该条件未到来,× 代表该条件随机(0 状态或 1 状态都可以)。例如 $T_1=1$ 表示 30 s 倒计时结束,计数值为 0。

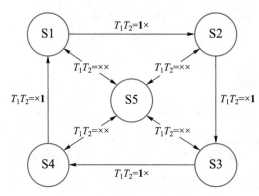

图 6-3-33　交通灯工作状态转换图

如图 6-3-34 所示，系统采用减法计数，秒脉冲电路只是与定时电路相接，主控电路接收来自定时电路的信号作为时钟信号。选用 555 定时器构成多谐振荡器产生秒脉冲信号；选用两片74LS190 同步十进制加/减计数器进行级联，作为计数器；选用 D 触发器 74LS74 作为主控电路的状态转换控制器，选用逻辑门电路（非门、与门、与非门等）和三色 LED 发光二极管构成南北和东西方向的交通灯，实现一个简易交通灯控制系统。

图 6-3-34　交通灯控制系统框架

三、单元电路设计

1. 秒脉冲发生器

秒脉冲信号可以由函数信号发生器产生，也可以由 555 定时器组成多谐振荡器产生。本设计采用 555 定时器组成的多谐振荡器，采用如图 6-3-35 所示的接线方法，引入二极管 D_1 和 D_2，电容的充电电流和放电电流流经不同的路径，充电电流只会流经电阻 R_3，放电电流只会流经电阻 R_2。输出脉冲的占空比 $q = (R_1 + R_3)/(R_1 + R_2 + R_3)$，相应的周期 $T = (R_1 + R_2 + R_3) \cdot C_1 \cdot \ln 2$。电路中，$R_1 = 4.1$ kΩ，R_2 和 R_3 均为总阻值 5 kΩ 的可调电阻，通过调节 R_2 和 R_3 的阻值，将信号占空比设置为 50%；充电电容 $C_1 = 0.1$ μF，去耦电容 $C_2 = 0.01$ μF。

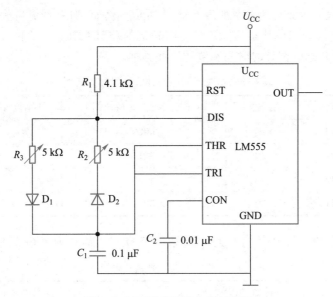

图 6-3-35　秒脉冲发生器原理图

2. 定时电路

系统方案要求红灯持续 34 s，绿灯持续 30 s，黄灯持续 4 s，因此需要设计一个倒计时计数器，针对不同的工作状态，设置不同的计数初值，从而实现三十进制和四进制的倒计时。定时电路包括计数和译码显示两个模块。

计数模块包括两片 74LS190 芯片，分为个位和十位。两片芯片的 CLK 引脚均接入秒脉冲信号,$\overline{U/D}=1$,递减计数。74LS190 的 $\overline{RCO}$、$\overline{LOAD}$ 均为低电平有效,两个芯片的 $\overline{RCO}$ 引脚通过或门与各自的 $\overline{LOAD}$ 以及主控芯片的 CLK 相接。当两个计数芯片同时产生借位信号,即个位、十位同时为 0 时,$\overline{RCO}$ 引脚输出低电平信号(此信号对应工作状态转换中的 T_1 或 T_2 条件),该低电平信号使 74LS190 进行置数,置数初值由主控电路初始化。个位、十位 $\overline{RCO}$ 引脚通过一个或门产生的上升沿信号会使主控芯片切换到下一个工作状态。个位的 $\overline{RCO}$ 引脚接十位的 $\overline{CTEN}$ 引脚,用来传递借位信号,完成个位、十位的 74LS190 芯片之间的级联。

译码显示模块显示当前计数值,选用 BCD 七段译码器 74LS47 以及 LED 共阳极数码管,将 74LS47 的输入引脚与 74LS190 的输出引脚相接,将数码管的输入引脚与 74LS47 的输出引脚相接,构成计数译码显示电路。

3. 主控电路

主控电路的设计是整个系统的关键,不仅要实现工作状态的转换,还要实现相应的计数器置数。本设计的处理方法是在切换工作状态的同时,完成下一个工作状态的置数准备。因此,选用两片 74LS74 芯片实现四种工作状态 S1~S4 的切换。将两个 74LS74 进行级联,实现一个异步二进制加法计数器,这样就可以使用输出端 Q_0Q_1 的四种取值表示交通灯控制系统的四种工作状态;根据 Q_0Q_1 的当前取值,通过 74LS190 的四个并行数据输入端 $D_xC_xB_xA_x$(个位 $x=0$,十位 $x=1$)完成计数初值的置数。

工作状态与计数器置数对应关系如表 6-3-7 所示。例如,如果系统当前工作状态为 S1 时,应该进行 30 s 倒计时(即当前状态的倒计时时间),同时将计数初值(即下一个状态的倒计时时间)预置为 4 s,其他状态的倒计时时间和置数以此类推。

表 6-3-7　工作状态与计数器置数关系表

工作状态	Q_0Q_1	置数/s	十位计数器($D_1C_1B_1A_1$)	个位计数器($D_0C_0B_0A_0$)
S1	00	4	0000	0100
S2	01	30	0011	0000
S3	10	4	0000	0100
S4	11	30	0011	0000

通过分析发现置数只与 Q_0 的值有关,因此表 6-3-7 可以简化为表 6-3-8。

表 6-3-8　工作状态与计数器置数简化关系表

Q_0	十位计数器($D_1C_1B_1A_1$)	个位计数器($D_0C_0B_0A_0$)
0	0000	0100
1	0011	0000
0	0000	0100
1	0011	0000

由表 6-3-8 可得如下特性方程

$$C_0 = \overline{Q_0}$$
$$B_1 = Q_0$$
$$A_1 = Q_0$$

通过上述分析,主控电路原理图如图 6-3-36 所示,由两片 74LS74 的 Q 引脚进行工作状态输出,其中个位的 Q_0 直接与十位的 B_1、A_1 相连,通过**非门**与个位的 C_0 相连,实现计数初值的预置功能。

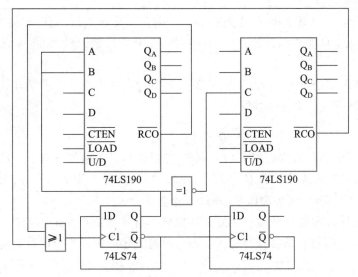

图 6-3-36 主控电路原理图

4. 显示电路

显示电路支持如下两种模式。① 正常模式:计数器可以正常倒计时,并且在计数归零时,实现红、绿、黄三色指示灯的状态切换;② 强制模式:当发生紧急事件时,人为控制四个方向红灯全亮。因此,电路中选用双向开关、逻辑门电路(与门、非门等)实现三色指示灯的正常显示以及强制通行。

在正常模式下,由两片 74LS74 组成的异步二进制加法计数器的输出 Q_0Q_1 表示四种正常的工作状态 S1~S4;在强制模式下,Q_0Q_1 的状态是随机的。

R、G、Y 代表红、绿、黄三种颜色的 LED 信号灯,下角标"ns"代表南北方向,下角标"ew"代表东西方向;值 **1** 表示灯亮,值 **0** 表示灯灭,则工作状态与信号灯的对应关系如表 6-3-9 所示。

表 6-3-9 工作状态与信号灯对应关系表

工作状态	Q_0Q_1	$R_{ns}G_{ns}Y_{ns}$	$R_{ew}G_{ew}Y_{ew}$
S1	**00**	**100**	**010**
S2	**01**	**100**	**001**
S3	**10**	**010**	**100**
S4	**11**	**001**	**100**
S5	××	**100**	**100**

由表 6-3-9 可得正常工作状态的特性方程

$$R_{ns} = \overline{Q_1}, \quad G_{ns} = Q_1\overline{Q_0}, \quad Y_{ns} = Q_1Q_0$$
$$R_{ew} = Q_1, \quad G_{ew} = \overline{Q_1}\,\overline{Q_0}, \quad Y_{ew} = \overline{Q_1}Q_0$$

因此，将 Q_1 通过非门接南北向红灯，将 Q_1 直接与东西向红灯相接。将 Q_1 和 Q_0 的非相与，接南北向绿灯；将 Q_1 的非和 Q_0 的非相与，接东西向绿灯。将 Q_1、Q_0 相与，接南北向黄灯；将 Q_1 的非和 Q_0 相与，接东西向黄灯。

考虑到日常生活中的紧急状况，比如有一个方向发生交通事故，此时需要该方向禁止通行。因此，本设计中加入了两个双向开关，一个方向用一个开关控制，分别使得南北和东西方向的交通灯强制进入红灯状态。

假设红灯原来的状态为 Q_x，扳动双向开关后获得的新状态为 Q_x^*，手动开关的状态为 E。由表 6-3-9 可得强制模式下的特性方程

$$Q_x^* = \overline{\overline{Q_x}E} = Q_x + \overline{E}$$

由上面公式可知，需要首先将红灯信号取非，然后再与开关信号取与非。这样当 E 为高电平时，新状态 Q_x^* 只取决于原来的状态 Q_x，即保持原来的状态；当 E 为低电平时，无论原信号是高电平还是低电平，最终信号 Q_x^* 都为高电平，即红灯常亮。

将两个方向的绿灯和黄灯直接与开关信号相与。当 E 为高电平时，绿灯和黄灯保持原来状态；当 E 为低电平时，绿灯和黄灯保持熄灭状态。通过上述的逻辑组合电路就可以实现对任意方向的强制通行功能。

此外，为了实现黄灯在亮的时候呈现闪烁效果，可以将黄灯的输入信号和一个脉冲信号相与，然后再重新作为黄灯的输入。

附录 A　部分常用集成电路引脚图

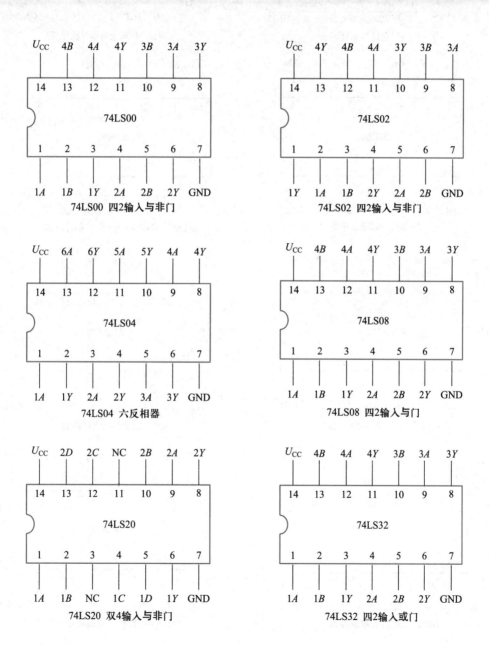

74LS00 四2输入与非门

74LS02 四2输入与非门

74LS04 六反相器

74LS08 四2输入与门

74LS20 双4输入与非门

74LS32 四2输入或门

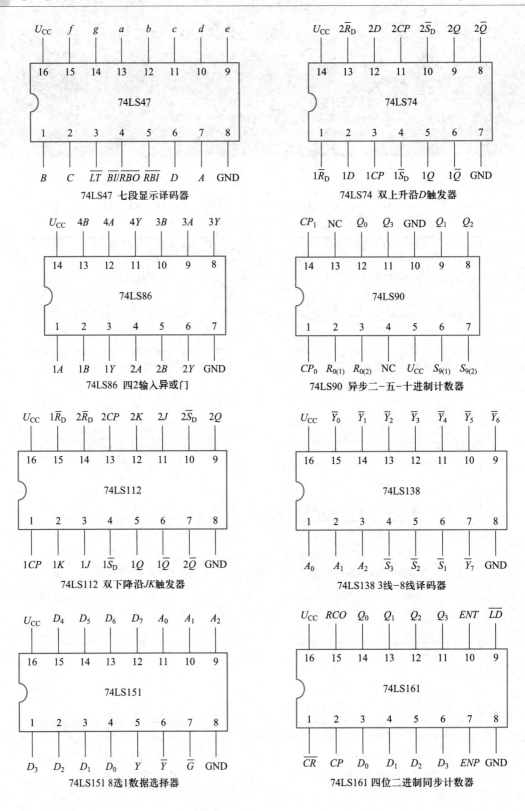

74LS47 七段显示译码器

74LS74 双上升沿D触发器

74LS86 四2输入异或门

74LS90 异步二-五-十进制计数器

74LS112 双下降沿JK触发器

74LS138 3线-8线译码器

74LS151 8选1数据选择器

74LS161 四位二进制同步计数器

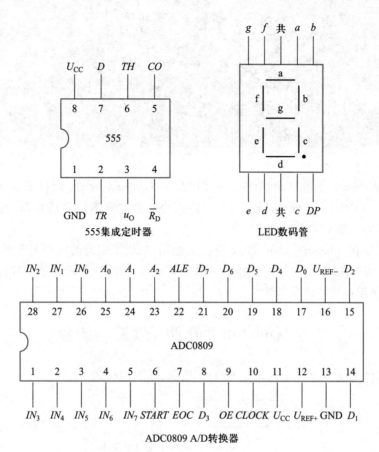

555集成定时器

LED数码管

ADC0809 A/D转换器

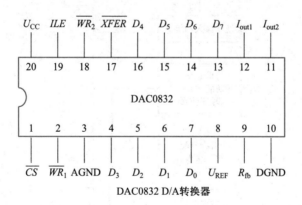

DAC0832 D/A转换器

附录 B Quartus II 13.1 软件应用简介

Quartus II 是 Altera 公司推出的综合性 CPLD/FPGA 开发软件,软件支持原理图、VHDL、Verilog HDL 以及 AHDL 等多种设计输入形式,内嵌自有的综合器以及仿真器,可以完成从设计输入到硬件配置的完整 PLD 设计流程。

Quartus II 可以在 Windows、Linux 以及 Unix 上使用,提供了完善的用户图形界面设计方式,提供了完全集成且与电路结构无关的开发包环境,具有运行速度快、界面统一、功能集中、易学易用等特点,具有数字逻辑设计的全部特性。

B.1 Quartus II 软件开发基本流程

Quartus II 软件的基本开发流程如图 B-1-1 所示,基本过程如下:

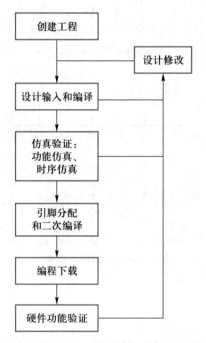

图 B-1-1 Quartus II 软件的基本开发流程

① 使用新工程向导(New Project Wizard)创建一个新工程。
② 利用框图编辑器(Block Editor)建立原理图或结构图等图形设计文件,或利用文本编辑器

(Text Editor)建立 HDL 语言文件(VHDL、Verilog HDL、AHDL 等)。

③ 对设计文件进行编译,检查设计有无连线错误或语法错误。

④ 利用波形编辑器(Waveform Editor)或 Quartus Ⅱ 与 ModelSim 的联合仿真建立波形文件,进行功能仿真和时序仿真,检查电路的逻辑功能和时序特性。

⑤ 对目标器件进行引脚分配(Pin Planner),确认输入文件中的输入、输出信号与目标器件的具体引脚相对应。

⑥ 进行二次编译,将引脚分配信息编译进编程下载文件。

⑦ 通过编程器(Programmer)将编程下载文件下载到 CPLD,以便进行硬件调试和验证。

B.2　Quartus Ⅱ 设计举例

本节以三人表决器电路为例,详细介绍 Quartus Ⅱ 13.1 的设计流程。三人表决器电路可参见 4.2 节实验,其逻辑表达式为 $Y = \overline{AB} \cdot \overline{BC} \cdot \overline{AC}$。

1. 软件启动

单击"开始→程序→Quartus Ⅱ 13.1"或双击桌面上的 Quartus Ⅱ 13.1 (64-bit) Web Edition 快捷图标,打开 Quartus Ⅱ 软件,Quartus Ⅱ 13.1 软件主界面如图 B-2-1 所示。

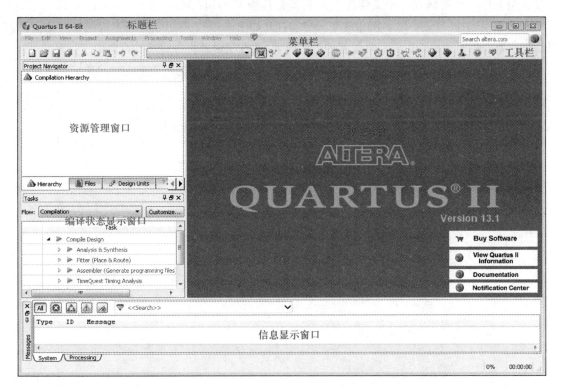

图 B-2-1　Quartus Ⅱ 13.1 软件主界面

主界面由标题栏、菜单栏、工具栏、资源管理窗口、编译状态显示窗口、信息显示窗口、工程工作区等部分组成。

标题栏显示当前工程的路径和工程名。

菜单栏由 File(文件)、Edit(编辑)、View(视图)、Project(工程)、Assignments(资源分配)、Processing(操作)、Tools(工具)、Window(窗口)和 Help(帮助)等菜单组成。

工具栏中包含了常用命令的快捷图标。

资源管理窗口用于显示当前工程中所有相关的资源文件。

编译状态显示窗口主要显示模块综合、布局布线过程及时间。

工程工作区可以进行设计输入、器件设置、定时约束设置、编译报告显示等。当 Quartus II 实现不同功能时,此区域则打开相应的操作窗口,显示不同的内容,进行不同的操作。

信息显示窗口主要显示模块综合、布局布线过程中的信息,如开始综合时调用源文件、库文件以及综合布局布线过程中的定时、告警、错误等,同时给出警告和错误的具体原因。

2. 创建工程

开始设计的第一步是创建一项工程,以便管理该工程的所有数据和文件。一般情况下,同一工程的所有文件放在同一个文件夹中。注意该文件夹及其路径只能含有字母、数字和下划线,不能含有中文和其他符号。所以不要将工程文件夹建立在计算机的“桌面”上,也不能将其直接放在安装目录中。此处新建一个文件夹 voter3,其路径为 E:\cpld\voter3。

在菜单栏选择“Files→New Project Wizard”,打开如图 B-2-2 所示创建新工程向导对话框。该对话框主要介绍了创建新工程需要设置的五项内容,此五项内容将在后续的设置中一一完成。

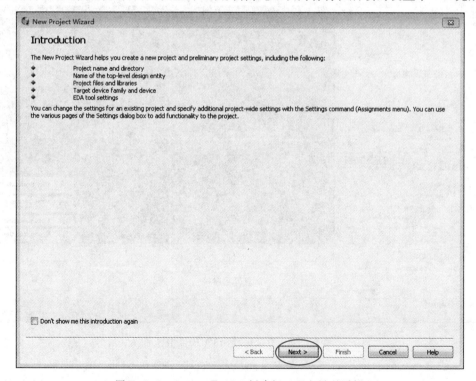

图 B-2-2　Quartus II 13.1 创建新工程向导对话框

　　单击"Next"按钮,进入"New Project Wizard"第 1 页"Directory, Name, Top-Level Entity [page 1 of 5]",如图 B-2-3 所示。该对话框主要设置工程文件夹路径、工程名称和工程顶层文件名称。在"What is the working directory for this project?"文本框中输入文件夹路径,可以在文本行直接输入或使用其右侧的浏览按钮找到该文件夹"E/cpld/voter3"。在"What is the name of this project?"文本框中输入工程名"voter3"。在"What is the name of the top-level design entity for this project?"文本框中输入工程顶层文件名"voter3"。一般建议工程名和工程顶层文件名保持一致,这里统一命名为 voter3。

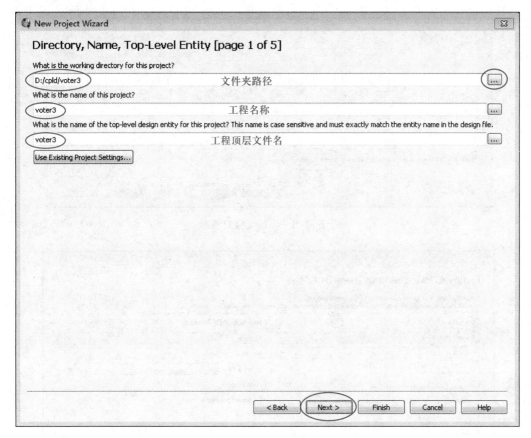

图 B-2-3　设置工程文件夹路径、工程名称和工程顶层文件名称对话框

　　单击"Next"按钮,进入"New Project Wizard"第 2 页"Add Files [page 2 of 5]",如图 B-2-4 所示。该对话框可将其他工程中的设计文件添加到本工程中。如果用到用户自定义的库,则可以单击"User Libraries"按钮添加相应的库文件。对于新建的工程,如果没有预先可用的文件,则可以不用选择。

　　单击"Next"按钮,进入"New Project Wizard"第 3 页"Family & Device Settings [page 3 of 5]",如图 B-2-5 所示。该对话框主要设置工程所用的元器件。在"Family"下拉框中选择"MAX Ⅱ","Available devices"列表框中选择具体型号"EPM240T100C5"。

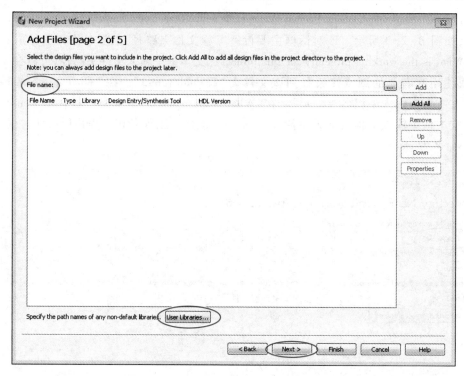

图 B-2-4　添加文件对话框

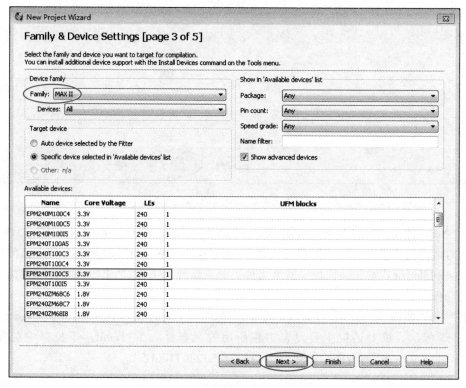

图 B-2-5　设置目标芯片对话框

　　单击"Next"按钮,进入"New Project Wizard"第 4 页"EDA Tool Settings［page 4 of 5］",如图 B-2-6所示。在该对话框设置工程设计中需要用到的除 Altera 公司之外的第三方 EDA 工具软件。此处只需要设置"Simulation"工具为"ModelSim-Altera","Format(s)"为"Verilog HDL"即可,其他工具不涉及,都采用默认的选择"<None>"。

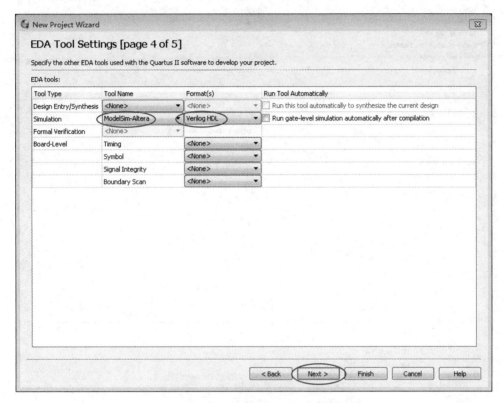

图 B-2-6　设置 EDA 工具对话框

　　单击"Next"按钮,进入"New Project Wizard"第 5 页"Summary［page 5 of 5］",如图 B-2-7 所示。该对话框为新工程信息设置总结框。查看后若有误,可以单击"Back"按钮返回并重新设置。若无误,单击"Finish"按钮,完成工程创建,进入该工程的设计界面。

　　3. 设计输入和编译

　　创建好工程后,需要给工程添加设计输入文件。设计输入可以使用文本形式的文件(AHDL File、VHDL File、Verilog HDL File 等)、模块/原理图设计输入(Block Diagram/Schematic Files)或第三方 EDA 工具产生的文件(EDIF、HDL、VQM 等)等。

　　下面分别介绍使用模块/原理图设计输入方式和 Verilog HDL 硬件描述语言设计输入方式实现三人表决器的操作步骤。

　　(1) 原理图设计输入方式

　　在菜单栏选择"File→New",打开如图 B-2-8 所示新建输入文件对话框,这里可以选择各种设计文件格式。选择"Block Diagram/Schematic File",单击"OK"按钮,打开原理图编辑窗口。

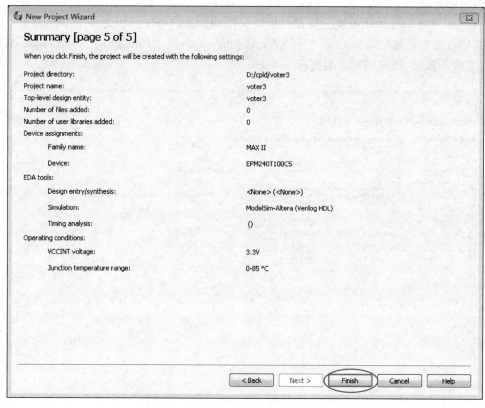

图 B-2-7　新工程信息设置总结框

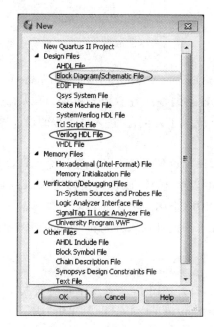

图 B-2-8　新建输入文件对话框

在原理图编辑窗口中双击鼠标左键或者单击鼠标右键并选择"Insert→Symbol",打开"Symbol"对话框,如图 B-2-9 所示。此对话框主要进行元器件的添加。

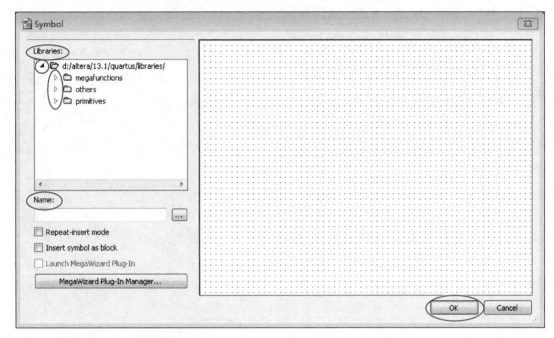

图 B-2-9　Symbol 对话框

Quartus Ⅱ 软件为实现不同的逻辑功能提供了大量的基本单元和宏单元功能模块。单击 Libraries 选择框中的小三角形或双击"d:/altera/13.1/quartus/libraries",可显示"megafunctions""others""primitives"三种类型的模块。"megafunctions"参数化模块库中包括算术运算模块、逻辑门模块、储存模块和 I/O 模块。"others"库中包括各种系列标准逻辑器件。"primitives"库中包括各种逻辑门、触发器以及输入输出引脚。

三人表决器电路需要用到三个 2 输入与非门和一个 3 输入与非门。双击"primitives→logic",在模型文件中找到所需要的元器件"nand2"并选中,或者直接在"Name"文本框中输入"nand2",单击"OK"按钮,原理图编辑窗口的鼠标就会跟随一个"nand2"模型。在原理图编辑窗口的空白处单击就可以在电路图文件中添加一个"nand2"元器件,移动鼠标位置并放置另外两个"nand2"元器件,按照同样的方法放置一个"nand3"元器件。输入、输出端口是在"primitives→pin"中选择"input"和"output"并进行添加。元器件添加后可以移动位置将其摆放合理。

双击输入端口元器件,则弹出端口属性对话框,如图 B-2-10 所示。将对话框中"Pin name"文本框的名称改为"A",单击"OK"按钮。按照同样的方法将其余输入、输出端口的名称改为"B""C""Y"。

将鼠标移动到某一元器件的引脚上,鼠标会变为小十字形,按下鼠标左键并拖动鼠标到预连接元器件的引脚上,此时松开鼠标即可完成该连线。按照同样的方法,完成所有连线。绘制好的原理图如图 B-2-11 所示。

在菜单上选择"File→Save As"打开保存文件对话框,保存类型选择"Block Diagram/

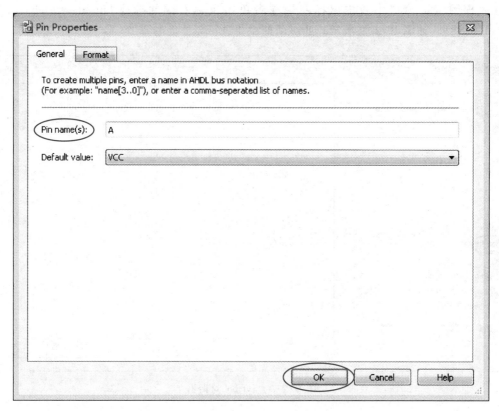

图 B-2-10　设置端口属性对话框

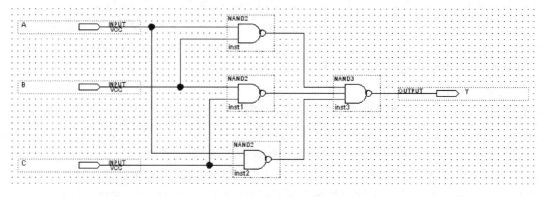

图 B-2-11　三人表决器原理图

Schematic Files(* .bdf)",文件名输入"voter3",单击"保存"按钮完成文件保存。注意此文件名要和图 B-2-3 中创建工程时所指定的名称一致。

（2）Verilog HDL 文件设计输入方式

在菜单栏选择"File→New"打开新建文件对话框,如图 B-2-8 所示,这里选择"Verilog HDL File",单击"OK"按钮则打开文本编辑窗口。在文本编辑窗口中输入图 B-2-12 所示的 Verilog HDL 程序。

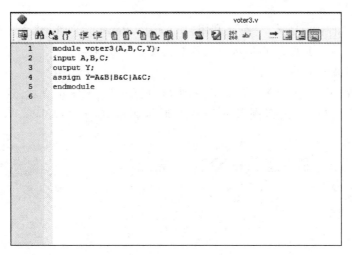

图 B-2-12　文本编辑窗口

在菜单上选择"File→Save As"打开保存文件对话框,保存类型选择"Verilog HDL Files(＊.v ＊.vlg＊.verilog)",输入文件名"voter3",单击"保存"按钮即可。注意此文件名要和图 B-2-3 中创建工程时所指定的名称一致。

(3) 输入文件的编译

输入文件的编译主要是检查设计是否有规则错误和所选用器件的资源是否满足设计要求。Quartus Ⅱ编译器包括多个独立的模块,例如,设计纠错、逻辑综合、编程下载等。各个模块可以单独运行,也可以全部运行。

在菜单栏选择"Processing→Start Compilation",则启动全编译程序。编译过程中,编译状态显示窗口显示编译的进度,如图 B-2-13 所示;信息显示窗口显示编译信息。编译结束后,信息显示窗口显示编译是否成功,是否有错误信息和警告信息。若有错误,则需根据提示做相应的修改,并重新编译,直到没有错误为止。对于初学者,警告信息可不用关注,它对后面过程的影响不大。编译结束后,在工程工作区会打开编译报告文件,如图 B-2-14 所示。

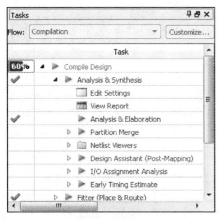

图 B-2-13　编译进度显示

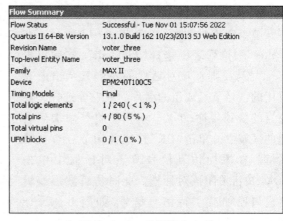

图 B-2-14　编译报告文件

4. 输入文件的仿真

Quartus Ⅱ有两种仿真方式,一种是利用"University Program VWF"建立矢量波形文件进行仿真,一种是利用 Quartus Ⅱ 和 ModelSim 进行联合仿真。

(1) 建立矢量波形文件

在菜单上选择"File→New"打开新建文件窗口,如图 B-2-8 所示,这里选择"University Program VWF",单击"OK"按钮则打开仿真波形编辑器窗口"Simulate Waveform Editor",如图 B-2-15所示。

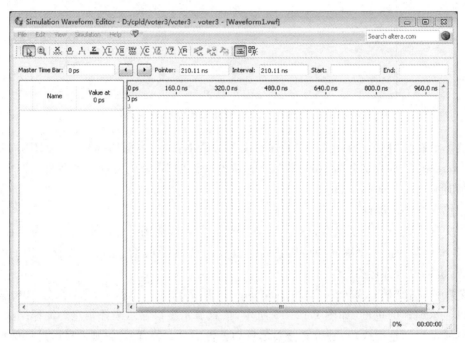

图 B-2-15　仿真波形编辑器窗口

在菜单栏选择"Edit→Insert→Insert Node or Bus…",打开添加仿真信号节点对话框,如图 B-2-16所示。单击"Node Finder…"按钮,打开节点查找对话框,如图 B-2-17 所示。在"Filter"下拉列表中选择"Pins:all",然后单击"List"按钮,则在该对话框的左侧显示出所有可用的信号节点或组的名称。在左侧选择将要仿真的信号名称,单击">"按钮将其添加到右侧的区域中。单击"OK"按钮关闭节点查找对话框。在添加仿真信号节点对话框中单击"OK"按钮关闭该对话框。此时仿真波形编辑器窗口已加载了待仿真信号,如图 B-2-18所示。

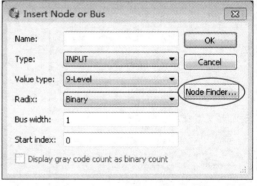

图 B-2-16　添加仿真信号节点对话框

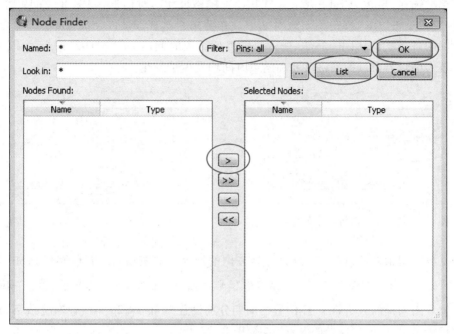

图 B-2-17 节点查找对话框

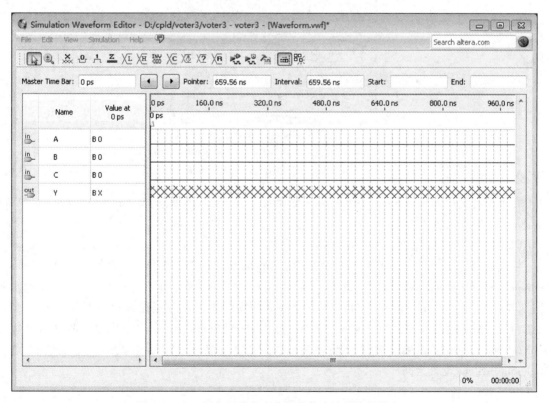

图 B-2-18 添加了待仿真信号的仿真波形编辑器窗口

在菜单栏选择"Edit→Grid Size..."，打开设置栅格尺寸的对话框，如图 B-2-19 所示。设置好栅格尺寸后，单击"OK"按钮关闭该对话框。在菜单栏选择"Edit→End Time..."命令，打开设置结束时间的对话框，如图 B-2-20 所示。设置好结束时间后，单击"OK"按钮关闭该对话框。此时仿真波形编辑器窗口的栅格尺寸和结束时间均发生了变化。

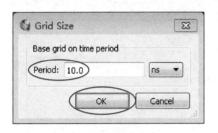
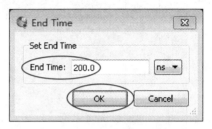

图 B-2-19　设置栅格尺寸对话框　　　　图 B-2-20　设置结束时间对话框

在仿真波形编辑器窗口单击工程工作区左侧的选择工具按钮，在仿真信号列表中选中 A 信号，单击 图标，打开如图 B-2-21 所示设置信号参数的对话框，输入参数后，单击"OK"按钮关闭该对话框。用同样的方法将 B、C 信号的周期分别设置为 40 ns、20 ns。设置完成后，仿真波形编辑器窗口显示出 A、B、C 信号的波形，如图 B-2-22 所示。

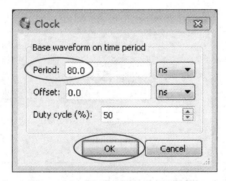

图 B-2-21　设置信号参数的对话框

在菜单栏选择"File→Save"，打开保存文件对话框，保存类型选择"University Program VWF（＊.vwf)"，文件名输入"Waveform"，单击"保存"按钮完成文件保存。

（2）建立 Quartus Ⅱ 和 ModelSim 的联合仿真

首次使用 Quartus Ⅱ 与 ModelSim 时需设置 ModelSim 的仿真路径。在菜单栏选择"Tools→Options"，打开 Options 对话框。左侧单击"General→EDA Tool Options"打开如图 B-2-23 所示对话框，按图所示设置 ModelSim 和 ModelSim-Altera 的安装路径。首先点击 ModelSim 右侧的浏览按钮，找到软件的安装路径"D\alter\13.1"，双击打开"ModelSim_ase"文件夹，再找到里边的 win32aloem 文件夹。如果需要进行联合仿真，一定要在该路径后手动添加一个反斜杠"\"。ModelSim-Altera 设置为同样路径。

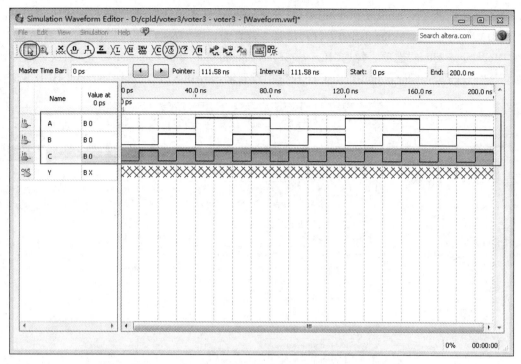

图 B-2-22　设置好输入信号的仿真波形编辑器窗口

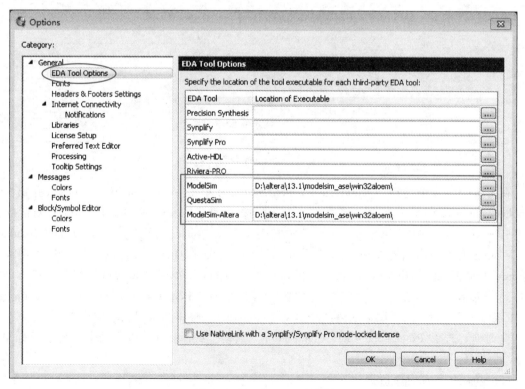

图 B-2-23　Options 对话框

在菜单栏选择"Assignment→Settings",打开"Settings"设置对话框,如图 B-2-24 所示。单击左侧的"EDA Tool Settings→Simulation",打开仿真设置页面。在"Tool name"下拉框中设置仿真工具,选择"ModelSim-Altera"选项。勾选"Run gate-level simulation after complation"选项,编译后即运行门级仿真。在"Format for output netlist"下拉框中设置输出 netlist 语言,选择"Verilog HDL"选项。

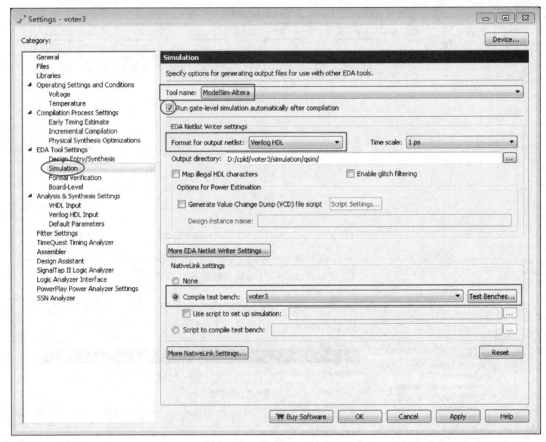

图 B-2-24　Settings 设置对话框

在图 B-2-24 中选择"Compile test bench"选项,并单击"Test Benches…"按钮,弹出"Test Benches"对话框,如图 B-2-25 所示。单击"New"按钮,弹出"Edit Test Bench Settings"对话框,如图 B-2-26 所示。在"Test bench name"文本框中输入"voter3",在"Test bench and simulation files"处单击其右侧的浏览按钮,选择"voter3.v"文件,单击"Open"按钮,回到"Edit Test Bench Settings"对话框,此时"File name"文本框里显示"voter3.bdf",单击"Add"按钮,将"voter3.v"文件添加到"File Name"列表中。单击"OK"按钮,返回到"Test Benches"对话框,此时"Existing test bench settings"列表中出现添加的测试脚本文件"voter3.v",单击"OK"按钮,完成设置。

在菜单上选择"Processing→Start Compilation",启动全编译程序。编译结束后自动运行 ModelSim 软件。

(3) 功能仿真和时序仿真

功能仿真也称前仿真,是在布线前进行的仿真,它仅仅关注输出和输入之间的逻辑关系是否

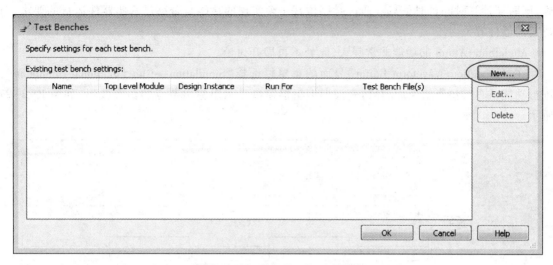

图 B-2-25　Test Benches 对话框

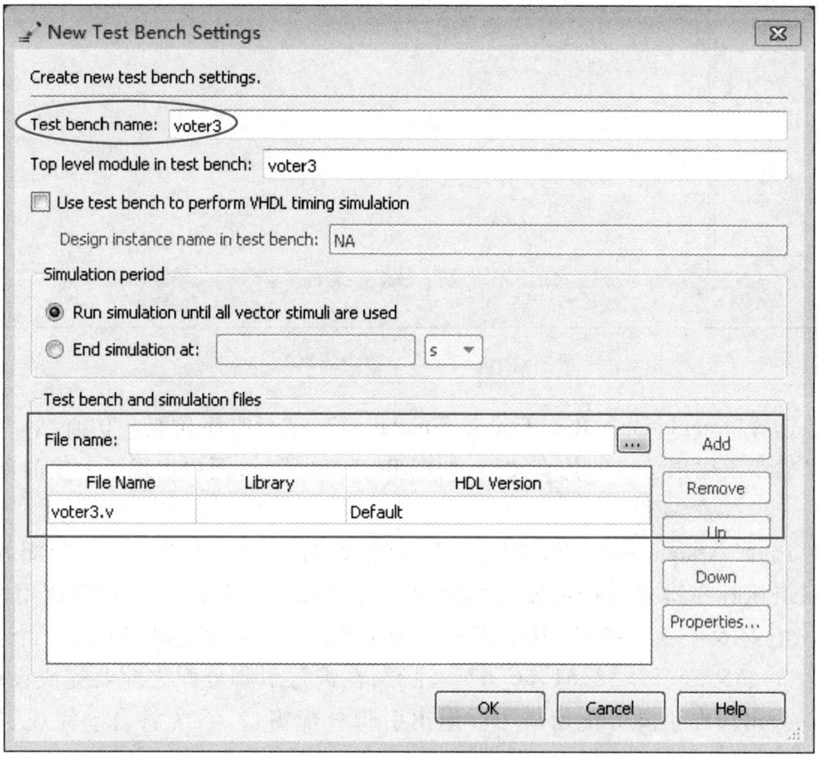

图 B-2-26　Edit Test Bench Settings 对话框

正确,不考虑时间延时信息。通过功能仿真了解实现的功能是否满足设计要求,其仿真结果与电路设计的真值表的结果相对应。

　　时序仿真也称后仿真,是在布线后进行的仿真,它不仅关注输出和输入的逻辑关系是否正确,同时还计算时间延时信息。通过时序仿真了解实现的功能是否满足真实器件运行的要求,与特定的器件有关。

ModelSim-Altera 的功能非常强大,此处不再展开讨论。

在"Simulation Waveform Editor"界面的菜单栏选择"Simulation→Run Functional Simulaton",进行功能仿真。仿真结束后,在仿真波形编辑器窗口显示出输出节点的仿真波形,如图 B-2-27 所示。

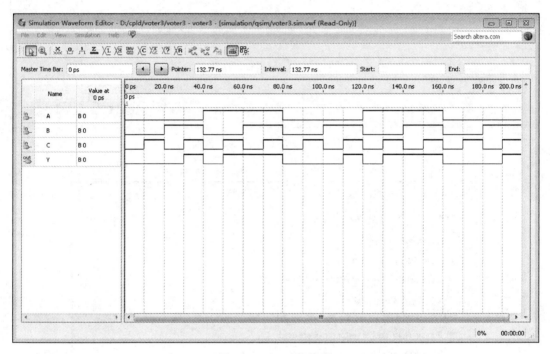

图 B-2-27　功能仿真

在菜单栏选择"Simulation→Run Timing Simulation",进行时序仿真。仿真结束后,在仿真波形编辑器窗口显示出输出节点的仿真波形,如图 B-2-28 所示,图中出现了一定时间的延迟。

5. 引脚分配与二次编译

在菜单栏选择"Assignment→Pin Planner",打开如图 B-2-29 所示引脚分配界面。在"Location"栏中双击鼠标左键并选择需要的引脚号即可完成引脚分配。本实验使用睿智 EPM240 CPLD 开发板,它有 6 个独立按键,其引脚号分别为 42、43、44、47、48、49,有 8 个独立 LED,其引脚号分别为 54、55、56、57、58、61、66、67。注意,在进行引脚分配之前要完成设计的编译,这样引脚名称就会出现在引脚分配窗口中。退出引脚分配窗口,系统将自动完成引脚分配信息的存储。

在菜单栏选择"Processing→Start Compilation",进行二次编译。二次编译可将引脚分配信息编译进编程下载文件。

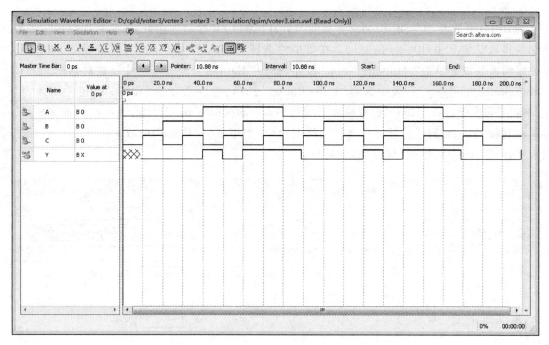

图 B-2-28　时序仿真

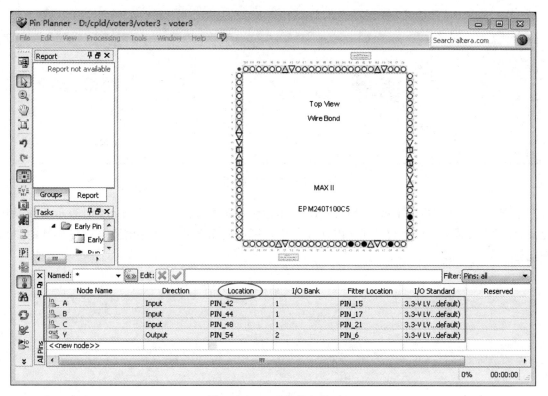

图 B-2-29　引脚分配界面

6. 编程下载与功能验证

将 CPLD 开发板的 USB-Blaster 下载线与计算机的 USB 接口连接好,注意首次使用时需根据弹出的提示安装 USB-Blaster 的驱动。在菜单栏选择"Tool→Programmer",弹出如图 B-2-30 所示的编辑器窗口。单击"Hardware Setup"按钮,弹出"Hardware Setup"硬件设置对话框,在"Currently selected hardware"列表中选择"USB-Blaster"选项,完成后单击"Close"按钮关闭该窗口。在"Mode"列表中选择"JTAG"编程模式。勾选"Program/Configure"栏中的选项。设置完成后,在菜单栏选择"File→Save"打开保存文件对话框,保存类型选择"Chain Description Files(*.cdf)",输入文件名"voter3",单击"保存"按钮即可。

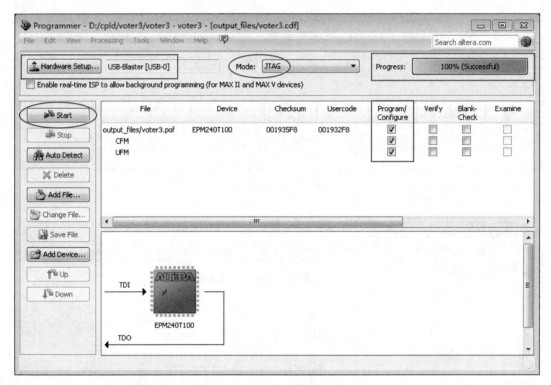

图 B-2-30   编辑器窗口

单击"Start"按钮启动下载。"Program"显示栏将显示工作进度,当为 100% 时表示下载操作完成,此时设计代码已经固化到了 CPLD 器件中。可以使用配置的硬件电路来验证设计的逻辑功能。

参 考 文 献

[1] 曹卫锋,曾黎. 模拟及数字电子技术实验教程[M]. 3 版. 北京:北京航空航天大学出版社,2022.

[2] 邓蓉. 电工电子技术实验教程[M]. 长沙:中南大学出版社,2020.

[3] 沈利芳,李伟民.电工电子技术实验[M].上海:华东理工大学出版社,2020.

[4] 黄招娣,任宝平,黄德昌.数字电子技术实验与课程设计实训[M].武汉:华中科技大学出版社,2021.

[5] 欧阳宏志.电工电子实验指导教程[M].2 版.西安:西安电子科技大学出版社,2021.

[6] 李琰.电工电子 EDA 实践教程[M].北京:高等教育出版社,2021.

[7] 吴厚航.FPGA/CPLD 边练边学—快速入门 Verilog/VHDL[M].2 版.北京:北京航空航天大学出版社,2018.

[8] 王勤,刘海春,翁晓光.电工技术[M].2 版.北京:科学出版社,2020.

[9] 王勤,余定鑫.电路实验与实践[M].2 版.北京:高等教育出版社,2014.

[10] 刘海春.电子技术[M].2 版.北京:科学出版社,2017.

[11] 臧春华.电子线路设计与应用[M].2 版.北京:高等教育出版社,2015.

[12] 王宇红.电工学实验教程[M].北京:高等教育出版社,2020.

[13] 尤佳,李春雷.数字电子技术实验与课程设计[M].2 版.北京:机械工业出版社,2020.

[14] 王萍,李斌.电子技术实验[M].北京:机械工业出版社,2017.

[15] 任全会.基于 FPGA/CPLD 的 EDA 技术实用教程[M].北京:化学工业出版社,2019.

[16] 张一清,杨少卿.电工学实验教程[M].西安:西安电子科技大学出版社,2018.

[17] 操长茂,胡小波.电工电子技术基础实验[M].武汉:华中科技大学出版社,2020.

[18] 李继芳.电工学与电路实验全教程——以学生为中心的智慧实验新理念[M].北京:电子工业出版社,2020.

[19] 熊幸明,张跃勤.电工电子实验教程[M].2 版.北京:清华大学出版社,2013.

[20] 陈柳.数字电子技术实验与课程设计[M].北京:电子工业出版社,2020.

郑重声明

高等教育出版社依法对本书享有专有出版权。任何未经许可的复制、销售行为均违反《中华人民共和国著作权法》,其行为人将承担相应的民事责任和行政责任;构成犯罪的,将被依法追究刑事责任。为了维护市场秩序,保护读者的合法权益,避免读者误用盗版书造成不良后果,我社将配合行政执法部门和司法机关对违法犯罪的单位和个人进行严厉打击。社会各界人士如发现上述侵权行为,希望及时举报,我社将奖励举报有功人员。

反盗版举报电话 　(010)58581999　58582371

反盗版举报邮箱 　dd@hep.com.cn

通信地址 　北京市西城区德外大街 4 号　高等教育出版社法律事务部

邮政编码 　100120

读者意见反馈

为收集对教材的意见建议,进一步完善教材编写并做好服务工作,读者可将对本教材的意见建议通过如下渠道反馈至我社。

咨询电话 　400-810-0598

反馈邮箱 　gjdzfwb@pub.hep.cn

通信地址 　北京市朝阳区惠新东街 4 号富盛大厦 1 座

　　　　　高等教育出版社总编辑办公室

邮政编码 　100029

防伪查询说明

用户购书后刮开封底防伪涂层,使用手机微信等软件扫描二维码,会跳转至防伪查询网页,获得所购图书详细信息。

防伪客服电话

(010)58582300